Linux KVM 虚拟化架构实战指南

何坤源 编著

人民邮电出版社
北京

图书在版编目（CIP）数据

Linux KVM虚拟化架构实战指南 / 何坤源编著. -- 北京 : 人民邮电出版社, 2015.7
ISBN 978-7-115-39281-7

Ⅰ. ①L… Ⅱ. ①何… Ⅲ. ①Linux操作系统－虚拟处理机－指南 Ⅳ. ①TP338-62

中国版本图书馆CIP数据核字(2015)第115235号

内 容 提 要

本书以红帽 RHEV 虚拟化架构为基础，分为 11 章，介绍如何使用开源 KVM 系统构建企业虚拟化应用平台。

全书以实战为主，理论为辅助。通过搭建真实物理环境，讲解了如何在企业环境中快速部署红帽 RHEV 虚拟化架构，通过大量实例的介绍，迅速提高读者的动手能力和技术水平。

本书语言通俗易懂，可操作性强，适用于 Linux KVM 虚拟化架构管理人员，并可作为 RHCVA（红帽认证虚拟化管理员）考试的参考资料。

◆ 编　　著　何坤源
　责任编辑　王峰松
　责任印制　张佳莹　焦志炜
◆ 人民邮电出版社出版发行　　北京市丰台区成寿寺路 11 号
　邮编　100164　　电子邮件　315@ptpress.com.cn
　网址　http://www.ptpress.com.cn
　固安县铭成印刷有限公司印刷
◆ 开本：800×1000　1/16
　印张：14.75　　　　2015 年 7 月第 1 版
　字数：284 千字　　　2024 年 7 月河北第 14 次印刷

定价：49.00 元

读者服务热线：(010)81055410　印装质量热线：(010)81055316
反盗版热线：(010)81055315
广告经营许可证：京东市监广登字20170147号

致 谢

非常感谢四川黑数科技有限公司在本书写作过程中提供各种设备的支持。

非常感谢我的妻子以及家人，没有他们的支持，本书不可能与读者见面。

自　序

写作本书源于实施的一个虚拟化项目，在此之前，作者已经写过两本 VMware vSphere 虚拟化的书籍，所以作者的特长是使用 VMware vSphere 虚拟化架构来搭建企业级虚拟化平台。

这个项目前期进行评估和测试的是 VMware vSphere 虚拟化架构，最后出于成本考虑，从 VMware vSphere 虚拟化架构转向了开源虚拟化架构。虽然作者对开源的虚拟化架构也有一些研究，但将其应用于生产环境的项目几乎没有，这个项目对于作者来说也是一个挑战。经过近三个月的产品选型和测试，最终选择红帽公司的 RHEV 企业级虚拟化架构。

当然，RHEV 企业级虚拟化架构在部署时也遇到不少问题，经过项目组的努力，解决了大部分问题，目前这套架构已在企业中运行了一段时间，整体状况良好。

不得不说的是，RHEV 虚拟化架构很多的功能还不完善，和成熟的 VMware vSphere 虚拟化架构比起来还有很多不足之处，但作为企业级虚拟化平台基本的功能还是具备的。

作者在项目实施后将心得与技术群中的虚拟化技术爱好者进行了分享，很多人相当感兴趣，强烈要求作者以开源虚拟化平台为基础写一本书，经过近半年时间的调研反馈，确定了写作的基本思路，在调研过程中发生了一件很有意思的事：不少人已经阅读过一些开源虚拟化架构的书籍或文档，这类书籍或文档中使用大量的 Linux 安装包以及命令行，没有 Linux 基础或基础比较差的人，学习起来相当吃力，很难将开源虚拟化架构应用于生产环境，因此建议作者尽量少采用命令行，多采用图形化操作来写，降低阅读和实施难度。所以本书中除了必需的命令行操作外，使用大量的图形界面完成虚拟化架构的搭建，有效降低了对 Linux 系统不熟，但又想使用开源虚拟化技术人员的阅读难度。

写作本书时，Linux 官方已经发布最新的 RHEL 7.0 以及 RHEV 3.4。但根据市场调查统计，RHEV 3.1、3.2 版本还占据很大的市场份额，本书以 RHEV 3.2 版本为基础。

希望本书对大家有所帮助。

黑色数据
2015 年 2 月于成都

前　言

越来越多的用户考虑在 IT 环境中实施多种虚拟化 hypervisor，开源成为不错的选择。基于内核的虚拟机 KVM 技术逐渐流行，它由世界最大的 Linux 提供商红帽支持并推广，还有 IBM 提供管理技术。

多数主流 Linux 版本现在都内置 KVM，如 Red Hat Enterprise Linux，或者将 KVM 作为独立 hypervisor 获取，如 Red Hat Enterprise Virtualization。红帽的这两个方案都提供 KVM 虚拟化，但在管理、功能与实施中有重大区别。

本书一共分为 11 章，全书以如何构建 RHEV 虚拟化架构为主线，介绍如何构建 RHEV 虚拟化架构。

第 1 章对 KVM 虚拟化进行介绍，包括 XEN 虚拟化技术和 KVM 虚拟化技术的特点以及差异等。

第 2 章介绍如何搭建实战环境，包括本书所有实战操作使用的物理拓扑以及相关参数的配置。

第 3 章介绍红帽企业管理器 RHEV-M 的部署，包括 RHEV-M 管理平台的安装配置。

第 4 章介绍红帽企业虚拟化主机 RHEV-H 的部署，包括 RHEV-H 虚拟化主机的安装配置。

第 5 章介绍红帽企业管理器 RHEV-M 的高级配置，包括数据中心、群集、存储的配置。

第 6 章介绍如何创建使用虚拟机，包括如何创建基于 Linux、Windows 的虚拟机，以及快照、模板的使用。

第 7 章介绍 RHEV 虚拟化架构的用户权限管理，包括 RHEV 支持的目录用户以及用户配置。

第 8 章介绍部署使用 RHEV 虚拟化架构的高可用性，包括高可用性的配置以及如何迁移虚拟机。

第 9 章介绍备份恢复 RHEV 虚拟化架构，包括备份恢复 RHEV-M 管理平台。

第 10 章介绍 RHEV 虚拟化架构报表服务，包括报表服务，以及常用报表服务的使用。

第 11 章介绍如何在单机部署 KVM 虚拟化，包括 KVM 的安装以及基本操作。

本书在写作过程中参阅了 RedHat 等网站的技术资料，在此表示感谢。希望大家能够通过本书的学习，掌握如何使用 KVM 打造基于开源系统的企业虚拟化平台。

由于作者水平有限，本书涉及的知识点很多，书中难免有不妥和错误之处，欢迎大家与我们联系和交流。有关本书的任何问题、意见和建议，可以发邮件到 heky@vip.sina.com 联系作者，也可以与本书编辑（wangfengsong@ptpress.com.cn）联系。

以下是作者的技术交流平台。

技术交流网站： www.bdnetlab.com（黑色数据网络实验室）

QQ：44222798　QQ 交流群：240222381

目　录

第 1 章　KVM 虚拟化概述

Kernel-based Virtual Machine（基于内核的虚拟机）是开源的系统虚拟化模块，从 Linux 2.6.20 内核之后集成在 Linux 的各个主要发行版本中。它使用 Linux 自身的调度器进行管理，所以相对于 XEN，其核心源码很少，KVM 目前在开源系统中大规模使用。本书以 Red Hat Enterprise Virtualization（红帽企业虚拟化）为主要平台，配合其他版本的 KVM 进行介绍。

本章将对 KVM 虚拟化技术的原理以及一些基础概念进行介绍。

本章要点

- XEN 虚拟化
- KVM 虚拟化
- RHEV 虚拟化
- OpenStack

1.1　XEN 虚拟化介绍

XEN 虚拟化技术是英国剑桥大学计算机实验室开发的一个虚拟化开源项目，XEN 可以在一套物理硬件上安全地执行多个虚拟机，它和操作平台结合得极为密切，占用的资源最少。编写本书时，稳定版本为 XEN 4.0。

XEN 以高性能、占用资源少著称，赢得了 IBM、AMD、HP、Red Hat 和 Novell 等众多世界级软硬件厂商的高度认可和大力支持，已被国内外众多企事业用户用来搭建高性能的虚拟化平台。

1.1.1　XEN 虚拟化技术简介

XEN 采用 ICA 协议，通过一种叫作准虚拟化的技术获得高性能，甚至在某些与传统虚拟技术极度不友好的架构上（X86），XEN 也有上佳的表现。与传统通过软件模拟实现硬件的虚拟机不同，在 Intel VT-X 支持下，3.0 版本之前的 XEN 需要系统的来宾权限，用来和 Xen API 连接。到目前为止，这种技术已经可以运用在 NetBSD、GNU/Linux、FreeBSD 和 Plan 9 系统上。Sun 微系统公司也正在积极地将 Solaris 移植到 XEN 平台之上。

XEN 虚拟机可以在不停止的情况下，在多个物理主机之间实时迁移。在操作过程中，虚拟机在没有停止工作的情况下，内存被反复地复制到目标机器。虚拟机在最终目的地开始执行之前，会有一次 60～300 毫秒的非常短暂的暂停，以执行最终的同步化，给人无缝迁移的感觉。类似的技术被用来暂停一台正在运行的虚拟机到磁盘，并切换到另外一台，第一台虚拟机在以后可以恢复。

XEN 已经可以运行在 X86 系统上，并正在向 X86_64、IA64、PPC 移植。移植到其他平台从技术上是可行的，未来有可能会实现。

XEN 是一个基于 X86 架构、发展最快、性能最稳定、占用资源最少的开源虚拟化技术。XEN 可以在一套物理硬件上安全地执行多个虚拟机，与 Linux 是一个完美的开源组合，Novell SUSE Linux Enterprise Server 最先采用了 XEN 虚拟技术。它特别适用于整合服务器应用，可有效节省运营成本，提高设备利用率，最大化利用数据中心的 IT 基础架构。

1.1.2 XEN 虚拟化技术的应用领域

XEN 凭着独特的虚拟化性能优势赢得了以下一些应用。

1. 服务器应用整合

在一台物理主机上虚拟出多台服务器，以安装多个不同的应用，充分利用服务器的物理性能，灵活进行服务器的应用迁移。

2. 软件开发测试

用户可利用 Linux 的低成本优势非常灵活地搭建多个应用系统开发平台，由此节省了大量的开发成本，加快了开发进程。

3. 群集运算

和单独管理每个物理主机相比较，虚拟机管理更加灵活，同时在负载均衡方面，更易于控制和隔离。

4. 多操作系统配置

以开发和测试为目的，同时运行多个操作系统。

5. 内核开发

进行内核的测试和调试，无需为了测试而单独架设一台独立的机器。

6. 为客户操作系统提供硬件技术支持

可以开发新的操作系统，以得益于现存操作系统的广泛硬件支持，如 Linux。

1.1.3　XEN 虚拟化技术的优缺点

XEN 作为一个企业级虚拟化技术，其功能相对完善，了解其基本原理后，下面了解它的优缺点。

1. XEN 虚拟化技术的优点

XEN 构建于开源的虚拟机管理程序之上，结合使用半虚拟化和硬件协助的虚拟化。操作系统与虚拟化平台之间的这种协作支持开发一个较简单的虚拟机管理程序来提供高度优化的性能。

XEN 提供了复杂的工作负载平衡功能，可捕获 CPU、内存、磁盘 I/O 和网络 I/O 数据，它提供了两种优化模式：一种针对性能，另一种针对密度。

XEN 利用一种名为 Citrix Storage Link 的独特的存储集成功能。使用 Citrix Storage Link，系统管理员可直接利用来自 HP、Dell Equal Logic、NetApp、EMC 等公司的存储产品。

XEN 包含多核处理器支持、实时迁移、物理服务器到虚拟机转换（P2V）和虚拟到虚拟转换（V2V）工具，集中化的多服务器管理、实时性能监控，以及 Windows 和 Linux 的快速性能。

2. XEN 虚拟化技术的缺点

XEN 会占用相对较大的空间，且依赖于 0 号虚拟机中的 Linux。

XEN 依靠第三方解决方案来管理硬件设备驱动程序、存储、备份和恢复，以及容错。

任何具有高 I/O 速率的操作或任何会吞噬资源的操作都会使 XEN 陷入困境，使其他虚拟机缺乏资源。

XEN 缺少 802.1Q 虚拟局域网（VLAN）中继，出于安全考虑，它没有提供目录服务集成、基于角色的访问控制、安全日志记录和审计或管理操作。

XEN 目前最大的困难在于 Linux 内核社区的抵制，导致 XEN 相关的内核改动一直不能顺利进入内核源代码，从而无法及时得到内核最新开发成果的支持。

1.2　KVM 虚拟化介绍

Kernel-based Virtual Machine（基于内核的虚拟机）最初是由以色列的一个创业公司 Qumranet 开发的，作为他们的 VDI 产品的虚拟机。

1.2.1 KVM 虚拟化技术简介

为简化开发，KVM 的开发人员并没有选择从底层开始新写一个 Hypervisor，而是选择了基于 Linux kernel，通过加载新的模块使 Linux Kernel 本身变成一个 Hypervisor。

2006 年 10 月，在先后完成了基本功能、动态迁移以及主要的性能优化之后，Qumranet 公司正式对外宣布 KVM 诞生。同年 10 月，KVM 模块的源代码被正式接纳进入 Linux Kernel，成为内核源代码的一部分。作为一个功能和成熟度都逊于 XEN 的项目，在这么快的时间内被内核社区接纳，主要原因在于：在虚拟化方兴未艾的当时，内核社区急于将虚拟化的支持包含在内，但是 XEN 取代内核由自身管理系统资源的架构引起了内核开发人员的不满和抵触。

2008 年 9 月 4 日，著名的 Linux 发行版提供商 RedHat 公司出人意料地出资 1.07 亿美金，收购了 Qumranet 公司，从而成为了 KVM 开源项目的新东家。由于此次收购，RedHat 公司有了自己的虚拟机解决方案，于是开始在自己的产品中用 KVM 替换 XEN。

2010 年 11 月，RedHat 公司推出了新的企业版 Red Hat Enterprise Linux 6，在这个发行版中集成了最新的 KVM 虚拟机，而去掉了在 RHEL 5.X 系列中集成的 XEN。

1.2.2 KVM 虚拟化技术的应用领域

KVM 目前已经在业界内赢得了广泛支持，RedHat 公司与 IBM 公司已经建立合作伙伴关系，欲将 KVM 正式推向企业级应用领域。展望未来，这两家公司还为企业级虚拟项目管理器、IBM Tivoli 以及 IBM Director 开发新的应用接口，以解决云技术引入、数据中心自动化、虚拟存储及网络、虚拟化项目安全保障与设备管理方面的各种问题。

KVM 项目建立的开源虚拟化联盟也有着相当大的推动作用，该联盟的成员包括 Eucalyptus、RedHat、SUSE、IBM、HP、Intel 和 BMC，旨在促进类似 KVM 这样的开源虚拟化技术的推广及应用。

根据官方的资料，该共同体致力于开源虚拟化的推广，但其推广对象只限于 KVM。有趣的是，我们注意到 SUSE 是其中的成员之一，而 XEN 的主要赞助商 Citrix 公司却并未参与进来。

1.2.3 KVM 虚拟化技术的未来

KVM 技术一出现，就受到厂商的大力推广。一直将 KVM 作为虚拟化战略的一部分，2009 年年底发布了 Red Hat Enterprise Linux 5.4，继续大力推行这种转型，鼓励用户使用 KVM 为其首选的虚拟化平台。2011 年，随着新版操作系统 Red Hat Enterprise Linux 6 的发布，RedHat 公司完全放弃了以开源 XEN 为虚拟化平台的思路，开始支持

KVM 作为 hypervisor。

KVM 作为一个快速成长的 Linux 虚拟化技术，已经获得了许多厂商的支持，如 Canonical、Novell 等。Canonical 公司的 Ubuntu 服务器操作系统是第一个提供全功能的 KVM 虚拟化栈的主要 Linux 发行版。

而开放虚拟化联盟（OVA）也在为 KVM 护航，这个由 IBM、RedHat、Intel 等重量级厂商组成的联盟才成立不过半年，成员就迅速达到 200 以上。该联盟的宗旨致力于促进基于内核的虚拟机（KVM）等开放虚拟化技术的应用，鼓励互操作性，为企业在虚拟化方面提供更多的选择、更高的性能和更具吸引力的价格。

对于用户来说，可选择的主流虚拟化产品也越加清晰：RedHat KVM、VMware vSphere、Citrix Xen 和微软的 Hyper-V。

当然，KVM 的发展时间太短，要在商业表现方面达到 VMware 或是 XEN 的水平，还有很长的路要走。

1.3 RHEV 虚拟化介绍

RHEV（Red Hat Enterprise Virtualization）的中文意思为红帽企业虚拟化。RHEV 是 RedHat 公司推出的功能强大且全面的服务器虚拟化平台，是基于 KVM 的虚拟化架构。

RHEV 是一款针对服务器和桌面虚拟化的完整虚拟化管理解决方案，是第一个成熟的、完全开源的企业虚拟化平台。RHEV 寻求更好的总拥有成本、更快的投资回报、加快收支平衡，以及从单一供应商解脱出来的虚拟化备选方案。

对于企业级 KVM 虚拟化，需要的是轻松的 KVM 管理、高可用性、最佳性能与其他高级功能。

1.3.1 RHEV 虚拟化系统架构简介

Red Hat Enterprise Virtualization 环境包括一个或多个主机（使用 Red Hat Enterprise Linux 主机或 Red Hat Enterprise Virtualization Hypervisor 主机）和最少一个 Red Hat Enterprise Virtualization Manager。主机使用 KVM（Kernel-based Virtual Machine）虚拟技术运行虚拟机。

Red Hat Enterprise Virtualization Manager 运行在 Red Hat Enterprise Linux 6 服务器上，它是一个控制和管理 Red Hat Enterprise Virtualization 环境的工具，可以用来管理虚拟机和存储资源、连接协议、用户会话、虚拟机映像文件和高可用性的虚拟机。用户可以在一个网络浏览器中，通过管理门户（administration portal）来使用 Red Hat

Enterprise Virtualization Manager。

红帽企业级虚拟化的完整架构如图 1-3-1 所示。

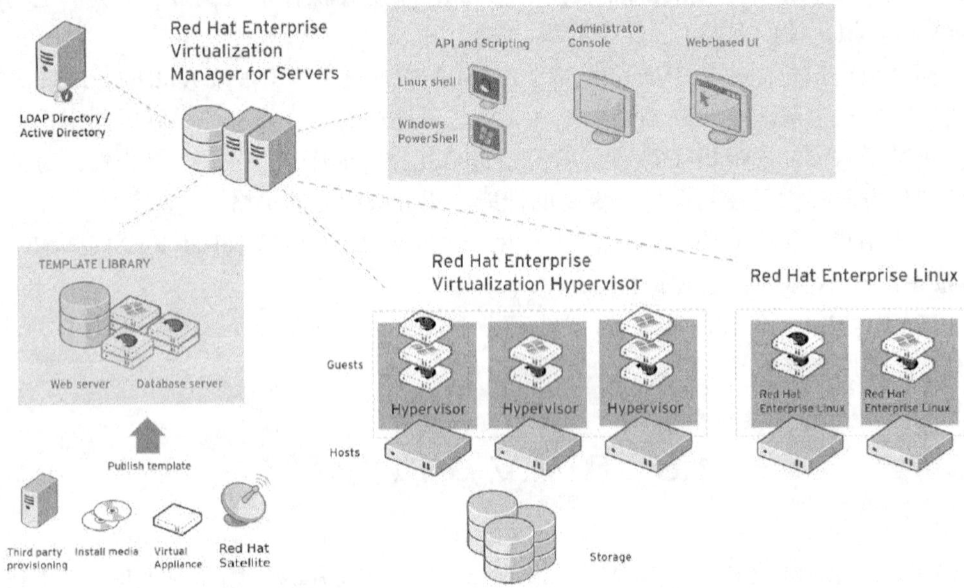

图 1-3-1　红帽企业虚拟化架构

一个完整的红帽企业级虚拟化环境包括以下几个部分。

1. 主机（hosts）

基于 KVM 的、用来运行虚拟机的主机。

2. 代理和工具程序

运行在主机上的代理和工具程序（包括 VDSM、QEMU 和 libvirt）。这些工具程序提供了对虚拟机、网络和存储进行本地管理的功能。

3. Red Hat Enterprise Virtualization Manager

一个对 Red Hat Enterprise Virtualization 环境进行中央管理的图形界面平台，可以使用它查看、增添和管理资源。

4. 存储域（storage）

用来存储虚拟资源（如虚拟机、模板和 ISO 文件）。

5. 数据库服务器（database server）

用来跟踪记录整个环境的变化和状态。

6. 目录服务器（LDAP Directory/Active Directory）

用来提供用户账户以及相关的用户验证功能的外部目录服务器。

7. 网络

用来把整个环境联系在一起，包括物理网络和逻辑网络连接。

1.3.2　RHEV 虚拟化系统资源简介

Red Hat Enterprise Virtualization 系统的资源可以分为两类：物理资源和逻辑资源。物理资源是指那些物理存在的部件，如主机和存储服务器。逻辑资源包括非物理存在的组件，如逻辑网络和虚拟机模板。

1. 数据中心

数据中心是一个虚拟环境中的最高级别的容器。它包括了所有物理和逻辑资源（群集、虚拟机、存储和网络）。

2. 群集

一个群集由多个物理主机组成，它可以被认为是一个为虚拟机提供资源的资源池。同一个群集中的主机共享相同的网络和存储设备，它们组成一个迁移域，虚拟机可以在这个迁移域中的主机间迁移。

3. 逻辑网络

逻辑网络就是一个物理网络的逻辑代表。逻辑网络把 Manager、主机、存储设备和虚拟机之间的网络流量分隔为不同的组。

4. 主机

主机就是一个物理的服务器，在它上面可以运行一个或多个虚拟机。主机会被组成为不同的群集，虚拟机可以在同一个群集中的主机间迁移。

5. 存储池

存储池就是一个特定存储类型（如 iSCSI、光纤、NFS 或 POSIX）映像存储仓库的逻辑代表。每个存储池可以包括多个域，用来存储磁盘映像、ISO 镜像或用来导入和导出虚拟机映像。

6. 虚拟机

虚拟机就是包括了一个操作系统和一组应用程序的虚拟桌面（virtual desktop）或虚拟服务器（virtual server）。多个相同的虚拟机可以在一个池（pool）中创建。一般用户可以访问虚拟机，而有特定权限的用户可以创建、管理和删除虚拟机。

7. 模板

模板就是包括了一些特定预设置的虚拟机模型，一个基于某个模板的虚拟机会继承模板中的设置。使用模板是创建大量虚拟机最快捷的方法。

8. 虚拟机池

虚拟机池就是一组可以被用户使用的、具有相同配置的虚拟机。虚拟机池可以用来满足用户不同的需求，例如，为市场部门创建一个专用的虚拟机池，而为研发部门创建另一个虚拟机池。

9. 快照

快照就是一个虚拟机在一个特定时间点上的操作系统和应用程序的记录。在安装新的应用程序或对系统进行升级前，用户可以为虚拟机创建一个快照。当系统出现问题时，用户可以使用快照来把虚拟机恢复到它原来的状态。

10. 用户类型

Red Hat Enterprise Virtualization 支持多级的管理员和用户，不同级别的管理员和用户会有不同的权限。系统管理员有权利管理系统级别的物理资源，如数据中心、主机和存储。而用户在获得相应权利后，可以使用单独的虚拟机或虚拟机池中的虚拟机。

11. 事件和监控

与事件相关的提示、警告等信息。管理员可以使用它们来帮助监控资源的状态和性能。

12. 报表

RHEV 虚拟化架构报表系统基于 JasperReports 报表模块，可以从报表模块以及数据仓库中获得各种报表。报表模块可以生成预定义的报表，也可以生成特定的报表。用户也可以使用支持 SQL 的查询工具来从数据仓库中收集相关的数据（如主机、虚拟机和存储设备的数据）来生成报表。

1.3.3 RHEL 与 RHEV 虚拟化技术的差异

Red Hat Enterprise Linux（以下简称 RHEL）与 Red Hat Enterprise Virtualization（以下简称 RHEV）都提供 KVM 虚拟化，但这两者在 KVM 管理、功能与实施中有重大区别。

RHEL 是一台 Linux 服务器，提供开源虚拟化选项，它由 Linux 内核与大量包组成，包括 Apache Web 服务器与 MySQL 数据库，以及一些 KVM 管理工具。使用 RHEL 可以安装并管理少量虚拟机，但不能交付最佳的性能与最优的 KVM 管理平台。在小型环境中，RHEL 能满足开源虚拟化的所有要求。

RHEV 包括 RHEV Manager（红帽企业虚拟化管理器，以下简称 RHEV-M）以及 RHEV hypervisor（红帽企业虚拟化主机，以下简称 RHEV-H），它是集中的 KVM 管理平台，能同时管理物理与虚拟资源。RHEV-M 能管理虚拟机与其磁盘镜像，安装 ISO，进行高可用性设置、创建虚拟机模板等，这些都能从图形 Web 界面完成。也可使用 RHEV-M 管理两种类型的 hypervisor。RHEV-H 自身带有一个独立的裸机 hypervisor，基于 RHEL 与 KVM 虚拟化，作为托管的物理节点使用。如果想从 RHEV 管理运行在 RHEL 上的虚拟机，可注册 RHEL 服务器到 RHEV-M 控制台。

1.3.4 RHEV 虚拟化技术的优缺点

RHEV 虚拟化作为 RedHat 公司主推的企业级虚拟化平台，其功能也在不断完善中，了解其基本原理后，再了解它的优缺点。

1. RHEV 虚拟化技术的优点

（1）性能和可扩展性：为现实世界中的企业应用程序，如 Oracle、SAP 和 Microsoft Exchange，提供领先的性能和可扩展性。

（2）安全性：业界领先的安全性，在安全增强型红帽企业 Linux 内核基础上构建。

（3）企业功能：企业虚拟化管理功能，包括实时迁移、高可用性、负载平衡、节能等。

（4）灵活性：通过消除桌面操作系统和基础硬件之间的依赖性，实现业务灵活性和连续性。

（5）成本优势：与其他解决方案相比较，凭借红帽软件订阅模式的强大功能，能够以更低的购置和总拥有成本获得相同或更好的功能集，从而获得收益。

2. RHEV 虚拟化技术的缺点

（1）技术不成熟：KVM 的出现不过三四年时间，在可用资源、平台支持、管理工具、实施经验方面当然不能与出现 8 年之久的 XEN 相比。

（2）需要 Windows 支持：KVM 3.0 之前的 RHEV-M 管理程序需要 Windows 支持，这是 KVM 在部署过程中最大的障碍，RedHat 公司已经意识到这个问题的严重性，从 KVM 3.0 开始，开发出基于 Linux 的 RHEV-M，取消了其只能运行于 Windows 服务器上的尴尬，这一改动得到大量 Linux 用户的支持。

1.4 OpenStack 技术介绍

OpenStack 是一个云平台管理的项目，它不是一个软件，它是美国国家航空航天局和 Rackspace 合作研发的，以 Apache 许可证授权，并且是一个自由软件和开放源代码项目。这个项目由几个主要的组件组合起来完成一些具体的工作。

1.4.1 OpenStack 技术简介

OpenStack 是一个旨在为公共云及私有云的建设与管理提供软件的开源项目。它的社区拥有超过 130 家企业及 1 350 位开发者，这些机构与个人都将 OpenStack 作为基础设施即服务（简称 IaaS）资源的通用前端。OpenStack 项目的首要任务是简化云的部署过程并为其带来良好的可扩展性，以方便用户利用 OpenStack 前端来设置及管理自己的公共云或私有云。

OpenStack 类似于 Amazon EC2 和 S3 的云基础架构服务（Infrastructure as a Service, IaaS)。OpenStack 包含两个主要模块：Nova 和 Swift，前者是美国国家航空航天局开发的虚拟服务器部署和业务计算模块；后者是 Rackspace 开发的分布式云存储模块，两者可以一起用，也可以分开单独用。

OpenStack 是开源项目，除了有美国国家航空航天局和 Rackspace 的大力支持外，后面还有包括 Dell、Citrix、Cisco、Canonical 这些重量级公司的贡献和支持，发展速度非常快，有取代另一个业界领先开源云平台 Eucalyptus 的态势。

1.4.2 OpenStack 技术与 KVM 的关系

OpenStack 几乎支持所有的虚拟化管理程序，不论是开源的（Xen 与 KVM)，还是厂商的（Hyper-V 与 Vmware)。但在以前，OpenStack 是基于 KVM 开发的，KVM 常常成为默认的虚拟机管理程序，两者都使用相同的开源理念与开发方法。

如今，多数企业用户在 IT 环境中使用了一种以上的虚拟化软件，有一半的用户选择将开源产品作为性价比更高的虚拟化替代方案。IDC 报道中指出，OpenStack 是 KVM 增长的一个巨大机会。OpenStack 是具有巨大的行业发展动力，并拥有充满活力的社区的云计算平台，有 95%的 OpenStack 平台由 KVM 驱动。因此，随着 OpenStack 的增长，KVM 也会相应增长。

虽然 OpenStack 与 KVM 在 IT 界比较受关注，但是它们都存在一些劣势。比如 OpenStack 引发了厂商之间的利益冲突，在兼容性方面有待提高，开发成本较高，服务支持也有点滞后。KVM 市场占有率很低，成熟度不够。但是，两者都有强大的发展动力，也有各大 IT 厂商的持续支持。开源终究还是会胜出，这个趋势不可阻挡。

1.5 本章小结

本章对基于开源 Linux 虚拟化所使用的主流技术 XEN、KVM 以及基于 KVM 的红帽 RHEV 虚拟化技术进行了介绍，主要涉及其特点、应用领域、优缺点以及今后的发展趋势，最后对 OpenStack 进行了简要介绍，使读者对基于开源 Linux 的虚拟化技术有基本的了解。至于如何选择，读者应根据生产环境的实际情况，多做测试后再决定。

第 2 章　实战环境的搭建

本书是基于 Linux KVM 的实战指南，所涉及的知识点较多，为了保证实战的效果，需要构建完整的实战环境，特别涉及部分第三方服务器的安装服务，根据需要分为两部分：第一部分实战环境针对红帽企业虚拟化（Red Hat Enterprise Virtualization，RHEV），第二部实战环境针对其他版本的 KVM 虚拟化。

本章要点

- 实战环境拓扑
- 安装配置所需服务器

2.1　实战环境拓扑

RHEV 虚拟化对整体平台要求较高，特别是 RHEV-H（红帽企业虚拟化主机）无法安装在虚拟设备上，必须使用物理服务器进行安装，同时 RHEV 虚拟化还需要 DNS 等服务器的支持，本节将搭建一个完整 RHEV 虚拟化实战环境。

2.1.1　RHEV 虚拟化环境物理拓扑

为保证实战效果，一共采用 4 台物理服务器完成 RHEV 虚拟化实战操作，详细拓扑参考图 2-1-1。

拓扑说明：

（1）RHEV-H（红帽企业虚拟化主机）由于无法使用虚拟设备安装，所以采用 2 台物理服务器进行安装。

（2）RHEV-M（红帽企业虚拟化管理器）可以运行在虚拟机上，为节省物理设备，特使用 1 台 DELL PowerEdge 2950 物理服务器安装 Red Hat Enterprise Linux 系统，在 Red Hat Enterprise Linux 系统安装 KVM，使用虚拟机运行 RHEV-M 以及 AD、DNS 第三方服务器。

（3）存储服务器安装基于开源的 NexentaStor，为 RHEV 虚拟化提供 iSCSI 存储服务。

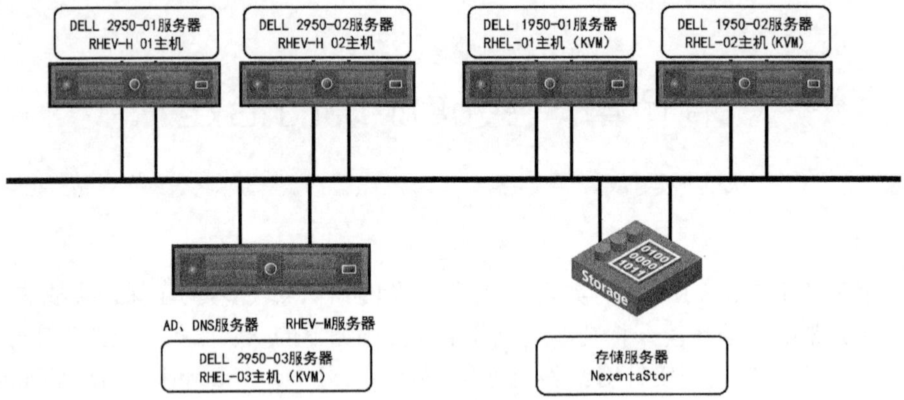

图 2-1-1 RHEV 虚拟化实战环境拓扑

2.1.2 RHEV 虚拟化环境 IP 地址分配

RHEV 虚拟化实战环境涉及多台服务器，其 IP 地址分配如表 2-1-1 所示。

表 2-1-1 RHEV 虚拟实战环境 IP 地址分配

设 备 名	IP 地址	DNS 解析
RHEV-H 01 主机	10.92.30.21/24	rhevh-01.bdnetlab.com
RHEV-H 02 主机	10.92.30.22/24	rhevh-02.bdnetlab.com
NexentaStor 存储服务器	10.92.30.150/24	iscsi.bdnetlab.com
AD、DNS 服务器（KVM 虚拟机）	10.92.30.90/24	ad01.bdnetlab.com
RHEV-M 服务器（KVM 虚拟机）	10.92.30.91/24	rhevm.bdnetlab.com

2.2 安装配置 RHEV 虚拟化所需服务器

RHEV 虚拟化架构需要 DNS、RHEL 等服务器支持，本节将搭建一个完整的 RHEV 虚拟化实战环境。

2.2.1 配置 RHEV 虚拟化所需服务器一：活动目录服务器

在 RHEV 虚拟化环境下，DNS 服务器相当重要，可以通过安装配置 1 台 Windows 服务器或 Linux 服务器来实现 DNS 解析功能。由于 RHEV 虚拟化实战操作会涉及 AD

活动目录，所以本节的实战操作将使用 Windows Server 2008 R2 构建 AD 活动目录服务器，同时提供 DNS、DHCP 等功能，关于 Windows Server 2008 R2 的安装，请读者参考其他文档。

1. 安装 AD 活动目录服务器

第 1 步，登录 Windows Server 2008 R2 服务器，打开“服务器管理器”，选择“角色”→“添加角色”，如图 2-2-1 所示。

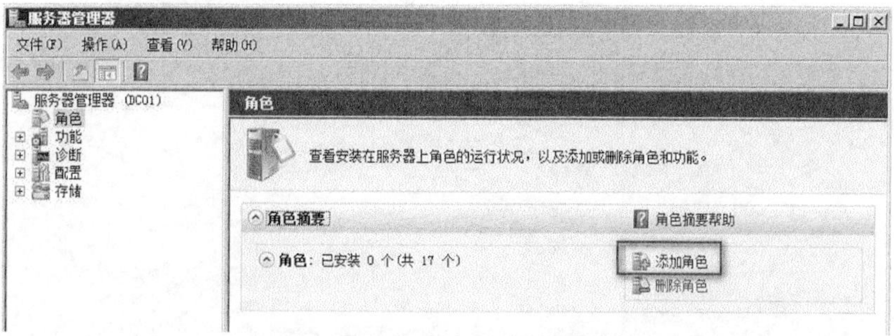

图 2-2-1 安装 AD 活动目录服务器之一

第 2 步，打开“添加角色向导”窗口，如图 2-2-2 所示，单击“下一步（N）”按钮。

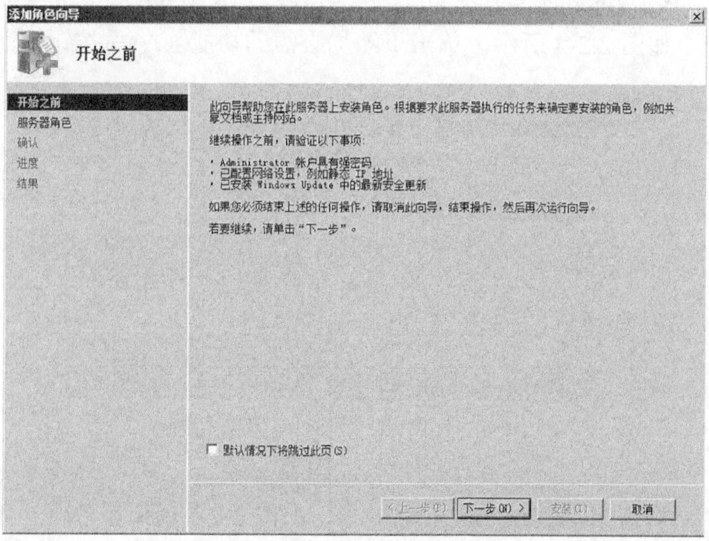

图 2-2-2 安装 AD 活动目录服务器之二

第 3 步，在“服务器角色”中勾选“Active Directory 域服务”选项，如图 2-2-3 所示，单击“下一步（N）”按钮。

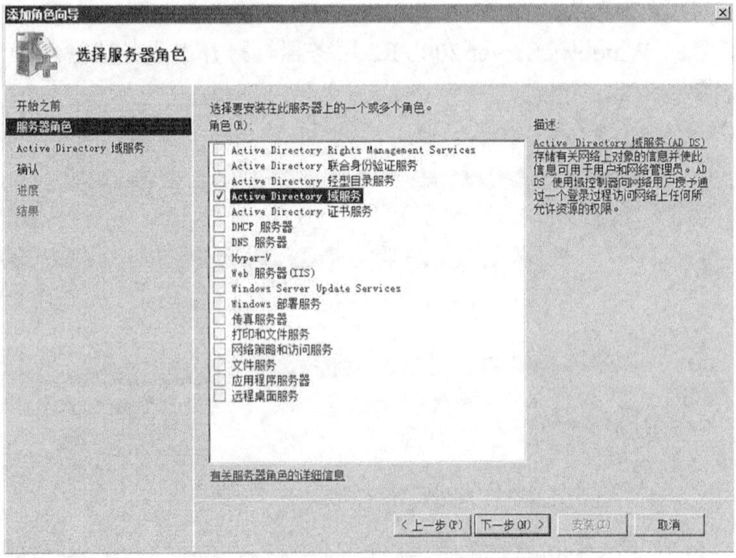

图 2-2-3　安装 AD 活动目录服务器之三

第 4 步，如果 Windows Server 2008 R2 服务器未安装.NET Framework，将会提示添加所需功能，如图 2-2-4 所示，单击“添加必需的功能（A）”按钮。

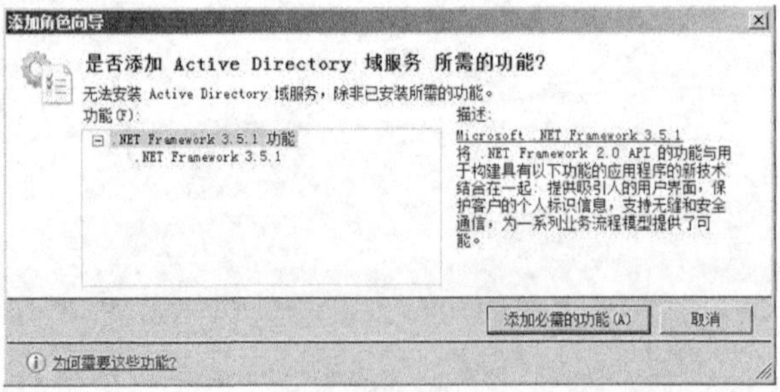

图 2-2-4　安装 AD 活动目录服务器之四

第 5 步，启动 Active Directory 安装向导，如图 2-2-5 所示，单击“下一步（N）”按钮。

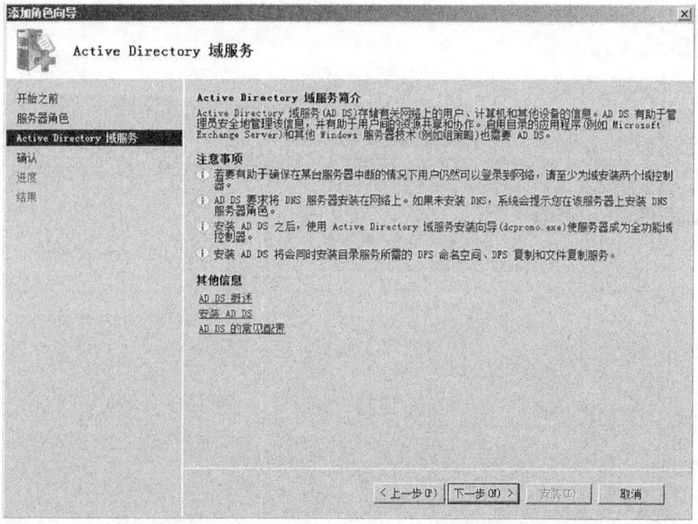

图 2-2-5　安装 AD 活动目录服务器之五

第 6 步，确认安装 Active Directory 域服务，如图 2-2-6 所示，单击“安装（I）”按钮。

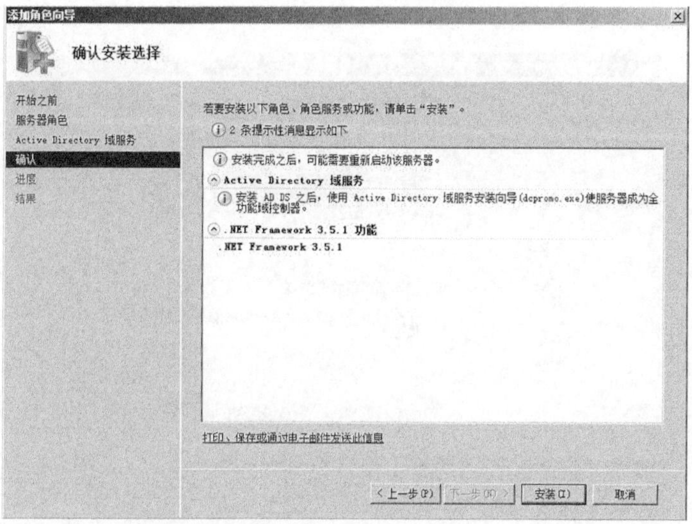

图 2-2-6　安装 AD 活动目录服务器之六

第 7 步，关闭安装向导启动 Active Directory 域服务安装向导，如图 2-2-7 所示，单击“关闭（O）”按钮。

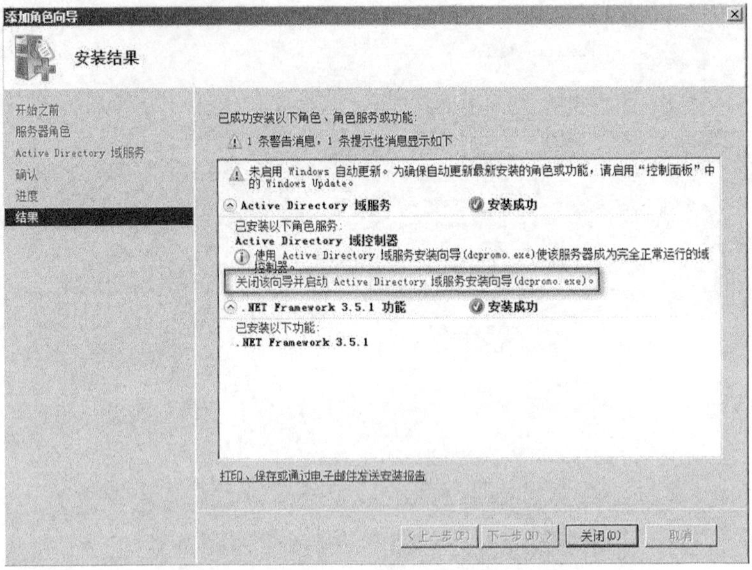

图 2-2-7 安装 AD 活动目录服务器之七

第 8 步，启动 Active Directory 域服务安装向导，如图 2-2-8 所示，单击“下一步（N）”按钮。

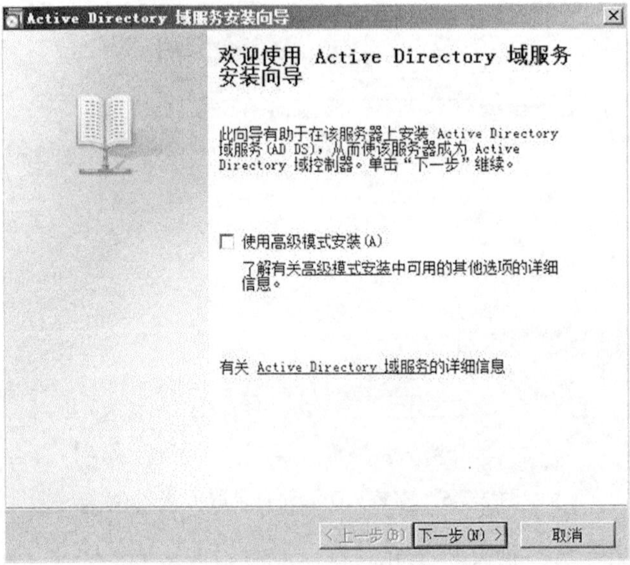

图 2-2-8 安装 AD 活动目录服务器之八

第 9 步，对操作系统兼容性进行说明，提示 Windows Server 2008 和 Windows Server

2008 R2 中改进的安全设置影响旧版 Windows，如图 2-2-9 所示，单击“下一步（N）”按钮。

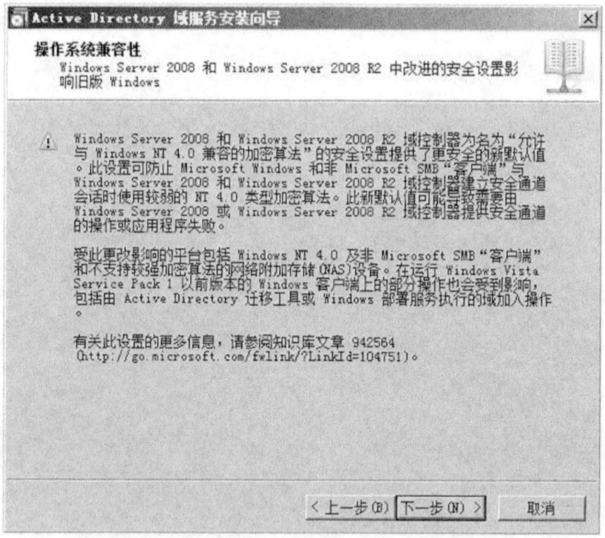

图 2-2-9　安装 AD 活动目录服务器之九

第 10 步，选择“在新林中新建域”，如图 2-2-10 所示，单击“下一步（N）”按钮。

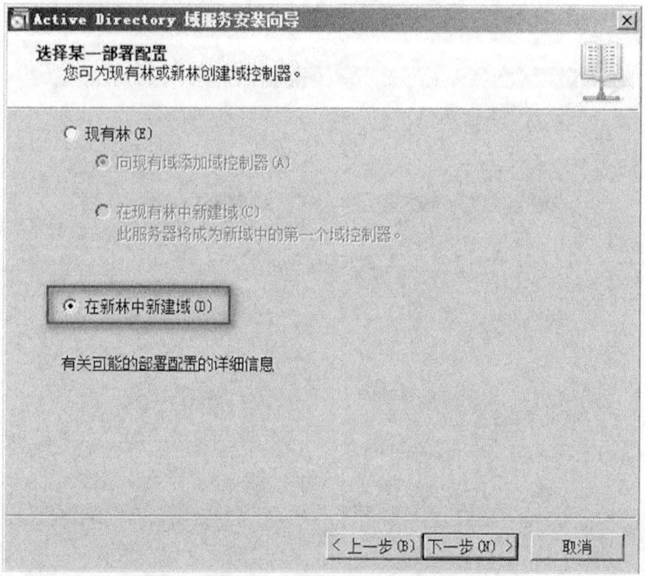

图 2-2-10　安装 AD 活动目录服务器之十

第 11 步，“键入新目录林根级域的完全限定的域名（FQDN）”，根据实际情况输入，此处使用 bdnetlab.com，如图 2-2-11 所示，单击“下一步（N）”按钮。

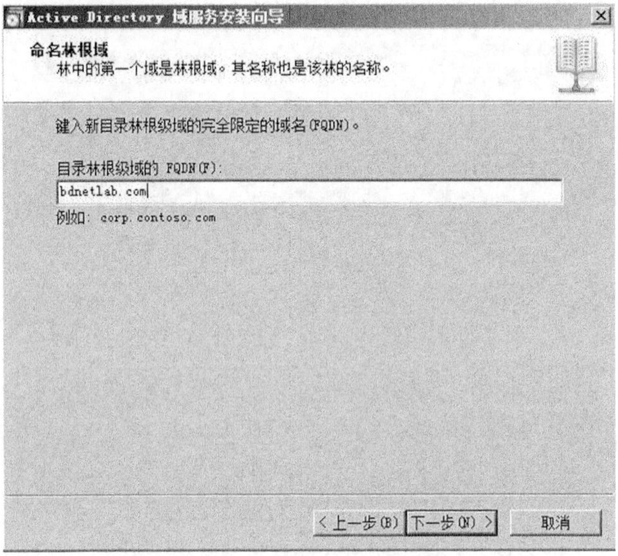

图 2-2-11　安装 AD 活动目录服务器之十一

第 12 步，设置 Windows Server 2008 R2 林功能级别，选择“Windows Server 2008 R2”，如图 2-2-12 所示，单击“下一步（N）”按钮。

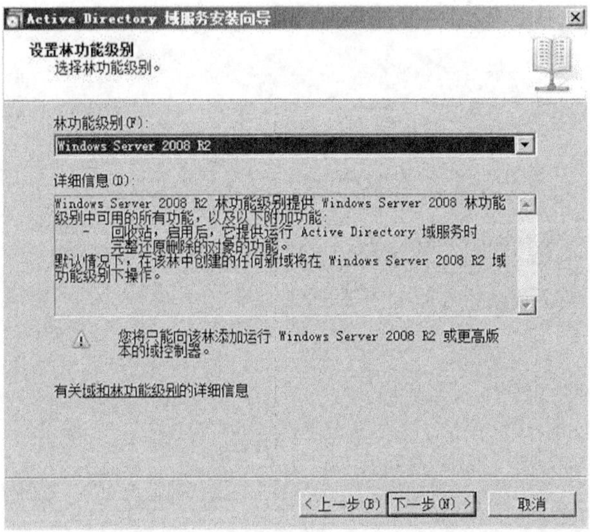

图 2-2-12　安装 AD 活动目录服务器之十二

第 13 步，添加其他域控制器选项，在 RHEV 虚拟化架构中需要使用 DNS 服务器，必须勾选“DNS 服务器（D）”，如图 2-2-13 所示，单击“下一步（N）”按钮。

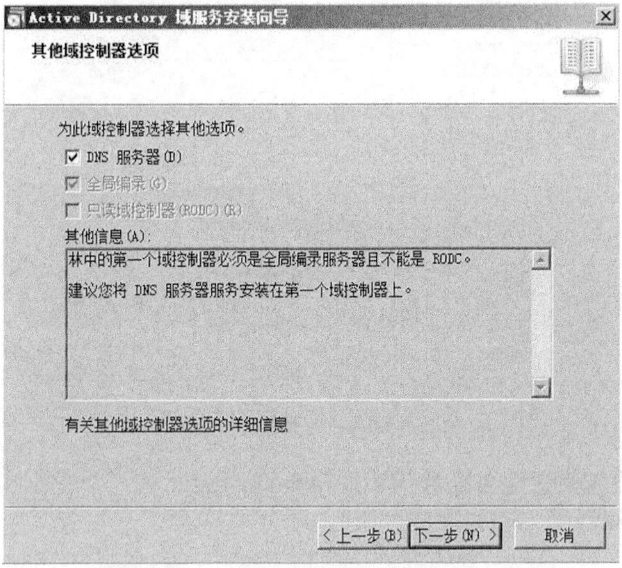

图 2-2-13　安装 AD 活动目录服务器之十三

第 14 步，由于环境中还未建立 DNS 服务器，所以会提示无法找到有权威的父域或者它未运行 Windows DNS 服务器，如图 2-2-14 所示，单击“是（Y）”按钮。

图 2-2-14　安装 AD 活动目录服务器之十四

第 15 步，设置存储 Active Directory 域服务数据库、日志文件和 SYSVOL 的位置，根据实际情况指定相应的目录，此处使用默认值，如图 2-2-15 所示，单击“下一步（N）”按钮。

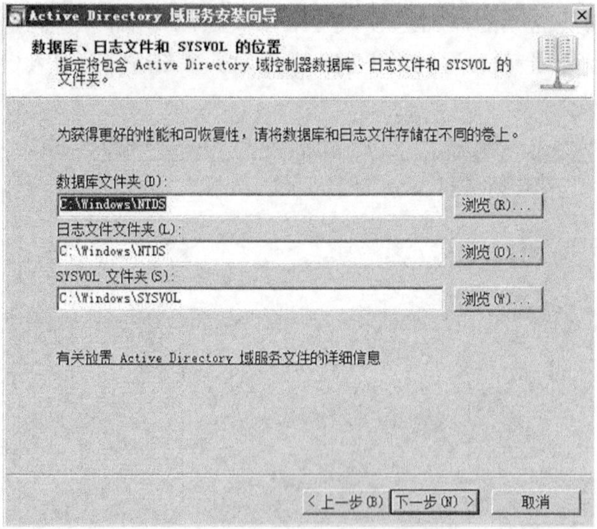

图 2-2-15　安装 AD 活动目录服务器之十五

第 16 步，设置目录服务还原模式的 Administrator 密码，根据实际情况输入，如图 2-2-16 所示，单击“下一步（N）”按钮。

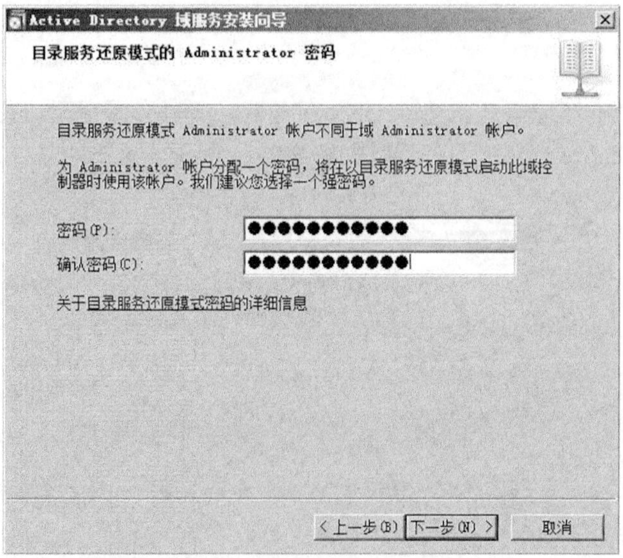

图 2-2-16　安装 AD 活动目录服务器之十六

第 17 步，检查 Active Directory 域服务配置，如图 2-2-17 所示，如果设置正确，则单击“下一步（N）”按钮。

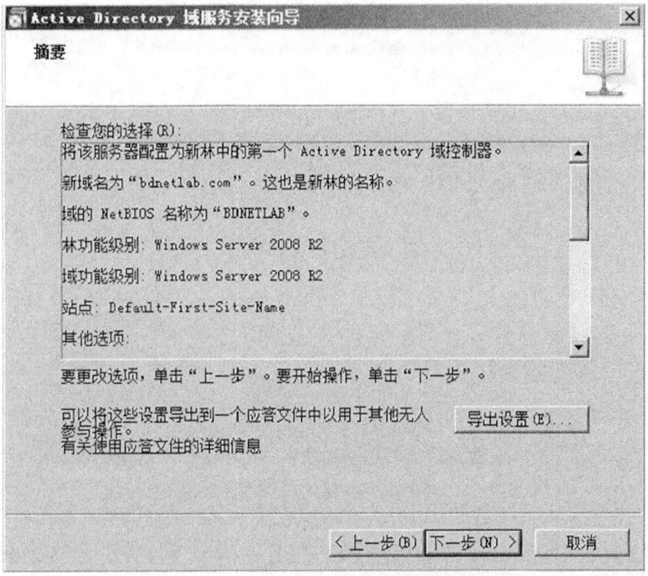

图 2-2-17　安装 AD 活动目录服务器之十七

第 18 步，开始配置 Active Directory 域服务，如图 2-2-18 所示。

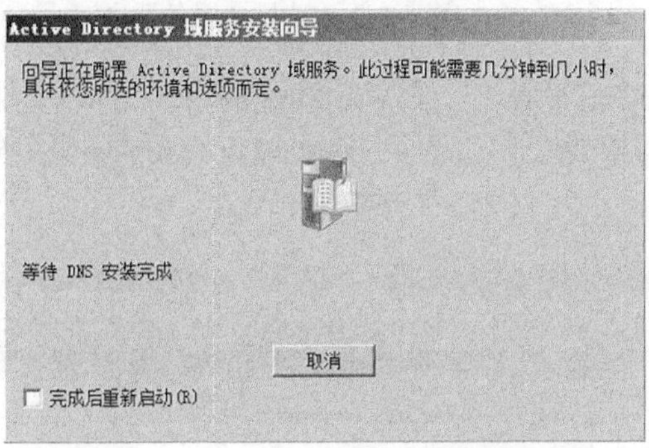

图 2-2-18　安装 AD 活动目录服务器之十八

第 19 步，完成 Active Directory 域服务安装，如图 2-2-19 所示，单击“完成”按钮。

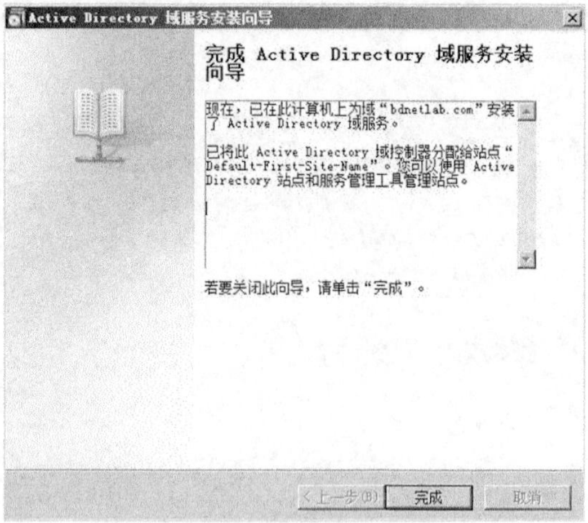

图 2-2-19　安装 AD 活动目录服务器之十九

第 20 步，Active Directory 域服务安装完成后需要重新启动 Windows Server 2008 R2，服务器才能生效，如图 2-2-20 所示，单击“立即重新启动（R）”按钮。

图 2-2-20　安装 AD 活动目录服务器之二十

第 21 步，重新启动完成后，登录 Windows Server 2008 R2 服务器，打开“服务器管理器”，查看“服务器摘要”，可以看到 Active Directory 域服务安装成功，如图 2-2-21 所示。

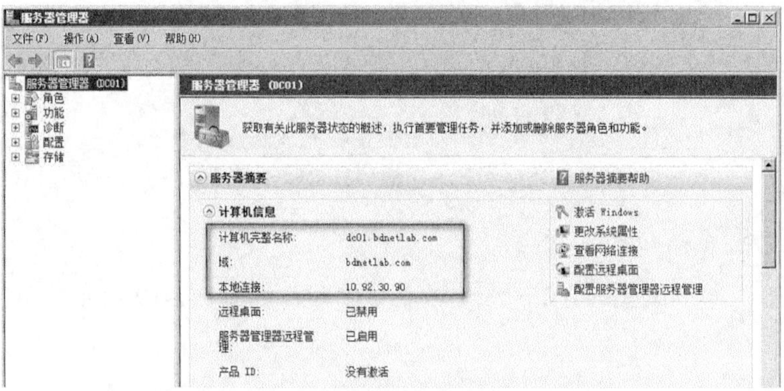

图 2-2-21　安装 AD 活动目录服务器之二十一

至此，Windows Server 2008 R2 Active Directory 域服务安装成功。

2. 配置 DNS 解析

根据 RHEV 虚拟化架构环境要求，Windows Server 2008 R2 Active Directory 域服务安装成功后，还需要对 RHEV-M、RHEV-H 创建相关的 DNS 解析。

第 1 步，登录 Windows Server 2008 R2 服务器，打开“DNS 管理器”→“正向查找区域”→“bdnetlab.com”，如图 2-2-22 所示。

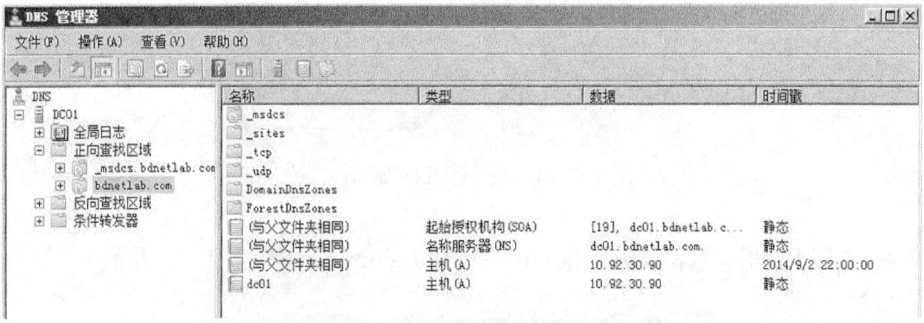

图 2-2-22　配置 DNS 解析之一

第 2 步，在空白处单击鼠标右键，选择“新建主机（A 或 AAAA）（S）”，如图 2-2-23 所示。

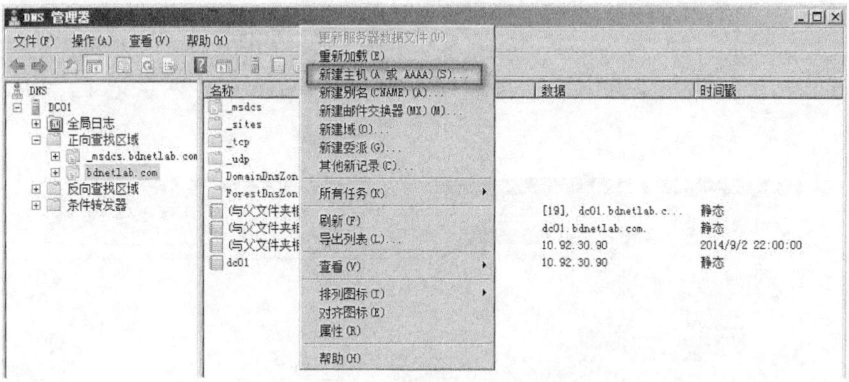

图 2-2-23　配置 DNS 解析之二

第 3 步，打开“新建主机”对话框，在“名称（如果为空则使用其父域名称）（N）”处输入“rhevm”，“IP 地址”输入“10.92.30.91”（RHEV-M 管理端域名及 IP 地址），勾选“创建相关的指针（PTR）记录（C）”，如图 2-2-24 所示，单击“添加主机（H）”按钮。

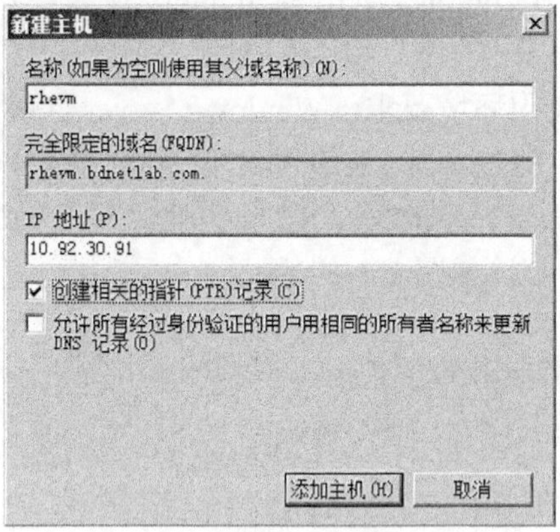

图 2-2-24　配置 DNS 解析之三

第 4 步，成功创建主机记录 rhevm.bdnetlab.com，如图 2-2-25 所示。

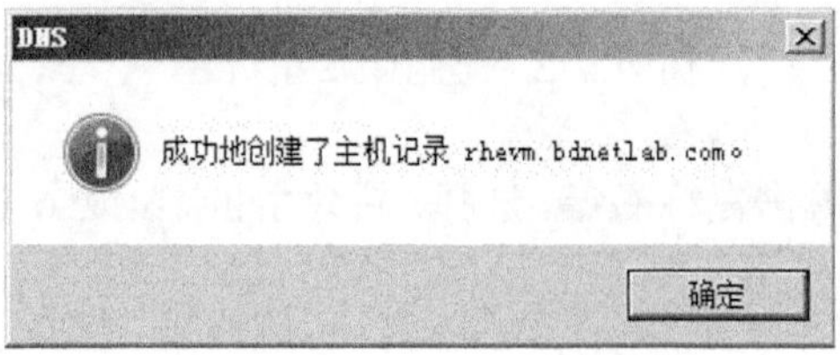

图 2-2-25　配置 DNS 解析之四

第 5 步，按照第 3 步操作创建“rhevh-01”和“rhevh-02”两条记录，如图 2-2-26 所示。

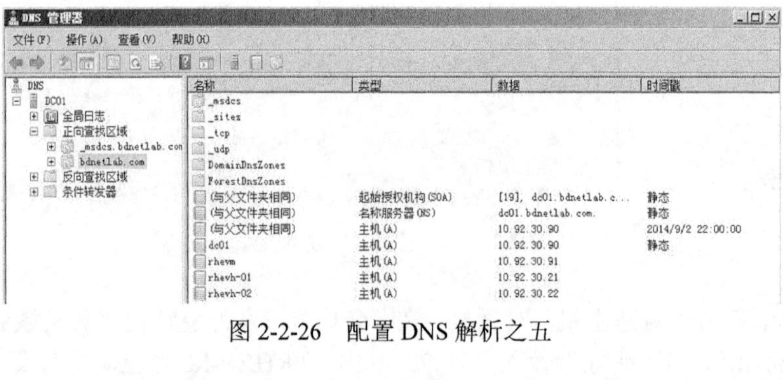

图 2-2-26　配置 DNS 解析之五

第 6 步，打开“DNS 管理器”→“反向查找区域”，确定反向 DNS 解析创建成功，如图 2-2-27 所示。

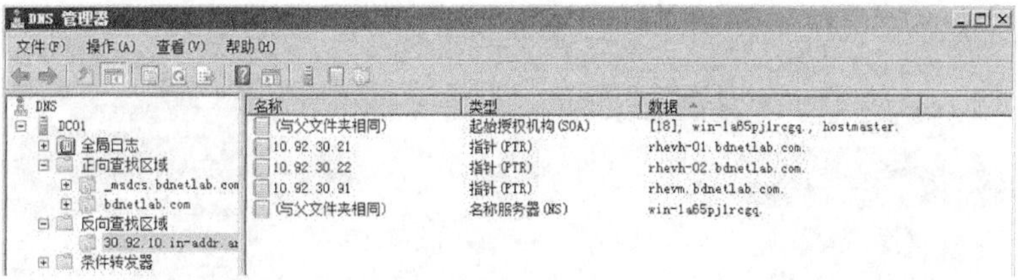

图 2-2-27　配置 DNS 解析之六

至此，针对 RHEV 虚拟化架构的 DNS 解析创建完成。

2.2.2　配置 RHEV 虚拟化所需服务器二：RHEL 服务器

RHEV-M 运行在 RHEL 环境下，需要提前准备一台安装好 RHEL 的服务器。本节的实战操作将安装一台基于 RHEL 6.4 的服务器。

1. 安装 RHEL 6.4 服务器

第 1 步，进入 RHEL 6.4 系统安装界面，选择“Install or upgrade an existing system”，按【Enter】键，如图 2-2-28 所示。

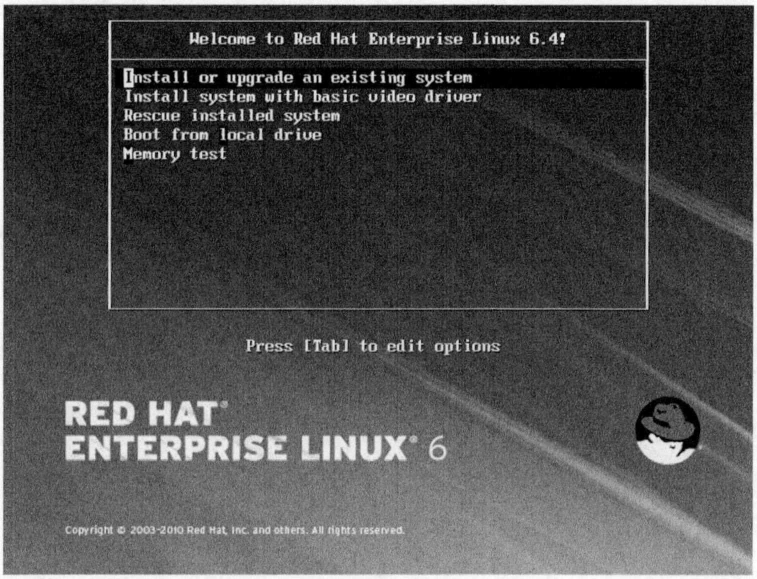

图 2-2-28　安装 RHEL 6.4 服务器之一

第 2 步，提示检查安装光盘是否存在问题，如图 2-2-29 所示，如果确认安装光盘没有问题，单击“SKIP”按钮跳过检查。

图 2-2-29　安装 RHEL 6.4 服务器之二

第 3 步，进入安装欢迎界面，如图 2-2-30 所示，单击“Next”按钮。

图 2-2-30　安装 RHEL 6.4 服务器之三

第 4 步，选择系统语言种类，如图 2-2-31 所示，选择“Chinese(Simplified)（中文（简体））”，单击“Next”按钮。

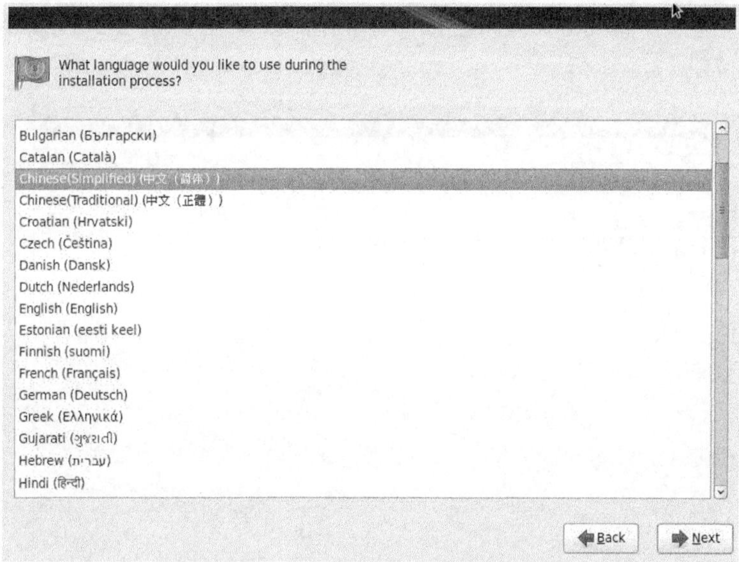

图 2-2-31　安装 RHEL 6.4 服务器之四

第 5 步，选择键盘类型，选择“美国英语式”，如图 2-2-32 所示，单击“下一步（N）”按钮。

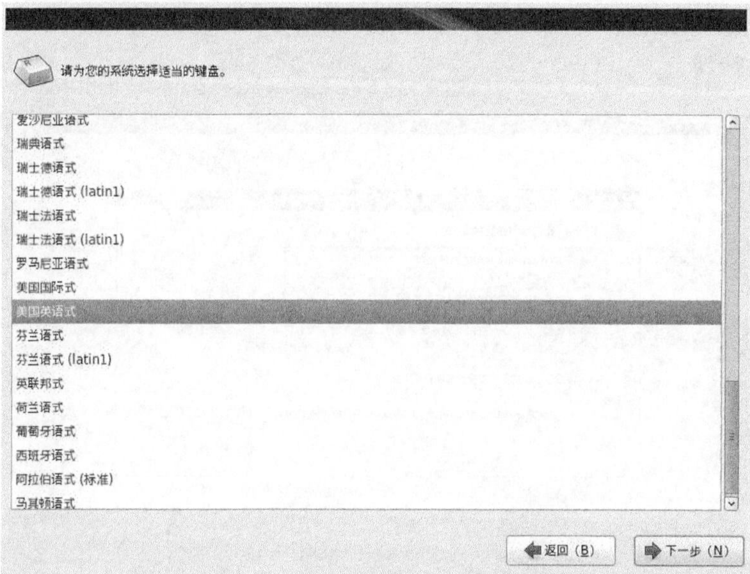

图 2-2-32　安装 RHEL 6.4 服务器之五

第 6 步，选择存储设备类型，选择“基本存储设备”，如图 2-2-33 所示，单击“下一步（N）”按钮。

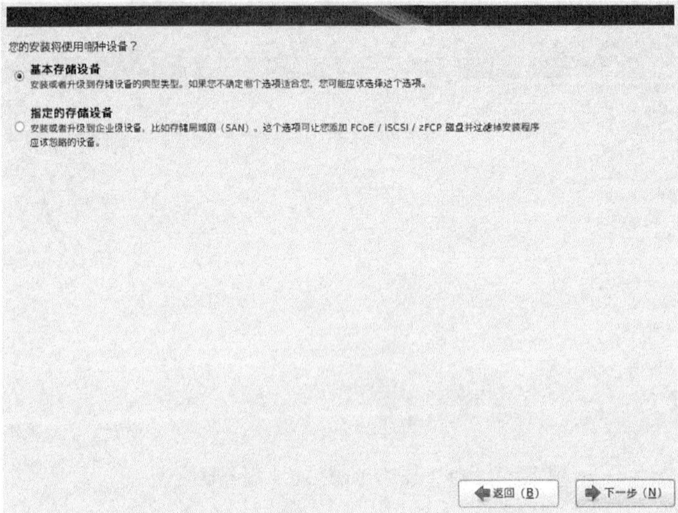

图 2-2-33　安装 RHEL 6.4 服务器之六

第 7 步，出现警告提示设备中包含数据，安装操作系统需要对硬盘进行初始化，导致设备中的数据丢失，选择“是，忽略所有数据（Y）”，如图 2-2-34 所示，单击“下一步（N）”按钮。

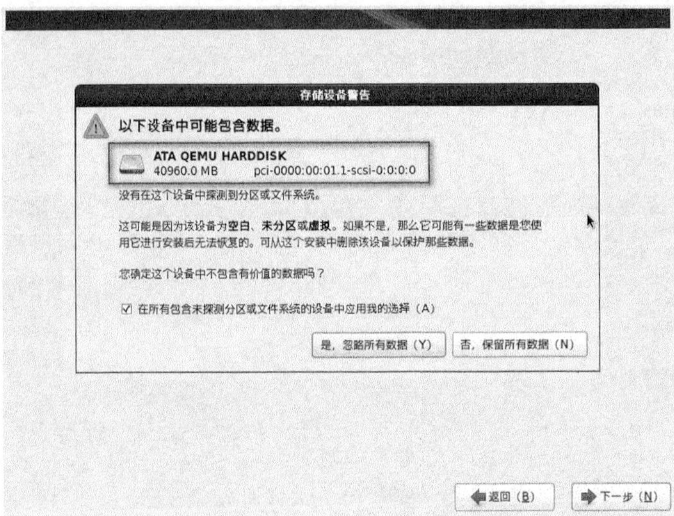

图 2-2-34　安装 RHEL 6.4 服务器之七

第 8 步，设置计算机名称，安装的这台设备将来会运行 RHEV-M，结合 DNS 解析，主机命名为 rhevm.bdnetlab.com，如图 2-2-35 所示，单击“配置网络（C)”按钮。

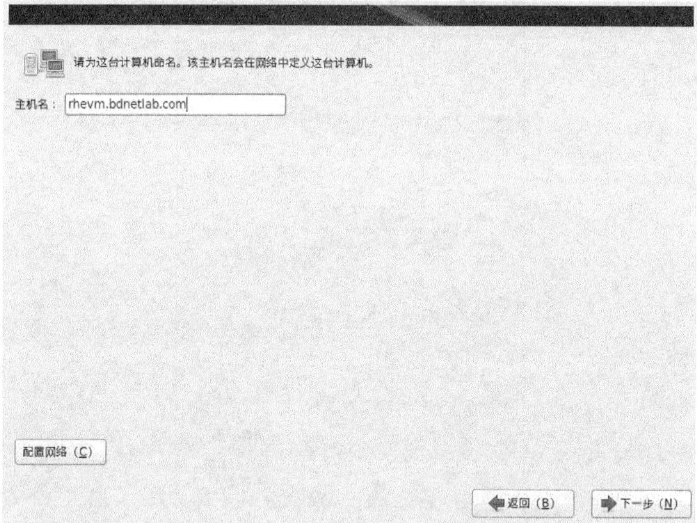

图 2-2-35　安装 RHEL 6.4 服务器之八

第 9 步，打开“网络连接”对话框，选择“System eth0”网卡，如图 2-2-36 所示，单击“编辑”按钮。

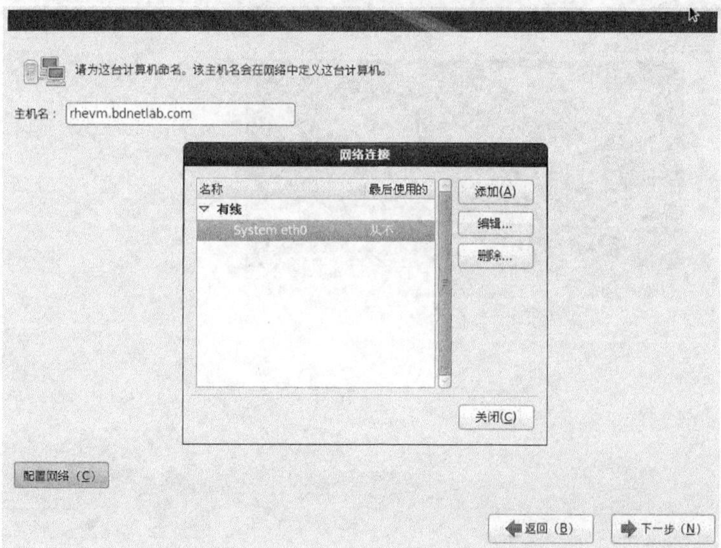

图 2-2-36　安装 RHEL 6.4 服务器之九

第 10 步，打开“System eth0”网卡编辑窗口，输入 RHEV-M IP 地址、子网掩码、网关、DNS 服务器信息，如图 2-2-37 所示，单击“应用”按钮。

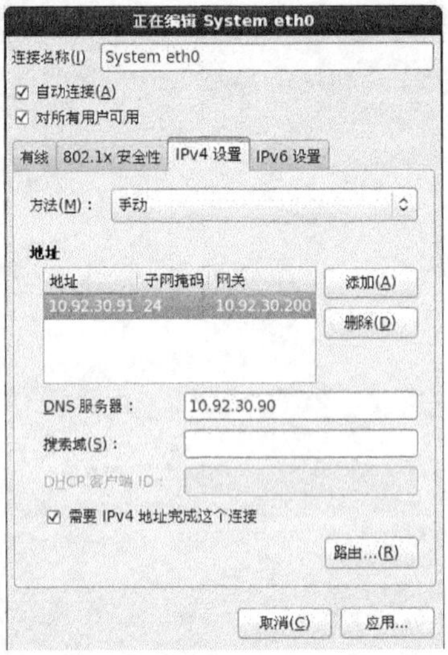

图 2-2-37　安装 RHEL 6.4 服务器之十

第 11 步，设置系统时区，选择“亚洲/上海”，如图 2-2-38 所示，单击“下一步（N）”按钮。

图 2-2-38　安装 RHEL 6.4 服务器之十一

第 12 步，设置 RHEL 6.4 系统管理员密码，如图 2-2-39 所示，单击“下一步（N)”按钮。

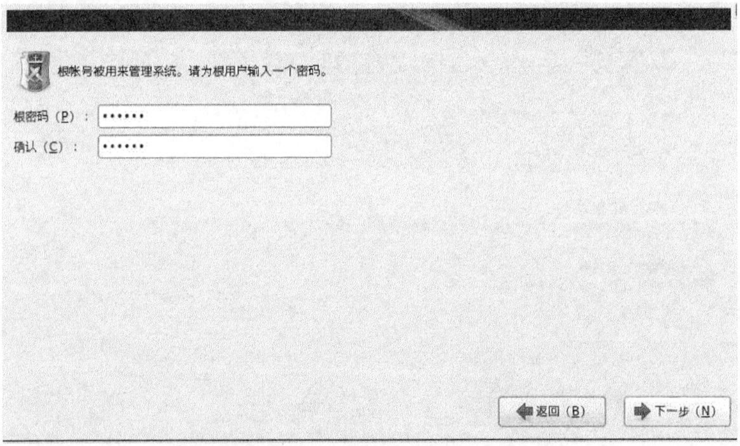

图 2-2-39　安装 RHEL 6.4 服务器之十二

第 13 步，出现脆弱密码提示，选择“无论如何使用（U)”，如图 2-2-40 所示，单击“下一步（N)”按钮。

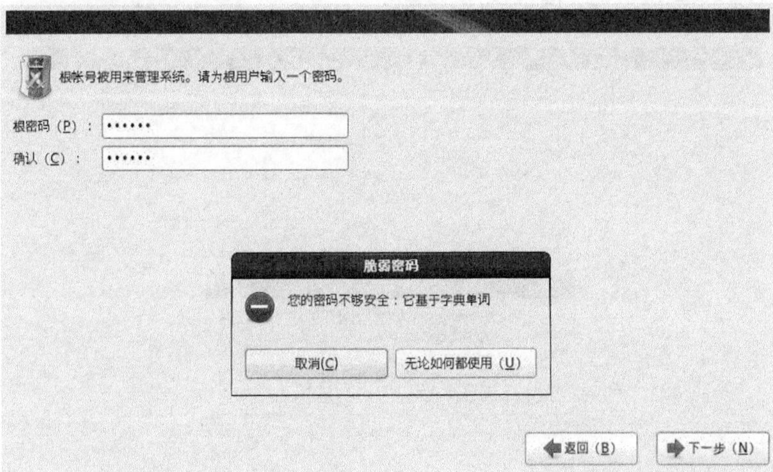

图 2-2-40　安装 RHEL 6.4 服务器之十三

第 14 步，选择 RHEL 6.4 系统使用的空间，选择“使用所有空间”，如图 2-2-41 所示，单击“下一步（N)”按钮。

图 2-2-41　安装 RHEL 6.4 服务器之十四

第 15 步，出现警告提示将存储配置写入磁盘，选择“将修改写入磁盘（W）”，如图 2-2-42 所示，单击“下一步（N）”按钮。

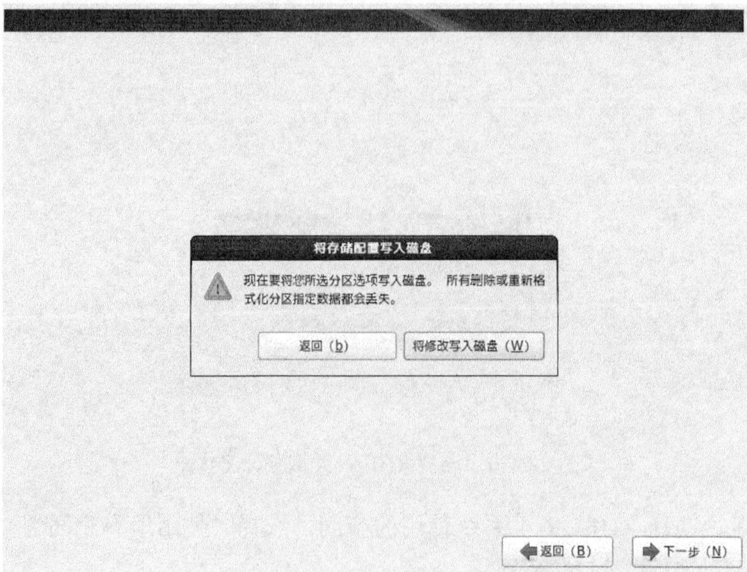

图 2-2-42　安装 RHEL 6.4 服务器之十五

第 16 步，选择 RHEL 6.4 系统安装的软件组，建议选择“桌面”模式，如图 2-2-43 所示，单击“下一步（N）”按钮。

图 2-2-43　安装 RHEL 6.4 服务器之十六

第 17 步，开始安装 RHEL 6.4 系统，如图 2-2-44 所示。

图 2-2-44　安装 RHEL 6.4 服务器之十七

第 18 步，RHEL 6.4 系统安装完成，如图 2-2-45 所示，单击“重新引导（t)”按钮重新启动。

图 2-2-45　安装 RHEL 6.4 服务器之十八

第 19 步，RHEL 6.4 系统重新启动完成后进行后续的配置，如图 2-2-46 所示，单击“前进（F)”按钮。

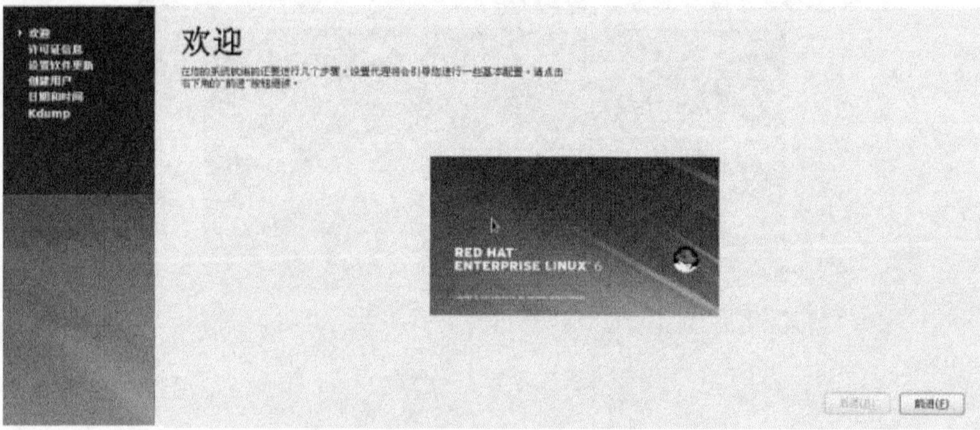

图 2-2-46　安装 RHEL 6.4 服务器之十九

第 20 步，接受 RHEL 许可证信息，选择“是，我同意该许可证协议”，如图 2-2-47 所示，单击“前进（F)”按钮。

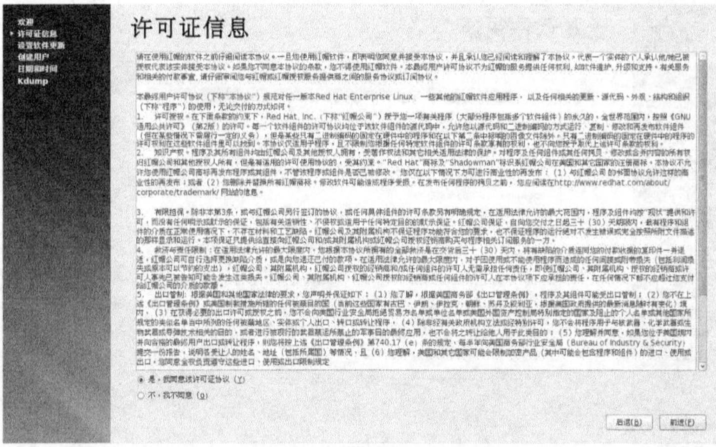

图 2-2-47　安装 RHEL 6.4 服务器之二十

第 21 步，设置软件更新，由于服务器未订阅 RHEL 服务，所以选择“No,I prefer to register at a later time.”，如图 2-2-48 所示，单击“前进（F）”按钮。

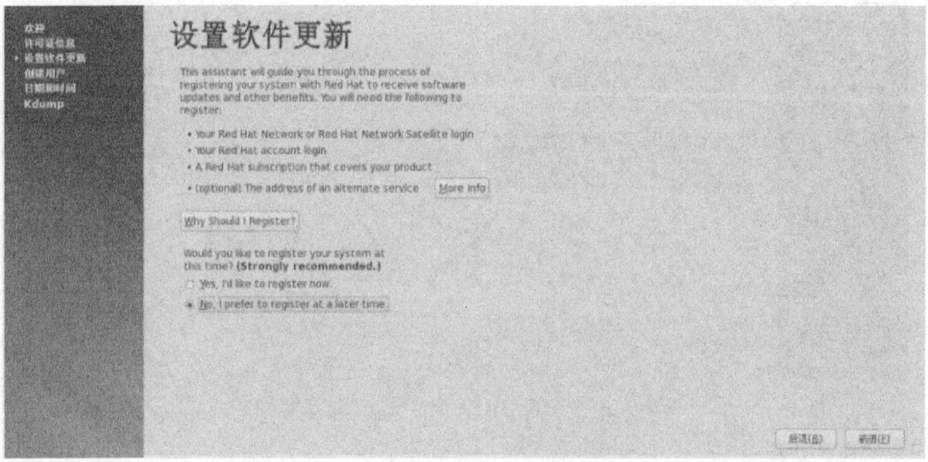

图 2-2-48　安装 RHEL 6.4 服务器之二十一

第 22 步，再次提示服务器未订阅 RHEL 服务将不能下载安全更新以及支持服务，单击“Register Later”，如图 2-2-49 所示，单击“前进（F）”按钮。

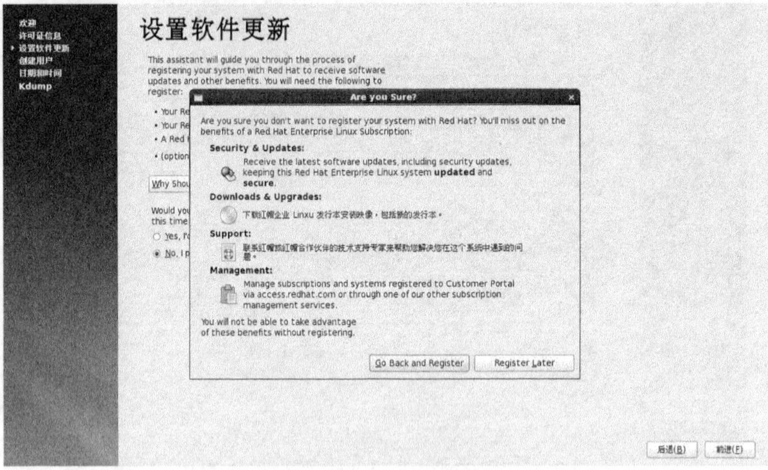

图 2-2-49　安装 RHEL 6.4 服务器之二十二

第 23 步，完成更新设置，如图 2-2-50 所示，单击“前进（F）”按钮。

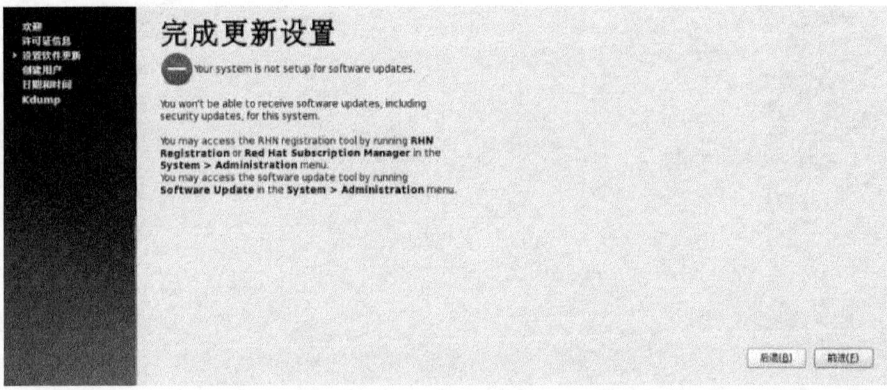

图 2-2-50　安装 RHEL 6.4 服务器之二十三

第 24 步，创建用户账户，此处创建一个 rhevm 用户，密码设置为 redhat，如图 2-2-51 所示，单击“前进（F）”按钮。

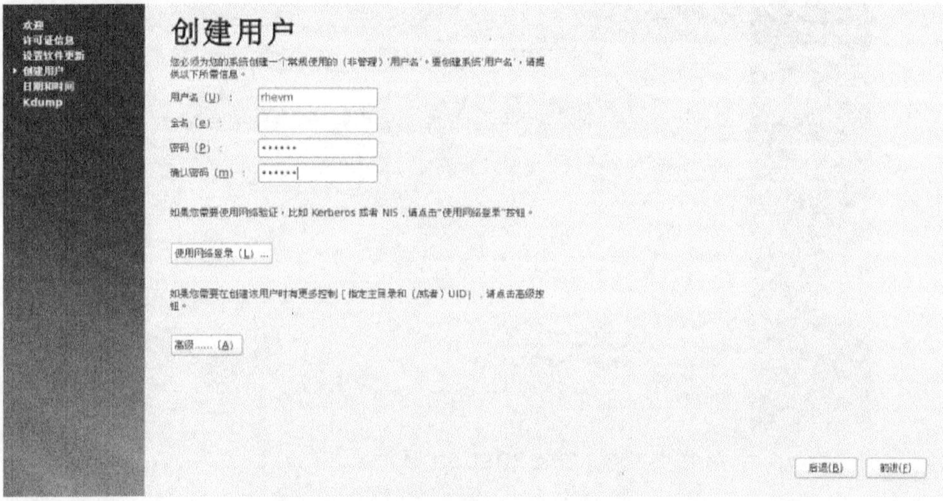

图 2-2-51　安装 RHEL 6.4 服务器之二十四

第 25 步，设置系统时间，如图 2-2-52 所示，单击“前进（F）”按钮。

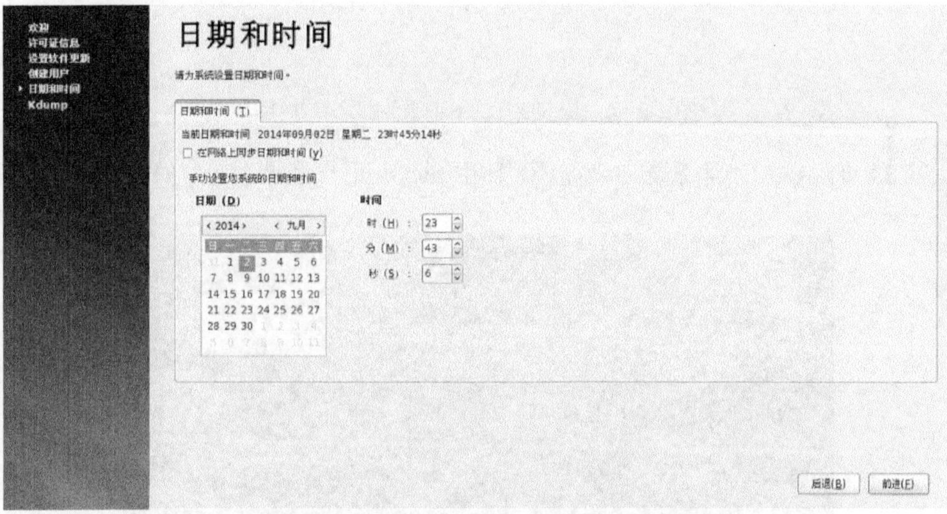

图 2-2-52　安装 RHEL 6.4 服务器之二十五

第 26 步，设置 Kdump 内核崩溃转储机制，如图 2-2-53 所示，单击“完成（F）”按钮。

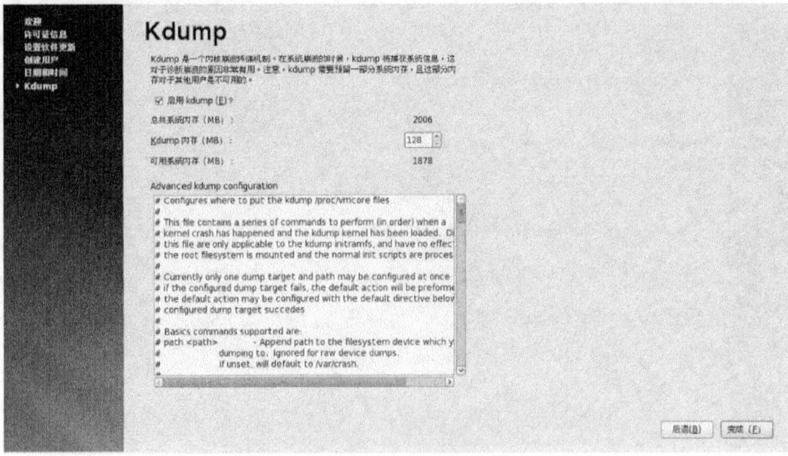

图 2-2-53　安装 RHEL 6.4 服务器之二十六

第 27 步，完成 Kdump 内核崩溃转储机制设置，提示需要重新启动系统，如图 2-2-54 所示，单击“是（Y）”按钮。

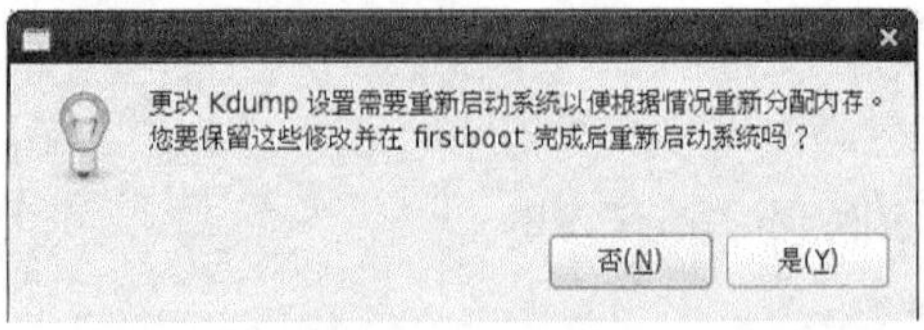

图 2-2-54　安装 RHEL 6.4 服务器之二十七

第 28 步，RHEL 6.4 系统启动完成，使用 rhevm 用户登录系统，如图 2-2-55 所示。

图 2-2-55　安装 RHEL 6.4 服务器之二十八

至此，准备安装 RHEV-M 服务器的 RHEL 6.4 系统安装完成。

2. 配置 RHEL 6.4 更新源 YUM

由于 RHEV 虚拟化环境的 RHEL 6.4 服务器未订阅红帽 RHN 服务，所以不能直接使用 YUM 安装更新软件包。为保证实战操作的完整性，将配置本地的安装 YUM 源。

第 1 步，使用 SecureCRT 软件登录 RHEL 6.4 系统，输入命令“yum install rhevm”，会提示错误，如图 2-2-56 所示，提示错误的原因是未订阅红帽 RHN 服务。

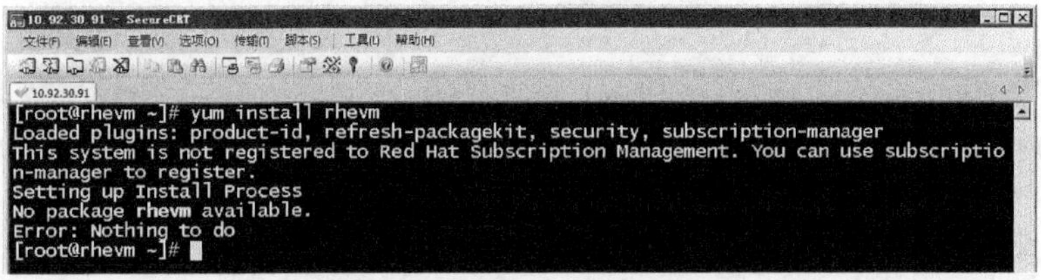

图 2-2-56　配置 RHEL 6.4 更新源之一

第 2 步，在 RHEL 6.4 系统根目录下创建“yum”目录，再创建“rhel6.5”，将 RHEL 6.5 安装 ISO 中的所有文件复制进这两个目录，如图 2-2-57 所示。

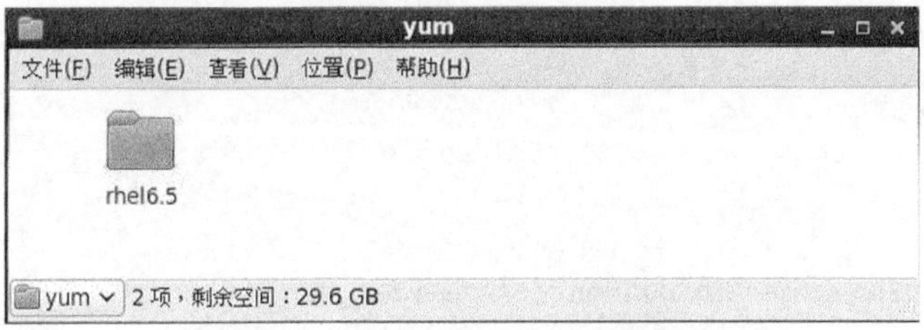

图 2-2-57　配置 RHEL 6.4 更新源之二

第 3 步，输入命令“vi /etc/yum.repos.d/rhevm.repo”创建新的 YUM 更新源，如图 2-2-58 所示。

图 2-2-58　配置 RHEL 6.4 更新源之三

第 4 步，编辑 rhevm.repo 内容，如图 2-2-59 所示。

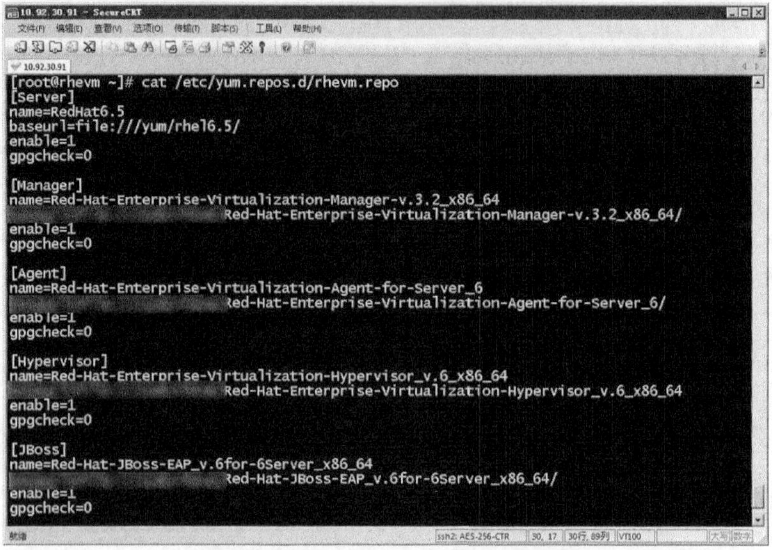

图 2-2-59 配置 RHEL 6.4 更新源之四

RHEV-M 由多个软件包组成，完整的 rhevm.repo 内容如下。

```
[Server]
name=RedHat6.5
baseurl=file:///yum/rhel6.5/
enable=1
gpgcheck=0

[Manager]
name=Red-Hat-Enterprise-Virtualization-Manager-v.3.2_x86_64
baseurl=http://xxxx.xxxx.xxxx/Red-Hat-Enterprise-Virtualization-Manager-v.3.2_x86_64/
enable=1
gpgcheck=0

[Agent]
name=Red-Hat-Enterprise-Virtualization-Agent-for-Server_6
baseurl= http://xxxx.xxxx.xxxx/Red-Hat-Enterprise-Virtualization-Agent-for-Server_6/
enable=1
gpgcheck=0

[Hypervisor]
name=Red-Hat-Enterprise-Virtualization-Hypervisor_v.6_x86_64
baseurl= http://xxxx.xxxx.xxxx//Red-Hat-Enterprise-Virtualization-Hypervisor_v.6_x86_64
```

```
enable=1
gpgcheck=0

[JBoss]
name=Red-Hat-JBoss-EAP_v.6for-6Server_x86_64
baseurl= http://xxxx.xxxx.xxxx/Red-Hat-JBoss-EAP_v.6for-6Server_x86_64/
enable=1
gpgcheck=0

[Supplementary]
name=RHEL-Server-Supplementary-v.6_64-bit_x86_64
baseurl= http://xxxx.xxxx.xxxx/RHEL-Server-Supplementary-v.6_64-bit_x86_64
enable=1
gpgcheck=0
```

需要注意的是，RHEV-M 文件无法直接从 RedHat 官方网站下载，需要订阅 RHN 后才能下载，可以自行注册订阅 30 天评估版本。

至此，RHEV 虚拟化架构实战环境搭建完成。

2.3 本章小结

本章分为两个部分，详细介绍了 RHEV 虚拟化实战环境、KVM 虚拟化实战环境和实战操作需要的服务器的安装配置。

需要注意的是，RHEV 虚拟化架构对 DNS 解析要求相当严格，安装过程中如果无法解析可能会导致安装无法进行，除可以使用本章介绍的基于 Windows Server 2008 R2 的 Active Directory 域服务器提供 DNS 解析外，也可以使用 Linux 系统提供的 DNS 服务。

第 3 章　部署红帽企业管理器 RHEV-M

在开源 KVM 虚拟化环境中，企业级管理平台是一大难题，一些大企业在使用开源 KVM 虚拟化架构时，选择根据企业的实际情况自行开发的管理端，但对于中小企业来说，这样强大的开发能力几乎是不具备的。

红帽公司针对这样的情况，推出了红帽企业管理器 RHEV-M 管理平台。需要注意的是，早期红帽发布的 RHEV-M 需要安装在 Windows 系统上，从 RHEV-M 3.0 版本开始，RHEV-M 可以直接运行在红帽 RHEL 系统上。

本章要点

- 部署 RHEV-M 管理平台条件
- 安装 RHEV-M 管理平台
- 配置 RHEV-M 管理平台
- 访问 RHEV-M 管理平台
- 删除 RHEV-M 管理平台

3.1　部署 RHEV-M 管理平台的条件

RHEV-M 管理平台可以使用物理服务器安装，也可以使用虚拟机安装。

本节的实战操作将使用一台物理服务器安装 RHEL6.5 以及 KVM，然后在 KVM 虚拟机上部署 RHEV-M 管理平台，关于单机如何部署 KVM，请参考第 11 章的相关内容。

3.1.1　安装 RHEV-M 管理平台的要求

根据从红帽官方获取的信息，对于 RHEV-M 管理平台服务器的基本需求如下。

1. 服务器配置

双核服务器，4 GB 内存，25 GB 可用磁盘空间和 1 Gbit/s 网络接口。

2. 服务器操作系统

红帽企业版 Linux 系统，RHEL 6.3 以上版本。

3. 存储

至少有一个支持的存储类型（NFS、iSCSI 或 FCP）。

4. DNS 服务

可以解决所有的 IP 地址（正向和反向）解析。

5. 浏览器

Firefox17、Internet Explorer 9 或更高版本。

如果在生产环境中使用 RHEV-M 管理平台，推荐配置 4 核或以上 CPU，8GB 或以上内存。

3.1.2　获取 RHEV-M 管理平台安装介质

需要注意的是，RHEV-M 红帽官方不提供下载资源包进行安装，必须订阅 RHN 服务后，通过 YUM 方式在线安装。

3.2　安装 RHEV-M 管理平台

第 2 章中已经构建好完整的实战操作平台，包括 DNS 解析服务器的搭建、YUM 源服务器的配置，读者也需要根据安装 RHEV-M 管理平台的条件构建自己的操作环境，特别是 DNS 服务器的构建，否则安装过程可能会出错。

本节实战操作将安装 RHEV-M 3.2 管理平台。

3.2.1　使用 YUM 安装 RHEV-M 管理平台

开始安装 RHEV-M 管理平台前请确认 RHEL 系统安装完成，可以正常解析 DNS 地址以及访问互联网等。

第 1 步，使用 RHEL 系统自带的终端管理工具登录安装好的 RHEL 系统，由于在安装前需要更新系统以及保证后续安装不出问题，建议使用 root 用户进行登录。

在第 2 章环境准备中安装的是 RHEL 6.4 系统，YUM 源中复制的是 RHEL 6.5 系统，输入命令“yum update”，将 RHEL 6.4 系统更新到 RHEL 6.5 系统，如图 3-2-1 所示。

图 3-2-1　使用 YUM 安装 RHEV-M 管理平台之一

第 2 步，RHEL 6.4 系统提示需要下载 398MB 的更新包，输入”Y”进行下载安装，如图 3-2-2 所示。

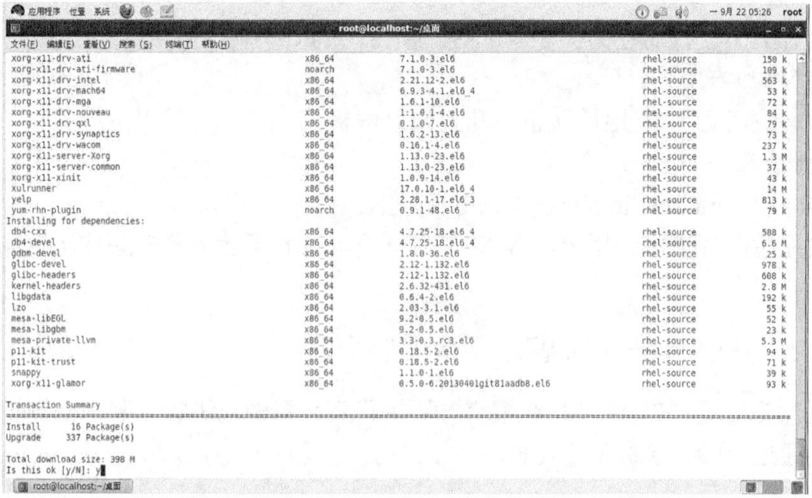

图 3-2-2　使用 YUM 安装 RHEV-M 管理平台之二

第 3 步，RHEL 6.4 系统开始下载需要更新的软件包，如图 3-2-3 所示。

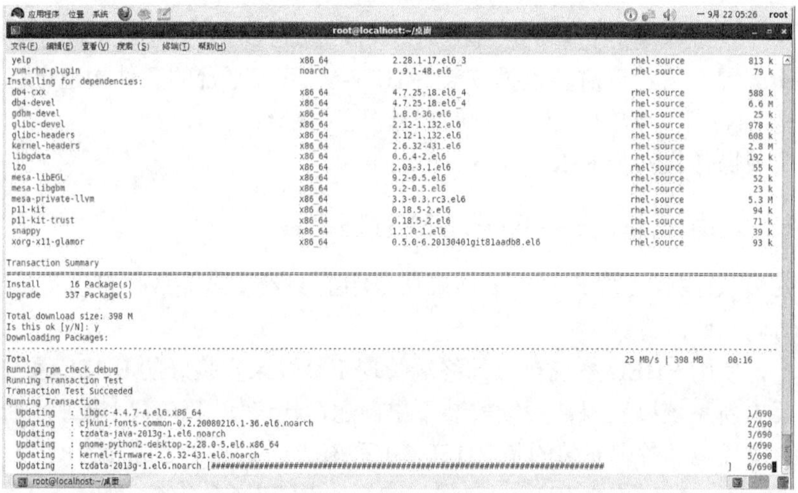

图 3-2-3　使用 YUM 安装 RHEV-M 管理平台之三

第 4 步，下载完成后开始对数据包进行检验，如图 3-2-4 所示。

需要注意的是，如果检验出错一定要检查 YUM 源，否则后续的安装可能也会出错。

图 3-2-4　使用 YUM 安装 RHEV-M 管理平台之四

第 5 步，完成 RHEL 6.4 系统到 RHEL 6.5 系统的更新，如图 3-2-5 所示。

图 3-2-5　使用 YUM 安装 RHEV-M 管理平台之五

第 6 步，开始安装 RHEV-M 管理平台，输入命令“yum install rhevm”，如图 3-2-6 所示。

图 3-2-6　使用 YUM 安装 RHEV-M 管理平台之六

第 7 步，系统提示需要下载 751MB 的安装包，输入“y”进行下载安装，如图 3-2-7 所示。

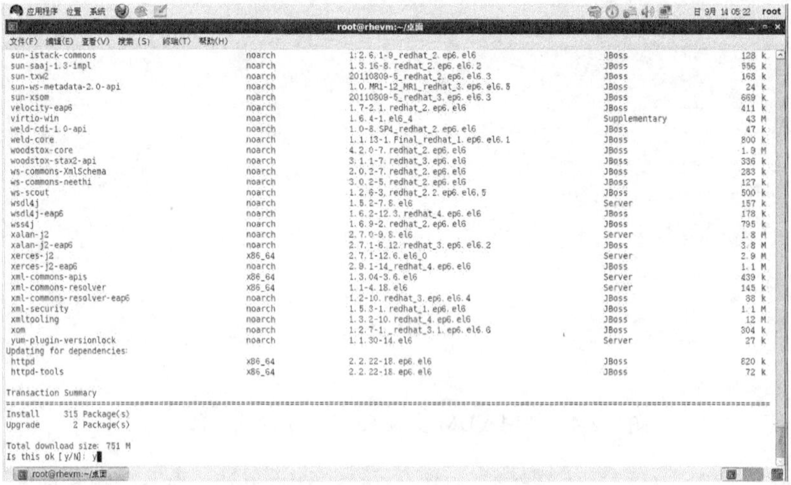

图 3-2-7　使用 YUM 安装 RHEV-M 管理平台之七

第 8 步，开始安装软件包，一共需要安装 319 个包，如图 3-2-8 所示。

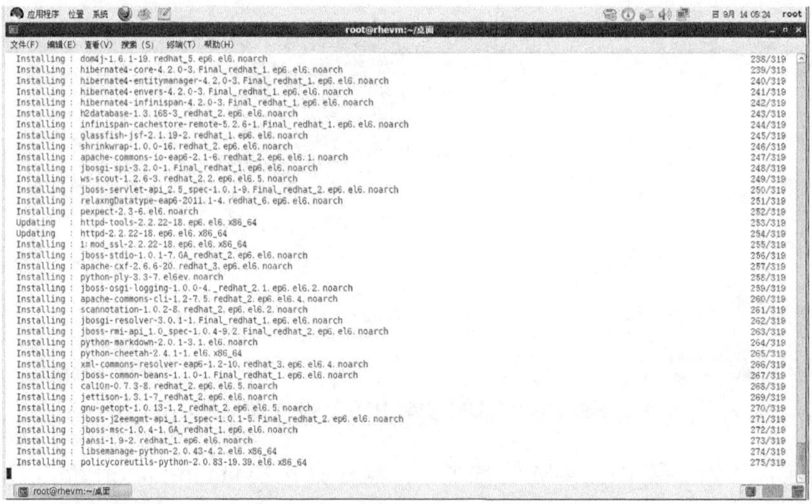

图 3-2-8　使用 YUM 安装 RHEV-M 管理平台之八

第 9 步，与 RHEL 系统更新一样，RHEV-M 管理平台也会对数据包进行检验，如图 3-2-9 所示。

需要注意的是，如果检验出错一定要检查 YUM 源，否则后续的安装可能也会出错。

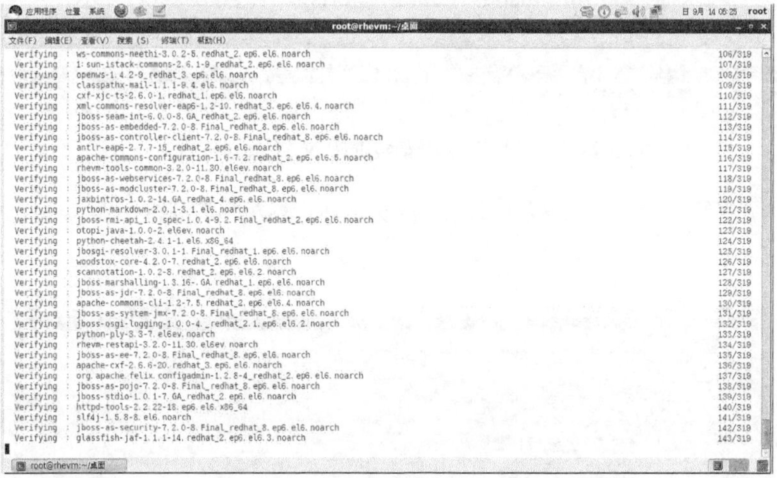

图 3-2-9　使用 YUM 安装 RHEV-M 管理平台之九

第 10 步，RHEV-M 管理平台安装完成，如图 3-2-10 所示。

图 3-2-10　使用 YUM 安装 RHEV-M 管理平台之十

至此，RHEV-M 管理平台安装完成，但是还需要配置后才能使用。需要注意的是，安装过程中不能有任何错误提示，否则可能会导致后续配置出现问题。

3.2.2　使用 YUM 安装 RHEV-M 报表平台

RHEV-M 报表平台基于 JasperReports 和 JasperServer，提供 RHEV 虚拟化环境的报表，可以输出到屏幕、打印机或导出为 PDF、Word 等格式。

第 1 步，输入命令“yum install rhevm-reports”，如图 3-2-11 所示。

图 3-2-11　使用 YUM 安装 RHEV-M 报表平台之一

第 2 步，系统提示需要下载 317MB 的安装包，输入“y”进行下载安装，如图 3-2-12 所示。

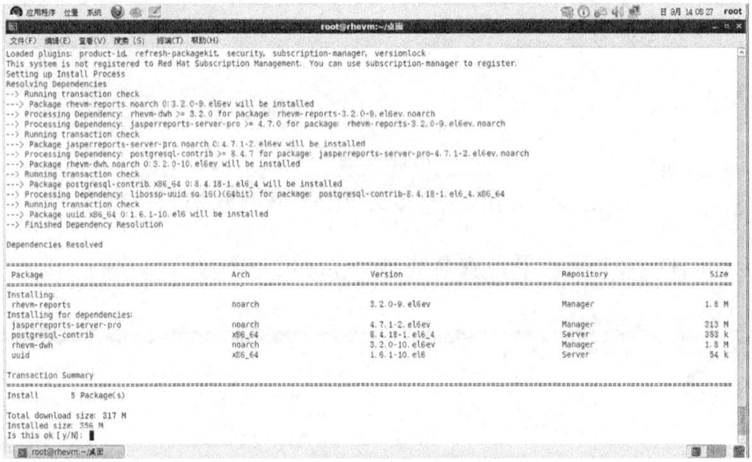

图 3-2-12　使用 YUM 安装 RHEV-M 报表平台之二

第 3 步，开始安装软件包，一共需要安装 5 个包，如图 3-2-13 所示。

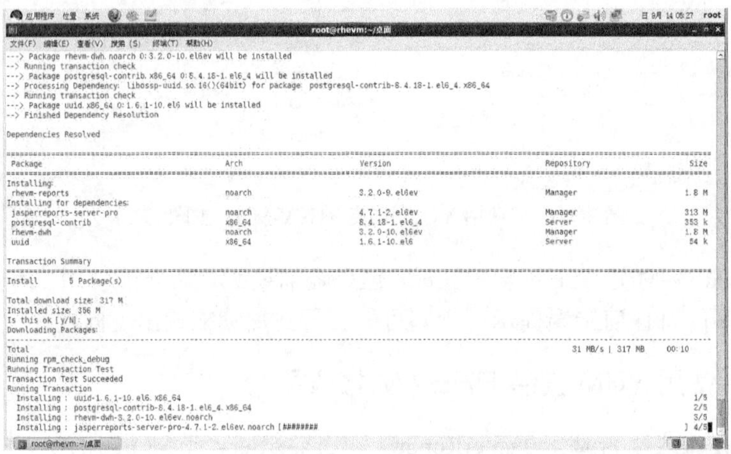

图 3-2-13　使用 YUM 安装 RHEV-M 报表平台之三

第 4 步，使用 YUM 源安装 RHEV-M 报表平台完成，如图 3-2-14 所示。

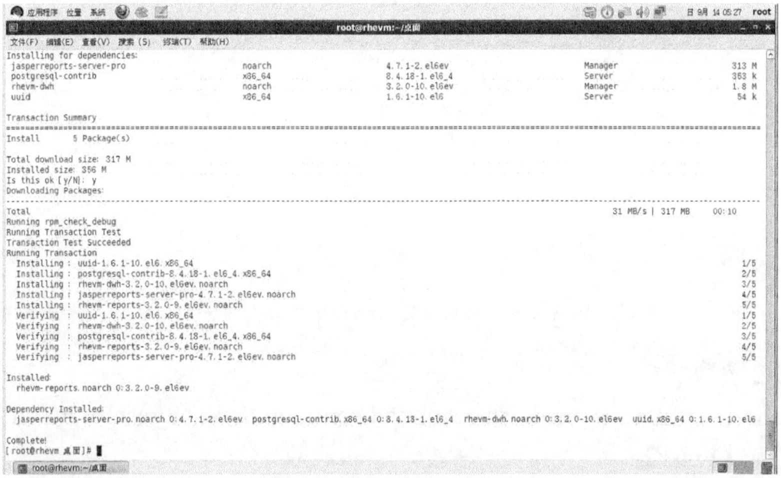

图 3-2-14　使用 YUM 安装 RHEV-M 报表平台之四

3.3　配置 RHEV-M 管理平台

3.2 节中已经安装好 RHEV-M 管理平台和报表平台，本节实战操作将配置 RHEV-M 3.2 管理平台和报表平台。

3.3.1　配置启用 RHEV-M 管理平台

第 1 步，输入命令“rhevm-setup”配置 RHEV-M 管理平台，如图 3-3-1 所示。

图 3-3-1　配置 RHEV-M 管理平台之一

第 2 步，配置 RHEV-M 管理平台参数，安装程序会通过一系列的互动问题引导配置，系统会给出一些参数进行确认，确认过程需根据生产环境的实际情况进行确认，详细参数如图 3-3-2 所示。

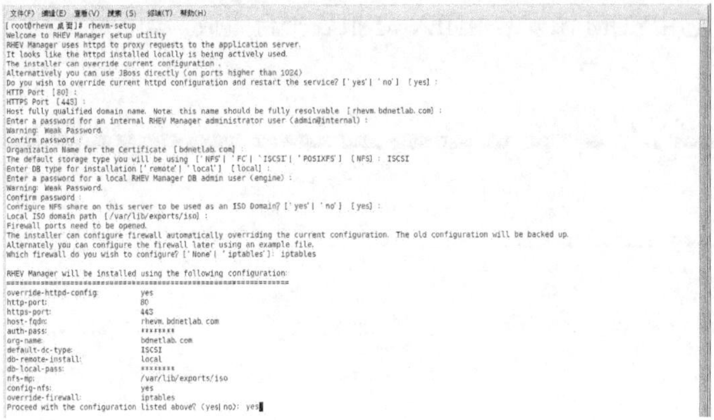

图 3-3-2　配置 RHEV-M 管理平台之二

图 3-3-2 参数解释如下。

（1）Do you wish to override current httpd configuration and restart the service? ['yes'| 'no']　[yes] : 【Enter】

解释：是否立即修改 httpd 配置并重启服务，默认为 yes，确定按【Enter】键。

（2）HTTP Port　[80] : 【Enter】

解释：配置 RHEV-M 管理平台 HTTP 访问端口，默认为 80 端口，确定按【Enter】键。

（3）HTTPS Port　[443] : 【Enter】

解释：配置 RHEV-M 管理平台 HTTPS 访问端口，默认为 443 端口，确定按【Enter】键。

（4）Host fully qualified domain name. Note: this name should be fully resolvable [rhevm.bdnetlab.com] : 【Enter】

解释：配置主机完全限定的域名。注意：RHEV-M 管理平台的域名必须被完全解析，系统会自动识别 RHEL 系统的名字，需要注意客户机通过域名访问，确定按【Enter】键。

（5）Enter a password for an internal RHEV Manager administrator user (admin@internal) :

解释：配置 RHEV-M 管理平台的管理员密码，默认管理员账户为 admin@internal，输入密码后按【Enter】键。

（6）Confirm password :

解释：确认 RHEV-M 管理平台密码。

（7）Organization Name for the Certificate　[bdnetlab.com] : 【Enter】

解释：配置 CA 证书机构名称，默认 CA 证书机构为系统设定的域名，确定按【Enter】键。

（8）The default storage type you will be using ['NFS'| 'FC'| 'ISCSI'| 'POSIXFS'] [NFS] : ISCSI

解释：配置 RHEV 虚拟化架构默认使用的存储类型，可以根据环境选择，本书的环境是 ISCSI 存储，输入 ISCSI 后按【Enter】键。

（9）Enter DB type for installation ['remote'| 'local'] [local] :【Enter】

解释：配置 RHEV-M 管理平台数据库安装方式，有远程和本地两种安装模式，可以根据环境选择，默认为本地安装，确定按【Enter】键。

（10）Enter a password for a local RHEV Manager DB admin user (engine) :

解释：配置 RHEV-M 管理平台数据库管理员密码，输入密码后按【Enter】键。

（11）Confirm password :

解释：确认 RHEV-M 管理平台数据库密码。

（12）Configure NFS share on this server to be used as an ISO Domain? ['yes'| 'no'] [yes] :【Enter】

解释：配置 NFS 共享为 RHEV-M 管理平台 ISO 域，ISO 域主要为 RHEV 虚拟化平台提供系统安装 ISO 文件，本书的环境在 RHEV-M 管理平台构建 NFS ISO 域，输入 yes 后按【Enter】键。

（14）Local ISO domain path [/var/lib/exports/iso] :【Enter】

解释：配置 ISO 域的路径，默认路径为/var/lib/exports/iso，确定按【Enter】键。

（15）Which firewall do you wish to configure? ['None'| 'iptables']: iptables

解释：系统自动配置防火墙，可以根据环境选择，本书的环境选择 iptables 自动配置，输入 iptables 后按【Enter】键。

第 3 步，参数确认后，系统开始自动配置 RHEV-M 管理平台、创建数据库等操作，如图 3-3-3 所示。

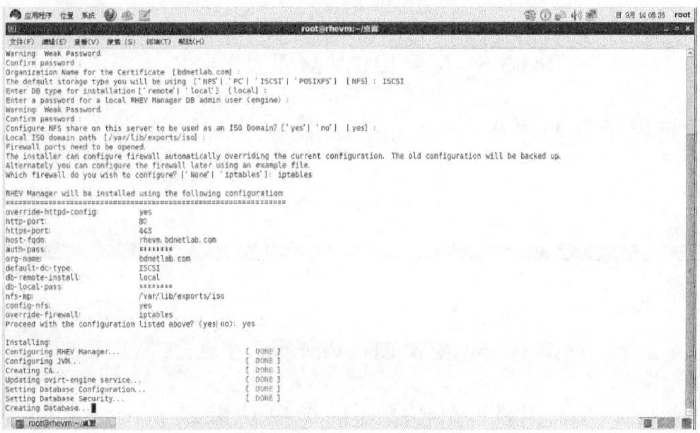

图 3-3-3　配置 RHEV-M 管理平台之三

第 4 步，配置 RHEV-M 管理平台完成，RHEV-M 管理平台访问地址为 http://rhevm.bdnetlab.com:80，如图 3-3-4 所示。

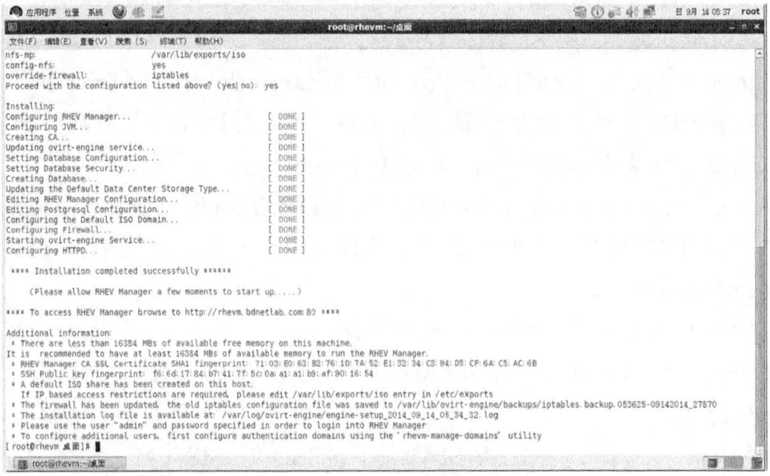

图 3-3-4　配置 RHEV-M 管理平台之四

至此，RHEV-M 管理平台配置完成，配置完成后的状态是启动和运行，可以通过浏览器登录到管理平台进行管理操作。

3.3.2　配置启用 RHEV-M 报表平台

第 1 步，配置报表平台前需要先配置 dwh 组件，输入命令“rhevm-dwh-setup”配置 RHEV-M 报表平台 dwh 组件，如图 3-3-5 所示。

图 3-3-5　配置 RHEV-M 报表平台之一

第 2 步，系统提示需要停止 ovirt-engine 服务，输入“yes”后按【Enter】键，如图 3-3-6 所示。

图 3-3-6　配置 RHEV-M 报表平台之二

第 3 步，开始配置 dwh 组件，安装成功后会自动重启 ovirt-engine 服务，如图 3-3-7 所示。

图 3-3-7　配置 RHEV-M 报表平台之三

第 4 步，配置 RHEV-M 报表平台完成，输入命令“rhevm-reports-setup”，如图 3-3-8 所示。

图 3-3-8　配置 RHEV-M 报表平台之四

第 5 步，系统提示需要停止 ovirt-engine 服务，输入 yes 按【Enter】键，如图 3-3-9 所示。

图 3-3-9　配置 RHEV-M 报表平台之五

第 6 步，开始配置报表平台，需要注意的是，在配置过程中需要验证 rhevm-admin 密码，安装成功后会自动重启 ovirt-engine 服务，如图 3-3-10 所示。

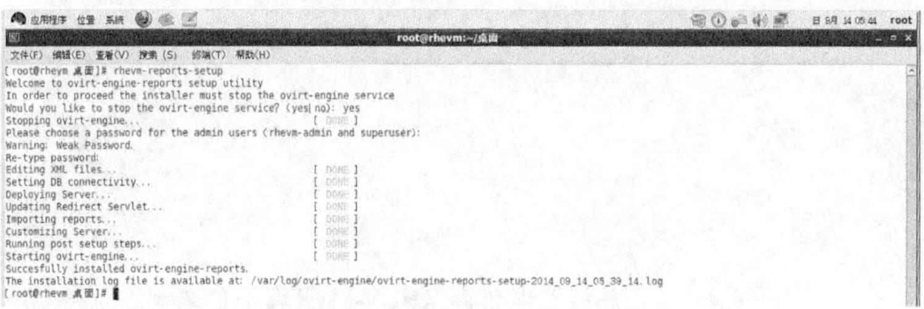

图 3-3-10　配置 RHEV-M 报表平台之六

至此，RHEV-M 报表平台配置完成，可以通过浏览器登录到管理平台进行管理操作。

3.4　访问 RHEV-M 管理平台

RHEV-M 管理平台支持 Firefox、IE 等浏览器，使用浏览器访问时注意其版本，版本过低可能会导致显示出现问题。在后续的章节中，将分别使用 Firefox、IE 浏览器进行演示操作。

RHEV-M 管理平台管理入口网站在 Internal 域使用用户名 admin（管理用户在安装过程中配置）登录到红帽企业版虚拟化管理者的 Web 管理入口。Internal 域会在安装期间自动创建，不可以添加新用户到该域中。要想使用新用户，需要一个外部的目录服务，RHEV-M 管理平台支持 IPA 和 Active Directory，它也提供一个名为 rhevm-manage-domains 的工具来将新目录附加到系统中。

3.4.1　使用浏览器访问 RHEV-M 管理平台

第 1 步，使用 RHEL 系统自带的 Mozilla Firefox 浏览器访问 RHEV-M 管理平台，选择“Administrator Portal”，如图 3-4-1 所示。

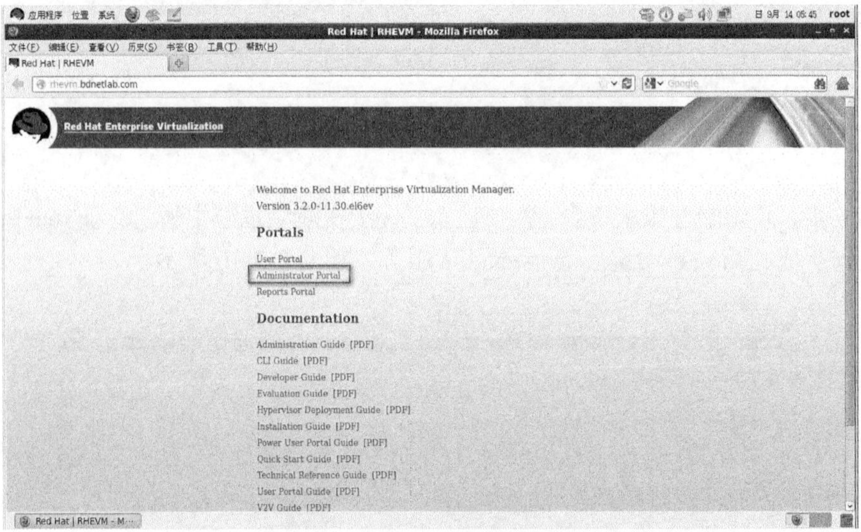

图 3-4-1　使用浏览器访问 RHEV-M 管理平台之一

第 2 步，默认情况下浏览器会认为此连接是不受信任的，添加到信任即可，输入 RHEV-M 管理平台的用户名以及密码，默认用户为 admin，输入后点击“登录”按钮，如图 3-4-2 所示。

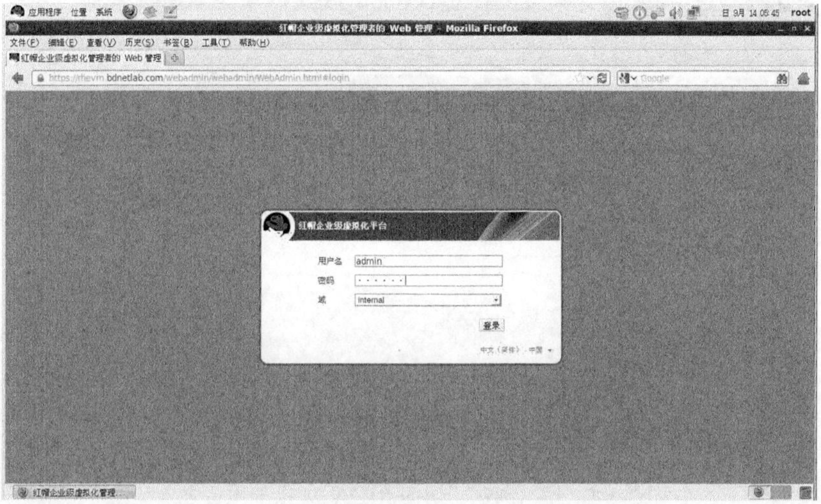

图 3-4-2　使用浏览器访问 RHEV-M 管理平台之二

第 3 步，成功登录 RHEV-M 管理平台，如图 3-4-3 所示。

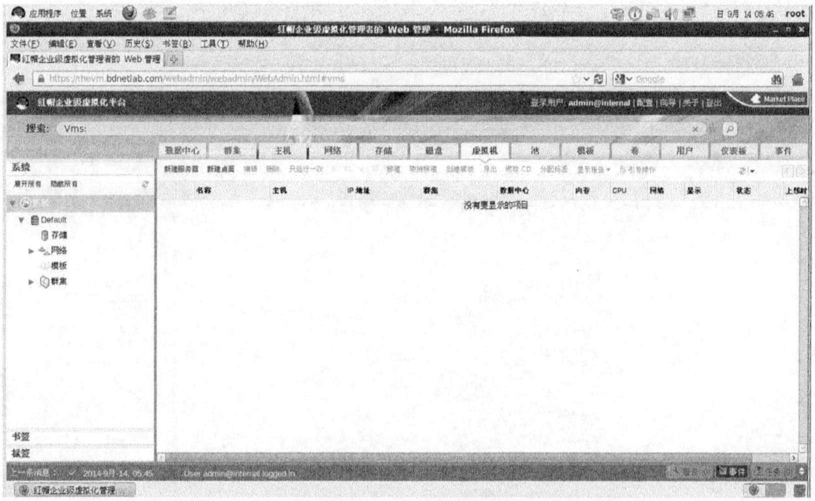

图 3-4-3　使用浏览器访问 RHEV-M 管理平台之三

3.4.2　使用浏览器访问 RHEV-M 报表平台

第 1 步，使用 RHEL 系统自带的 Mozilla Firefox 浏览器访问 RHEV-M 报表平台，选择“Reports Portal”，如图 3-4-4 所示。

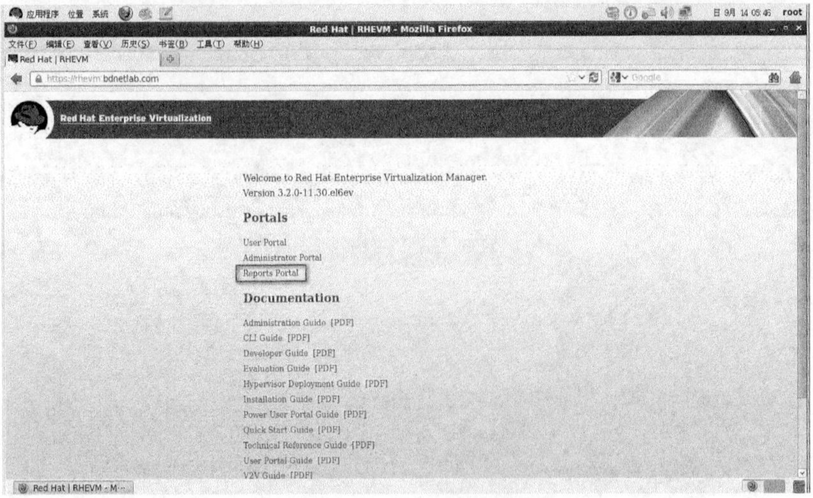

图 3-4-4　使用浏览器访问 RHEV-M 报表平台之一

第 2 步，输入 RHEV-M 报表平台的用户名以及密码，报表平台默认用户名为 rhevm-admin，默认密码为 redhat，单击“登录”按钮，如图 3-4-5 所示。

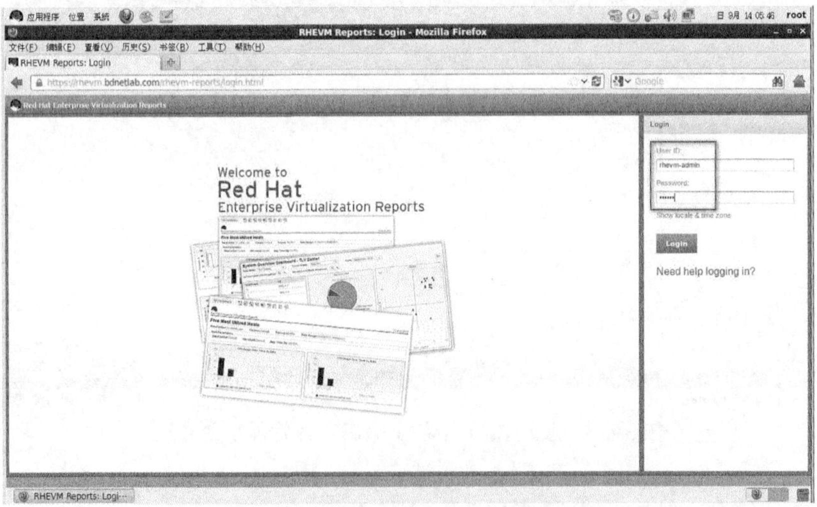

图 3-4-5　使用浏览器访问 RHEV-M 报表平台之二

第 3 步，选择 RHEV-M 报表平台“查看报表”，如图 3-4-6 所示。

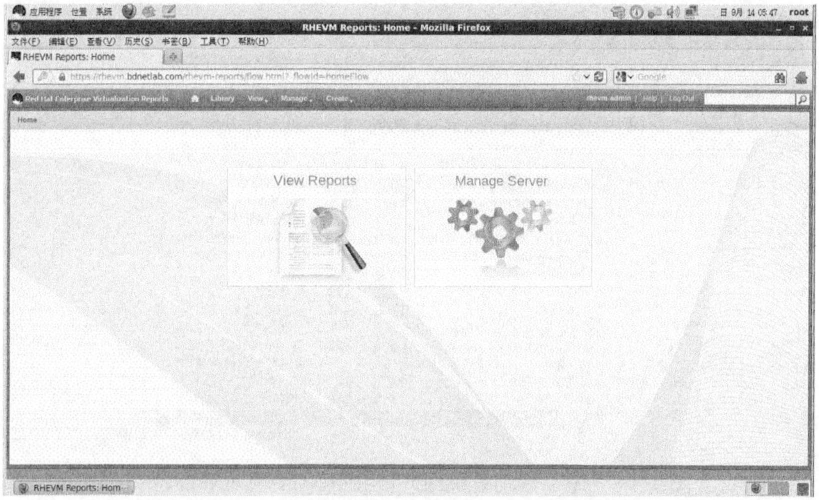

图 3-4-6　使用浏览器访问 RHEV-M 报表平台之三

第 4 步，成功登录 RHEV-M 报表平台，如图 3-4-7 所示。

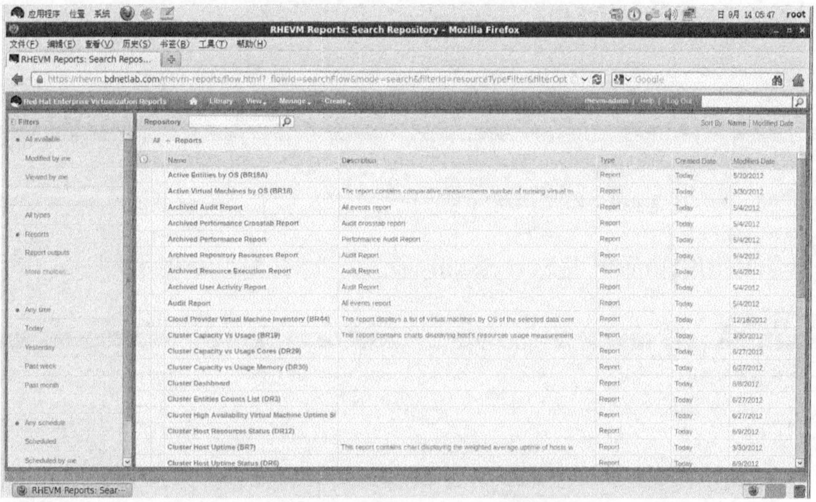

图 3-4-7　使用浏览器访问 RHEV-M 报表平台之四

3.4.3　添加活动目录账户到 RHEV-M 管理平台

安装配置完 RHEV-M 后，只能通过 admin 进行管理操作，在生产环境中极不方便，RHEV 虚拟化架构允许将活动目录账户添加到 RHEV-M 管理平台。

第 1 步，在活动目录服务器上创建 rhevadmin 账户，将其添加到活动目录管理员用户组，如图 3-4-8 所示。

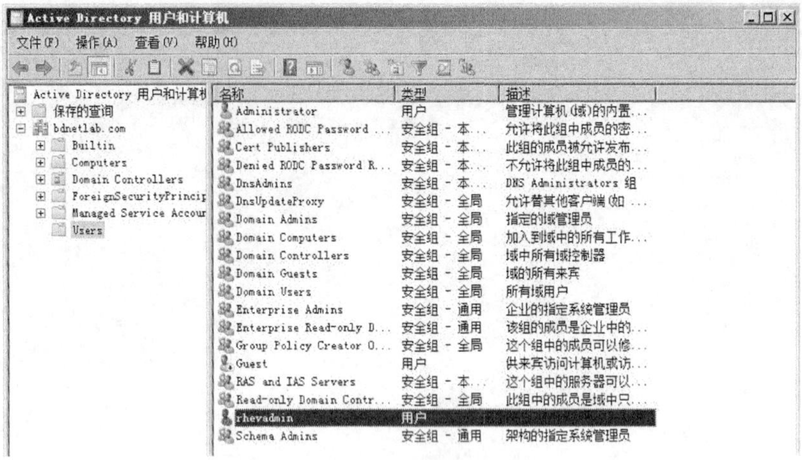

图 3-4-8　添加活动目录账户至 RHEV-M 管理平台之一

第 2 步，输入命令“rhevm-manage-domains -action=add -domain=bdnetlab.com -user=rhevadmin -provider=activedirectory -interactive –addPermissions”，将活动目录账户添加到 RHEV-M 管理平台，出现“Enter password”时，输入 rhevadmin 用户密码，如图 3-4-9 所示。

图 3-4-9　添加活动目录账户至 RHEV-M 管理平台之二

第 3 步，添加成功后出现 Successfully 提示，如图 3-4-10 提示。

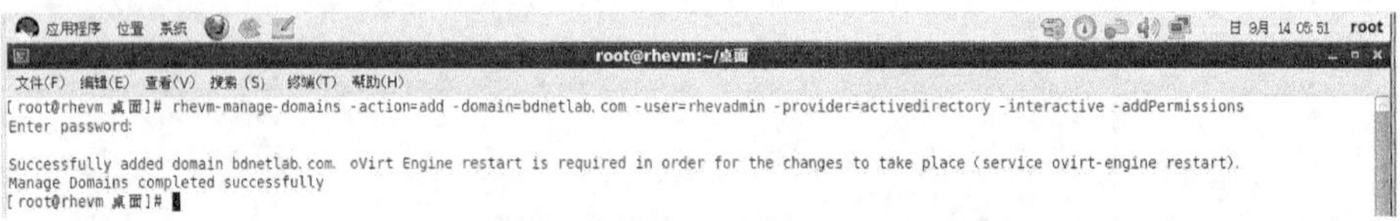

图 3-4-10　添加活动目录账户至 RHEV-M 管理平台之三

第 4 步，使用命令“service ovirt-engine restart”重启服务，如图 3-4-11 所示。

图 3-4-11　添加活动目录账户至 RHEV-M 管理平台之四

第 5 步，服务重新启动后需要重新打开浏览器登录，通过图 3-4-12 可以看到，登录界面“域”列表中增加了“bdnetlab.com”，输入活动目录用户名及密码，单击“登录”按钮。

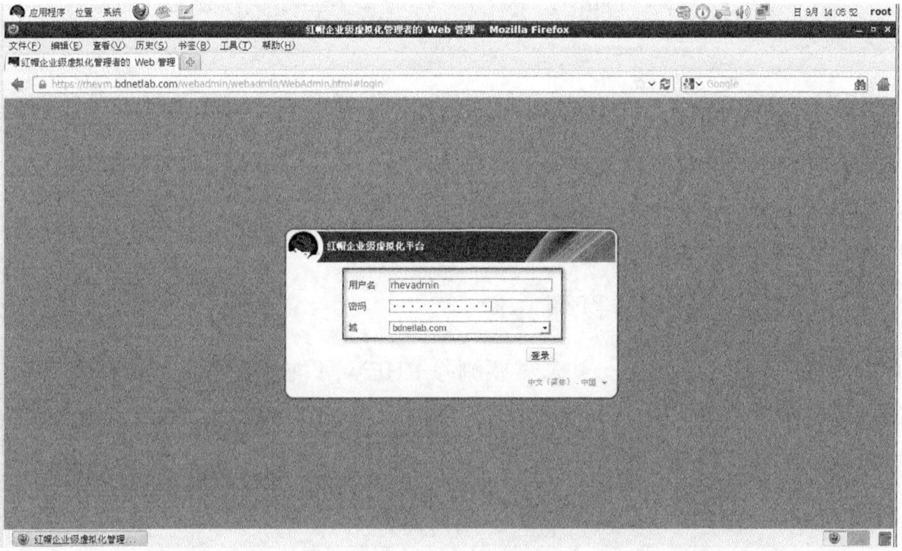

图 3-4-12　添加活动目录账户至 RHEV-M 管理平台之五

第 6 步，使用 rhevadmin 用户登录 RHEV-M 管理平台，登录成功，如图 3-4-13 所示。

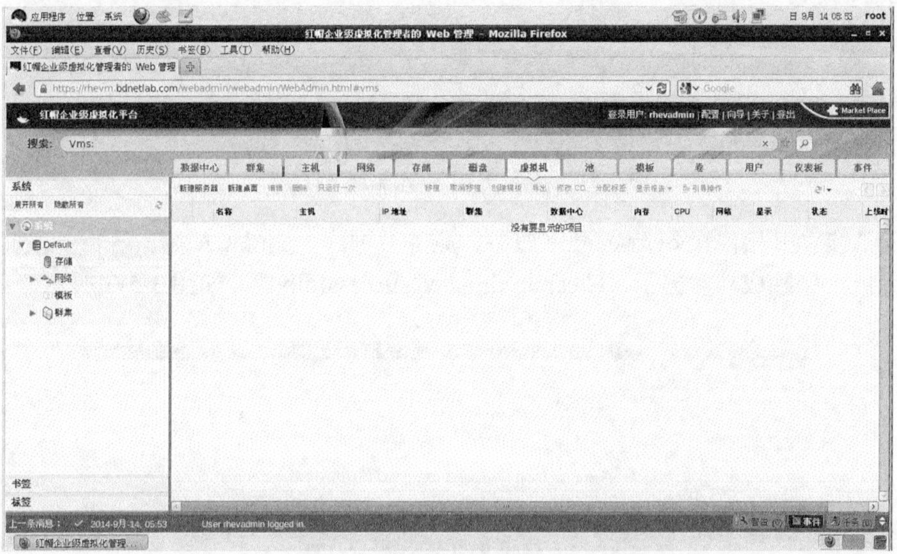

图 3-4-13　添加活动目录账户至 RHEV-M 管理平台之六

至此，添加活动目录用户账户至 RHEV-M 管理平台完成。生产环境中应该根据工作分工创建多个账户单独授权。

3.5 删除 RHEV-M 管理平台

在生产环境中，可能会由于 RHEV-M 管理平台配置问题或其他问题需要将已安装好的 RHEV-M 管理平台删除重新进行配置，删除 RHEV-M 管理平台需要按照一定的顺序，否则可能导致重新安装出现问题。

本节的实战操作介绍如何删除 RHEV-M 管理平台。

3.5.1 删除 RHEV-M 配置文件

删除 RHEV-M 管理平台，首先需要删除 RHEV-M 配置文件，其操作步骤如下。

第 1 步，输入命令“rhevm-cleanup”，如图 3-5-1 所示。

图 3-5-1 删除 RHEV-M 配置文件之一

第 2 步，出现警告提示，将清除所有配置，数据库连接将关闭，输入“yes”，如图 3-5-2 所示。

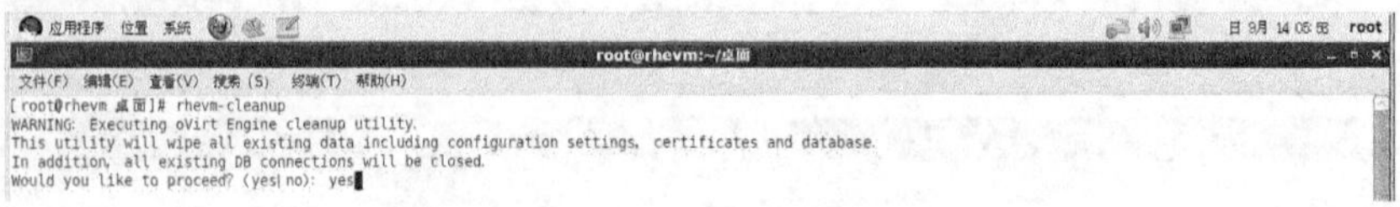

图 3-5-2 删除 RHEV-M 配置文件之二

第 3 步，开始停止 ovirt-engine 服务，删除数据库、删除 CA 等，等待一段时间后即可完成，删除成功后提示“Cleanup finished successfully!”，如图 3-5-3 所示。

图 3-5-3 删除 RHEV-M 配置文件之三

至此，RHEV-M 管理平台配置文件删除完成。

3.5.2　删除 RHEV-M 安装包

删除完 RHEV-M 配置文件后，其安装包还保留在系统中，通过以下步骤删除 RHEV-M 安装包。

第 1 步，输入命令“yum remove rhevm* vdsm-bootstrap *joboss* postgresql-server”删除安装包，如图 3-5-4 所示。

图 3-5-4　删除 RHEV-M 安装包之一

第 2 步，系统开始校验 RHEV-M 安装包，如图 3-5-5 所示。

图 3-5-5　删除 RHEV-M 安装包之二

第 3 步，校验完成后，提示需要删除的 RHEV-M 安装包共 23 个，大小为 877MB，输入“y”，如图 3-5-6 所示。

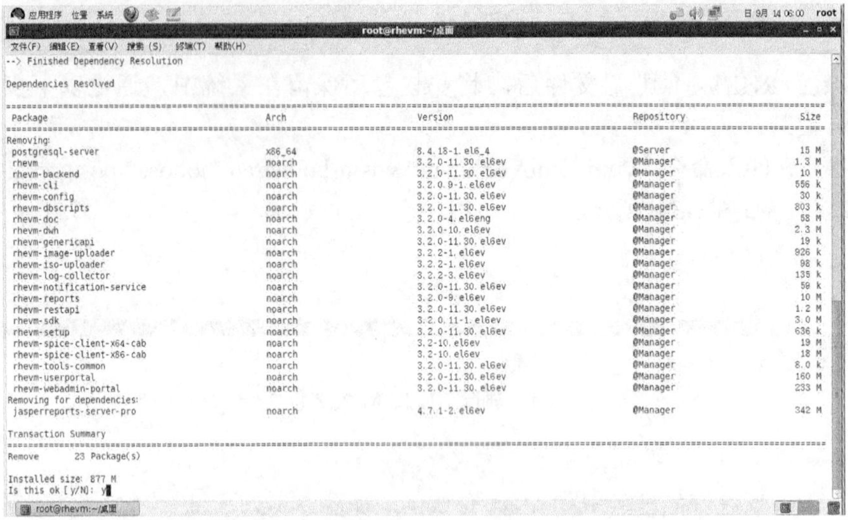

图 3-5-6　删除 RHEV-M 安装包之三

第 4 步，系统开始删除 RHEV-M 安装包，如图 3-5-7 所示。

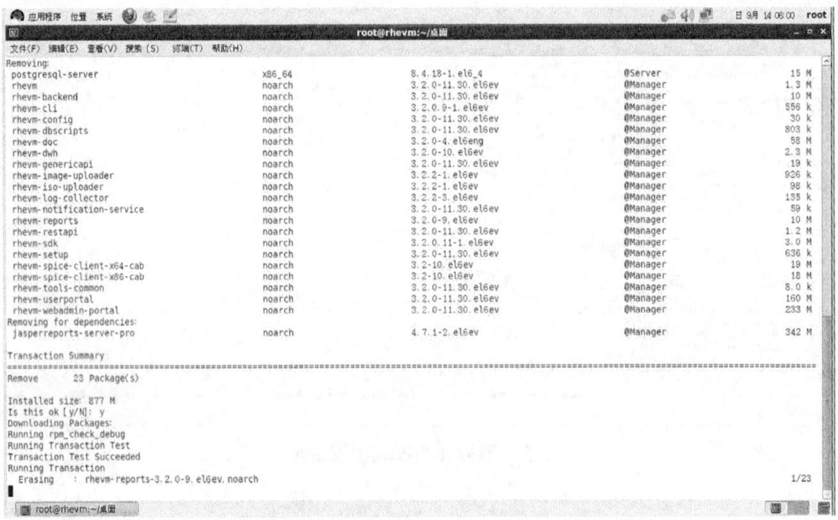

图 3-5-7　删除 RHEV-M 安装包之四

第 5 步，等待一段时间后，即可删除 RHEV-M 安装包，如图 3-5-8 所示。

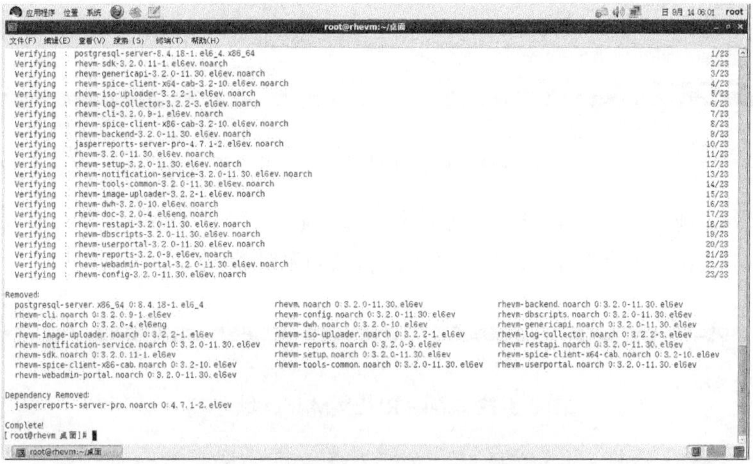

图 3-5-8　删除 RHEV-M 安装包之五

至此，RHEV-M 安装包删除完成。

3.5.3　删除 RHEV-M 安装目录

删除完 RHEV-M 配置文件和安装包后，其安装目录并没有删除，需要进行以下操作删除。

第 1 步，输入命令“rm -rf /etc/ovirt-engine/ /usr/share/ovirt-engine* /var/lib/pgsql/”即可删除，如图 3-5-9 所示。

图 3-5-9　删除 RHEV-M 安装目录之一

第 2 步，删除完成，如图 3-5-10 所示。

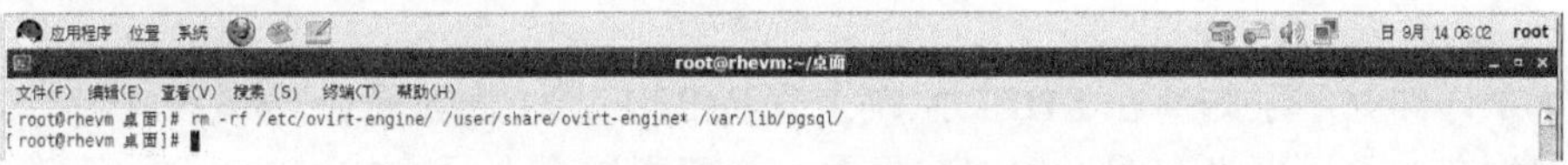

图 3-5-10　删除 RHEV-M 安装目录之二

至此，RHEV-M 安装目录删除完成。

3.5.4　删除 RHEV-M ISO 域

完成上述操作，RHEV-M 管理平台基本删除完成，最后需要删除 RHEV-M 使用的 ISO 域，操作步骤如下：

第 1 步，输入命令“vi /etc/exports”查看挂载的共享目录，如图 3-5-11 所示。

图 3-5-11　删除 RHEV-M ISO 域之一

第 2 步，通过图 3-5-12 可以看到，系统中存在 rhev installer 安装的共享/var/lib/exports/iso，切换到大写输入模式，按【D】键删除。

图 3-5-12　删除 RHEV-M ISO 域之二

第 3 步，修改/etc/exports 文件后，文件不会立即生效，需要使用命令“exportfs -r”重新加载，如图 3-5-13 所示。

图 3-5-13　删除 RHEV-M ISO 域之三

第 4 步，输入命令“rm -rf /var/lib/exports/iso”删除目录，如图 3-5-14 所示。

图 3-5-14　删除 RHEV-M ISO 域之四

至此，RHEV-M 管理平台删除完成。

3.6　本章小结

本章详细介绍了如何在 RHEL 系统上安装 RHEV-M 管理平台，安装过程与其他虚拟化架构存在差异，没有图形化安装界面，全部通过命令行方式进行。

回顾一下部署过程，涉及的命令不多，需要注意部署完成后的 RHEV-M 配置参数，参数配置错误会对管理平台操作产生影响，在部署过程需要注意的是：

（1）部署 RHEV-M 管理平台一定要准备好 DNS 服务器，配置正反向解析，否则安装过程可能会报错。

（2）RHEV-M 管理平台集成有报表平台，这个报表平台可以提供强大的分析功能，但是一般人员使用起来不方便，如果在大规模环境中使用，建议进行二次开发。

第 4 章　部署红帽企业虚拟化主机 RHEV-H

红帽企业虚拟化主机 RHEV-H，属于精简版的 RHEL 系统，是 RHEV 虚拟化架构的 Hypervisor 层，是用来运行虚拟机的物理服务器。所有的虚拟化功能都是通过使用一个可以加载的 Linux 内核模块 Kernel-based Virtual Machine（KVM）实现的。

KVM 可以同时处理多个运行 Windows 或 Linux 操作系统的虚拟机。虚拟机作为单独的 Linux 处理进程在主机上运行，并可以通过 RHEV-M 管理平台进行远程管理。一个 RHEV 虚拟化架构有一个或多个主机。同时支持两种主机：用户可以使用 RHEV-H 作为虚拟化主机，也可以使用在标准的 Red Hat Enterprise Linux 系统上安装的 hypervisor 软件包作为虚拟化主机。

本章要点

- 部署 RHEV-H 虚拟化主机的条件
- 安装 RHEV-H 虚拟化主机
- 配置 RHEV-H 虚拟化主机
- 将 RHEV-H 虚拟化主机加入 RHEV-M 管理

4.1　部署 RHEV-H 虚拟化主机

红帽企业虚拟化主机 RHEV-H 通过一个特殊编译的 Red Hat Enterprise Linux 软件包安装。它只包括虚拟化所需的软件包并以无状态的形式（stateless）运行。如果没有特殊要求，它不会把任何改变写到磁盘上。主机可以被直接添加到 RHEV-M 管理平台，它是一个"封闭的"系统，如果生产环境需要其他的 rpm 软件包，请使用 Red Hat Enterprise Linux 作为主机。

4.1.1　安装 RHEV-H 虚拟化主机的基本条件

在开始部署 RHEV-H 虚拟化主机之前，需要对必要条件进行了解，根据从红帽官方获取的信息，对 RHEV-H 虚拟化主机的需求如下。

1. 服务器配置

双核服务器，4 GB 内存，25 GB 可用磁盘空间和 1 Gbit/s 网络接口。

2. 存储

至少有一个支持的存储类型（NFS、iSCSI 或 FCP）。

3. DNS 服务

可以解决所有的 IP 地址（正向和反向）。

RHEV-H 虚拟化主机是虚拟机运行的承载平台，推荐使用两个或两个以上多核 CPU、32GB 或以上内存的物理服务器安装 RHEV-H 虚拟化主机。

4.1.2 获取 RHEV-H 平台安装介质

注册红帽官方可下载评估版本的 RHEV-H 安装镜像文件 ISO。

4.1.3 安装 RHEV-H 虚拟化主机

下载完成 RHEV-H 安装镜像文件 ISO 后就可以开始安装，本节实战操作使用的 RHEV Hypervisor 6.4（20130528.0.el6_4）版本在物理服务器上通过 IP KVM 进行远程安装。

第 1 步，将下载好的安装镜像挂载到光驱，打开物理服务器电源，进行光盘引导，进入安装界面，如图 4-1-1 所示，选择“Install or Upgrade”。

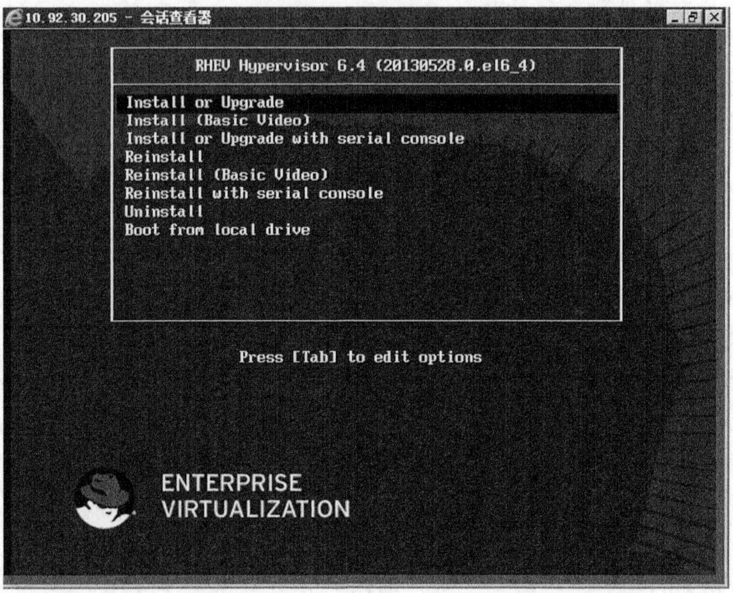

图 4-1-1 使用物理服务器安装 RHEV-H 虚拟化主机之一

第 2 步，系统对安装文件进行校验，如图 4-1-2 所示。

图 4-1-2　使用物理服务器安装 RHEV-H 虚拟化主机之二

第 3 步，系统校验完成后进入安装界面，如图 4-1-3 所示，按【Enter】键开始安装。

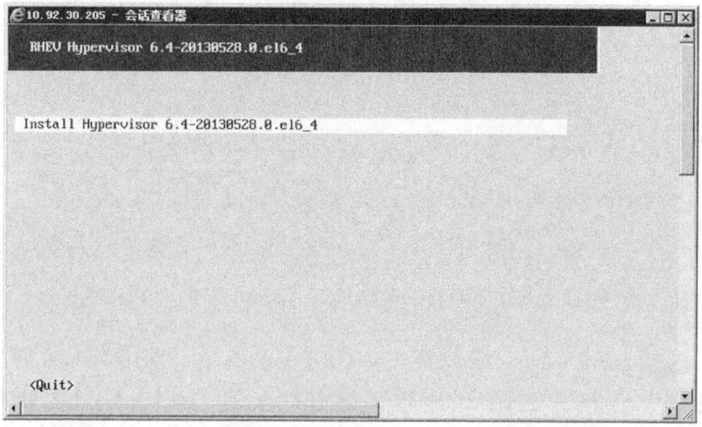

图 4-1-3　使用物理服务器安装 RHEV-H 虚拟化主机之三

第 4 步，选择键盘语言类型，如图 4-1-4 所示，默认选择“U.S.English”，按【Enter】键。

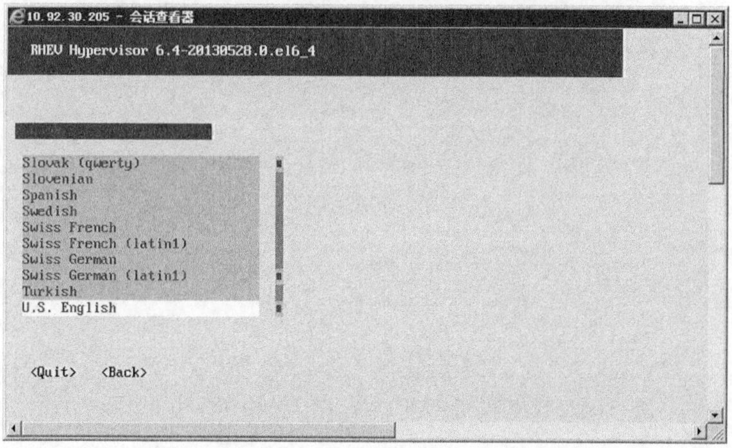

图 4-1-4　使用物理服务器安装 RHEV-H 虚拟化主机之四

第 5 步，选择 RHEV-H 引导位置，如图 4-1-5 所示，实战环境使用的是本地硬盘，选择本地硬盘即可，使用【Tab】键将选项移动到<Continue>，按【Enter】键。

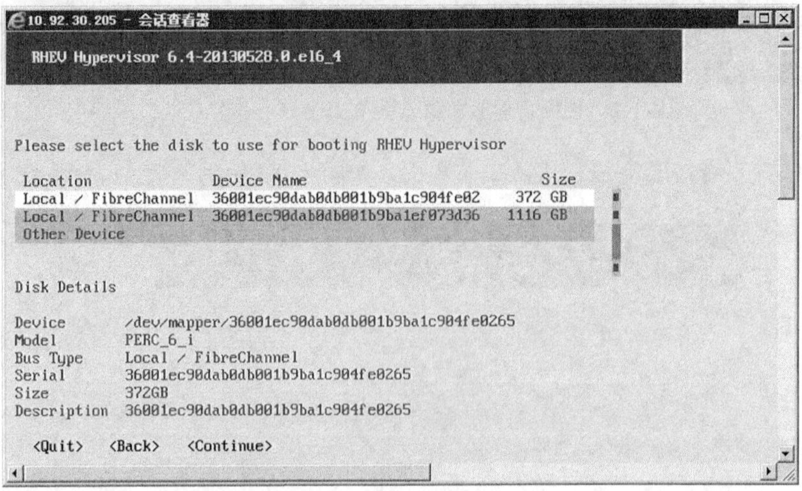

图 4-1-5　使用物理服务器安装 RHEV-H 虚拟化主机之五

第 6 步，选择 RHEV-H 安装位置，如图 4-1-6 所示，实战环境组成了 2 个 RAID 阵列，选择硬盘大小为 372GB 的本地硬盘进行安装，使用【Tab】键将选项移动到<Continue>，按【Enter】键。

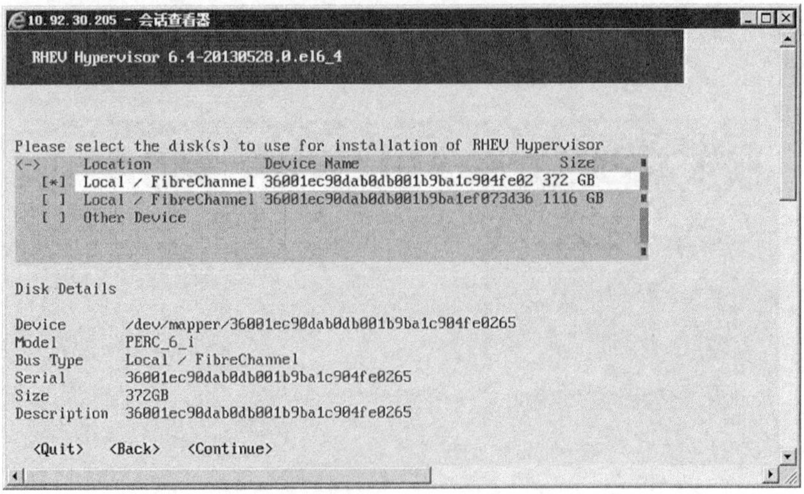

图 4-1-6　使用物理服务器安装 RHEV-H 虚拟化主机之六

第 7 步，设置系统分区的信息，如图 4-1-7 所示，使用默认值即可，使用【Tab】

键将选项移动到<Continue>，按【Enter】键。

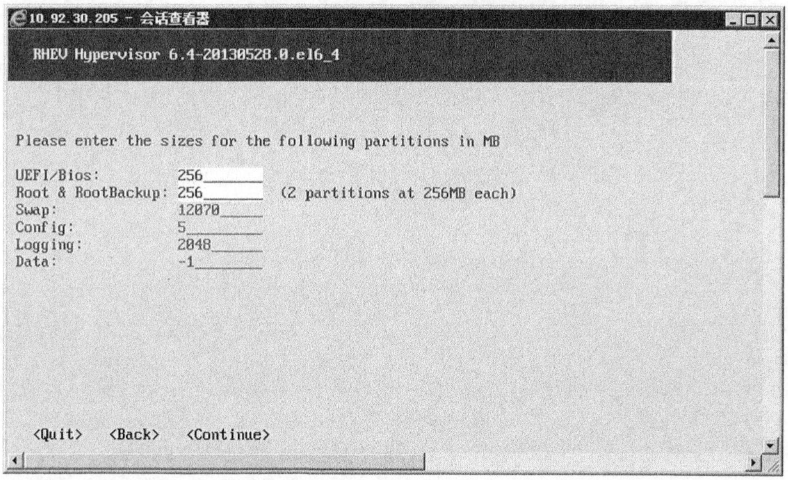

图 4-1-7　使用物理服务器安装 RHEV-H 虚拟化主机之七

第 8 步，设置 RHEV-H 口令，如图 4-1-8 所示，使用【Tab】键将选项移动到<Install>，按【Enter】键。

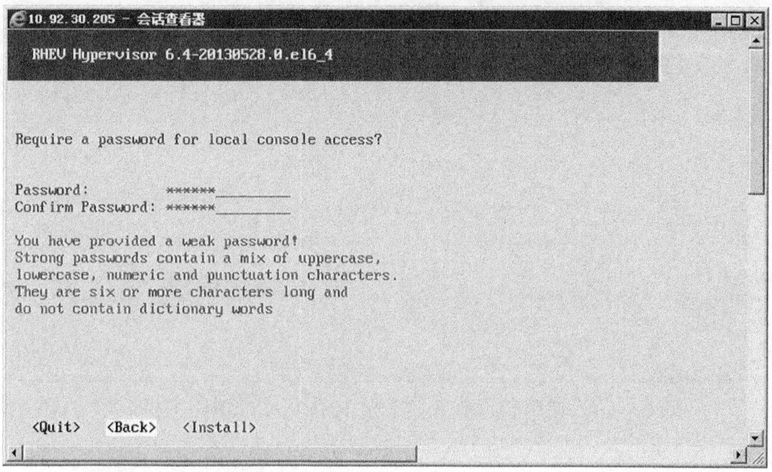

图 4-1-8　使用物理服务器安装 RHEV-H 虚拟化主机之八

第 9 步，系统开始安装 RHEV-H，如图 4-1-9 所示。

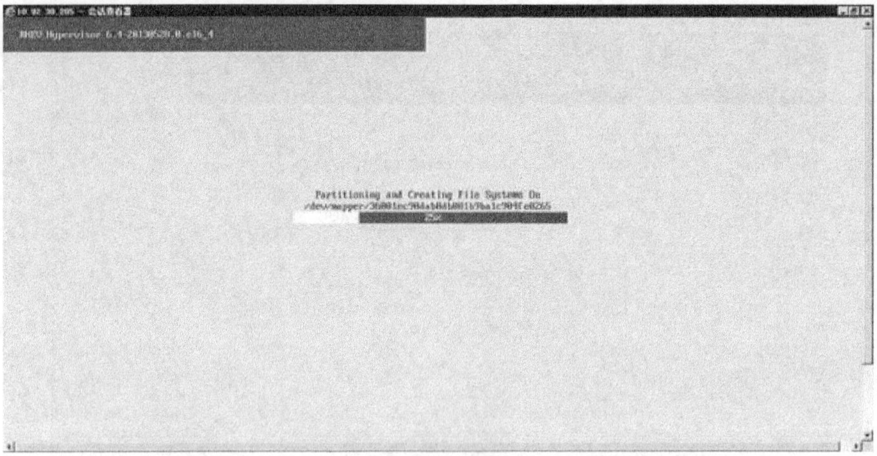

图 4-1-9　使用物理服务器安装 RHEV-H 虚拟化主机之九

第 10 步，由于 RHEV-H 属于精简版 RHEL，所以安装过程较快，安装完成后需要重新启动服务器，如图 4-1-10 所示，按【Enter】键重新启动系统。

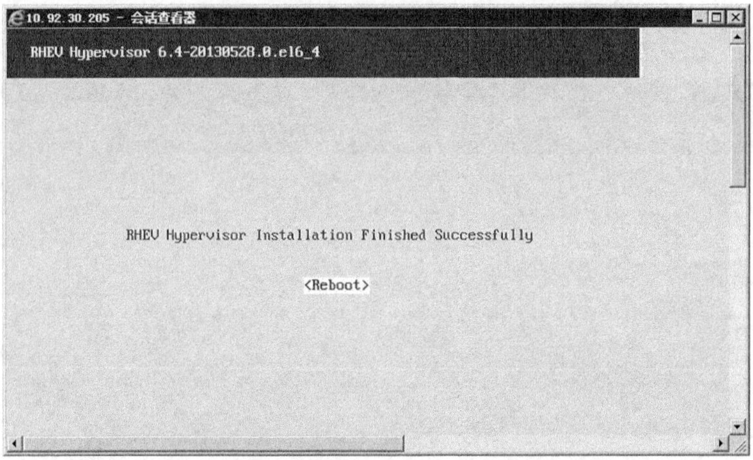

图 4-1-10　使用物理服务器安装 RHEV-H 虚拟化主机之十

第 11 步，RHEV-H 系统重新启动，通过图 4-1-11 可以看到，启动过程与 RHEL 类似。

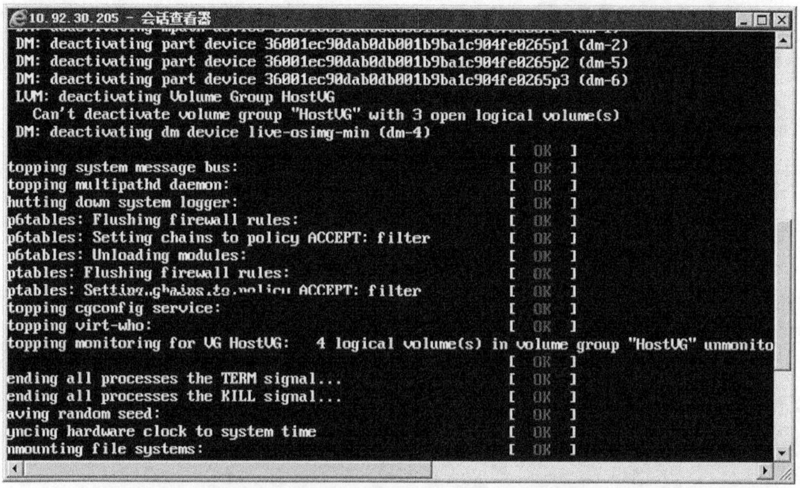

图 4-1-11　使用物理服务器安装 RHEV-H 虚拟化主机之十一

第 12 步，RHEV-H 系统启动成功，如图 4-1-12 所示。

图 4-1-12　使用物理服务器安装 RHEV-H 虚拟化主机之十二

至此，RHEV-H 虚拟化主机安装完成，需要经过基本的配置加入 RHEV-M 管理平台后才能使用。

4.2　配置 RHEV-H 虚拟化主机

在 4.1 节中，我们已经成功安装好 RHEV-H 虚拟化主机。本节实战操作将配置 RHEV-H 主机。

4.2.1　RHEV-H 虚拟化主机基本配置

第 1 步，使用默认的 admin 登录 RHEV-H，需要注意的是与 RHEL 系统不同，如果使用 root 登录，则进入传统的命令行模式，使用 admin 登录后的界面如图 4-2-1 所示。

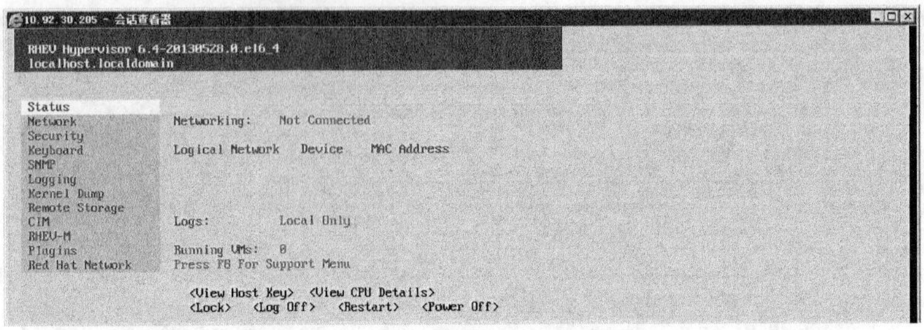

图 4-2-1　配置 RHEV-H 虚拟化主机之一

第 2 步，选择“Network”选项卡，填写所需的字段，特别注意填入 DNS Server 地址，在实战环境中已经准备好 DNS Server，IP 地址为 10.92.30.90，如图 4-2-2 所示，填写完成后，使用【Tab】键将选项移动到<Apply>，按【Enter】键。

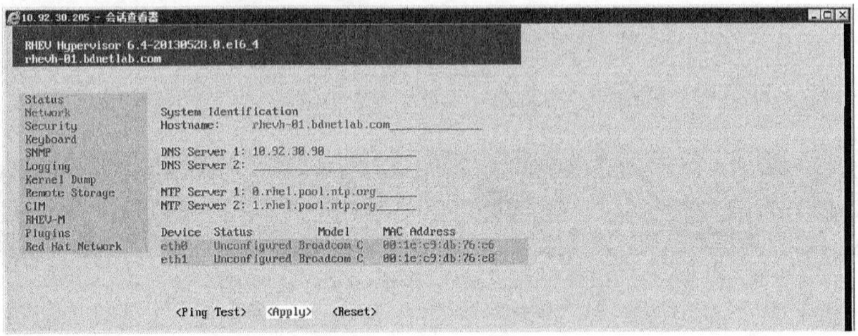

图 4-2-2　配置 RHEV-H 虚拟化主机之二

第 3 步，配置网卡 IP 地址，默认情况下，eth0 设备用于设置管理网络，选择“Static”配置静态 IP 地址 10.92.30.21，子网掩码 255.255.255.0，网关 10.92.30.200，如图 4-2-3 所示，使用【Tab】键将选项移动到<Apply>，按【Enter】键。

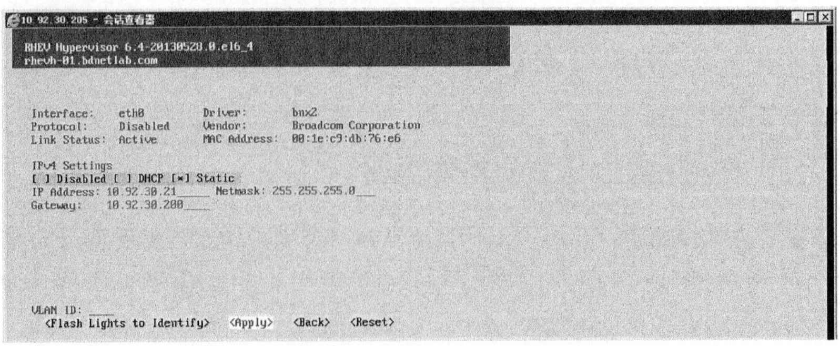

图 4-2-3　配置 RHEV-H 虚拟化主机之三

第 4 步，确定配置网络并提示配置网络需要等待一定时间，如图 4-2-4 所示，使用【Tab】键将选项移动到<Ok>，按【Enter】键。

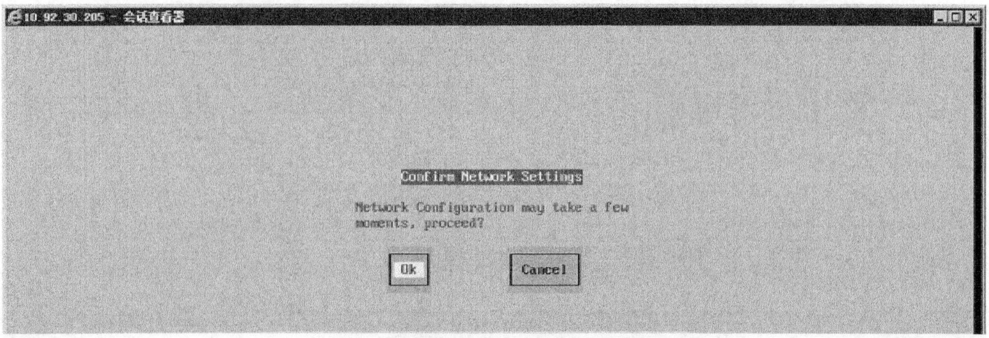

图 4-2-4　配置 RHEV-H 虚拟化主机之四

第 5 步，系统开始配置网络，如图 4-2-5 所示。

图 4-2-5　配置 RHEV-H 虚拟化主机之五

第 6 步，配置 RHEV-M 管理平台相关参数，如图 4-2-6 所示，使用【Tab】键将选项移动到<Apply>，按【Enter】键。

Managem ent Server 字段：输入 RHEV-M 的 FQDN：rhevm.bdnetlab.com

Managem ent Server Port 字段：输入 443

勾选 Connect to the RHEV Manager and Validate Certificate 复选框。

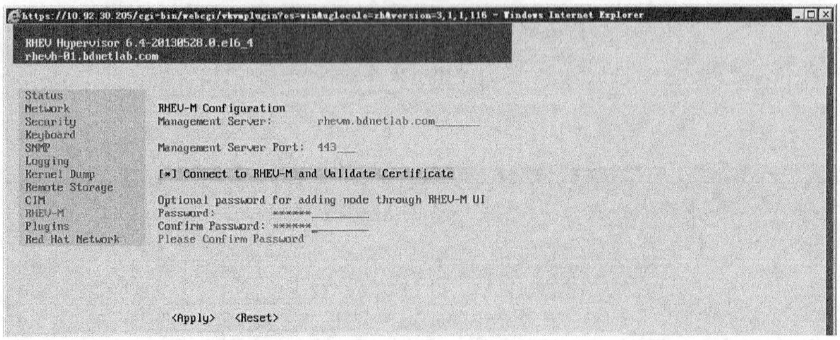

图 4-2-6 配置 RHEV-H 虚拟化主机之六

第 7 步，系统提示应用配置，如图 4-2-7 所示。

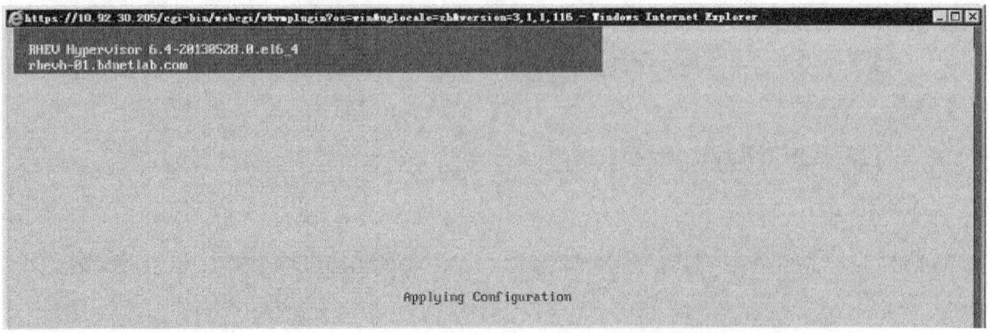

图 4-2-7 配置 RHEV-H 虚拟化主机之七

第 8 步，系统校验证书，如图 4-2-8 所示，使用【Tab】键将选项移动到<Approve>接受，按【Enter】键。

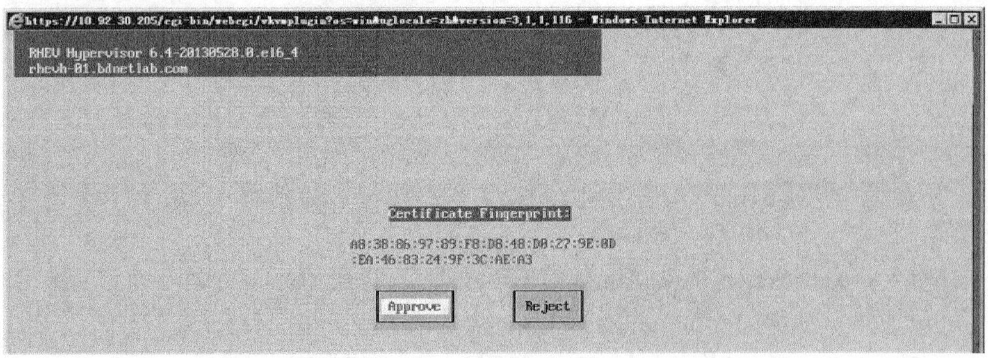

图 4-2-8 配置 RHEV-H 虚拟化主机之八

第 9 步，完成 RHEV-H 虚拟化主机到 RHEV-M 管理平台的配置，如图 4-2-9 所示，使用【Tab】键将选项移动到<Ok>，按【Enter】键。

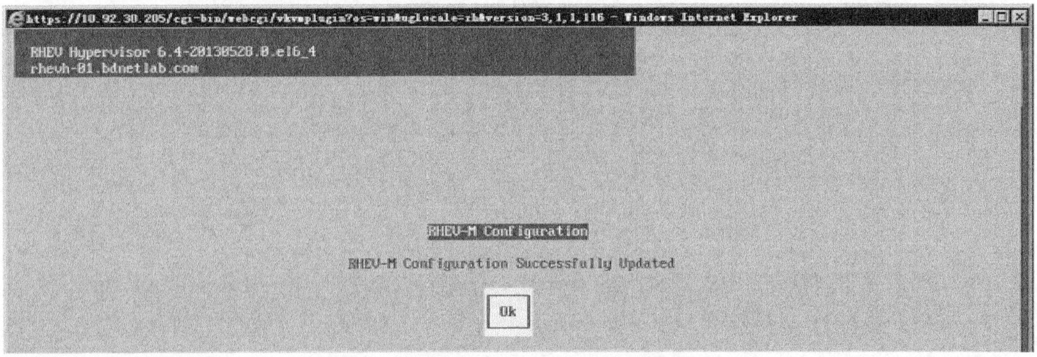

图 4-2-9　配置 RHEV-H 虚拟化主机之九

第 10 步，配置完成后回到“Status”，如图 4-2-10 所示，使用【Tab】键将选项移动到<Log Off>，按【Enter】键退出配置。

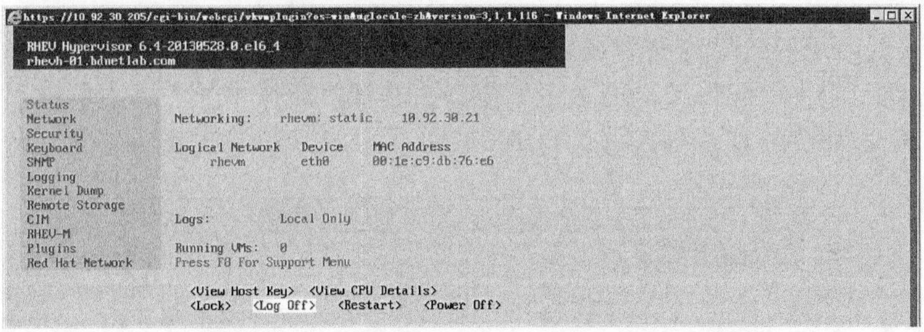

图 4-2-10　配置 RHEV-H 虚拟化主机之十

至此，RHEV-H 虚拟化主机的基本配置完成。需要注意的是，RHEV-H 虚拟化主机属于精简版本的 RHEL，使用 root 登录后可以使用基本的 RHEL 命令行，当然，由于是精简版本，可以使用的命令是有限的。

4.2.2　将 RHEV-H 虚拟化主机加入 RHEV-M 管理平台

完成 RHEV-H 虚拟化主机的基本配置后，就可以将其加入 RHEV-M 管理平台进行统一管理。

第 1 步，使用浏览器访问 RHEV-M 管理平台，选择“Administrator Portal”，使用管理员账户登录，在“主机”标签可以看到 RHEV-M 管理平台已经出现一台 RHEV-H 虚拟化主机，主机名称前有一个“扳手”图标，说明 RHEV-H 虚拟化主机未批准，如图 4-2-11 所示。

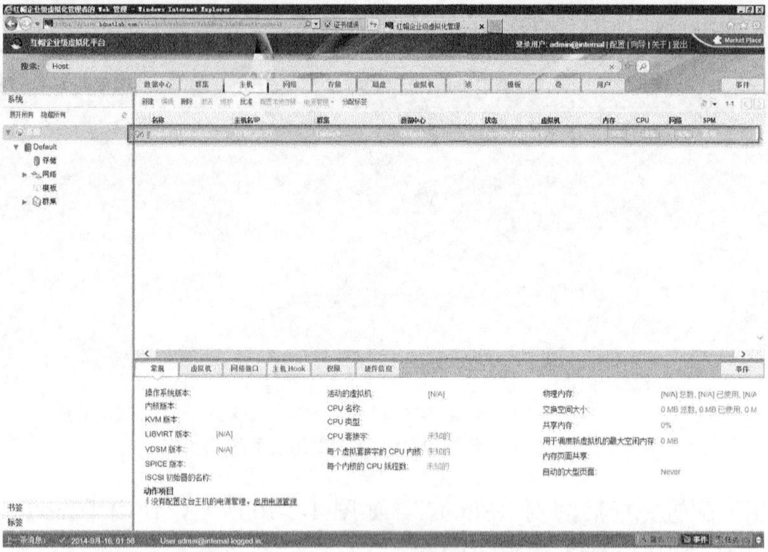

图 4-2-11　将 RHEV-H 虚拟化主机加入 RHEV-M 管理平台之一

第 2 步，RHEV-M 管理平台要求 RHEV-H 虚拟化主机必须批准后才能加入，单击“批准”按钮，出现“编辑和批准主机”窗口，确认“数据中心”、“主机群集”和“名称”，单击“确定”按钮，如图 4-2-12 所示。

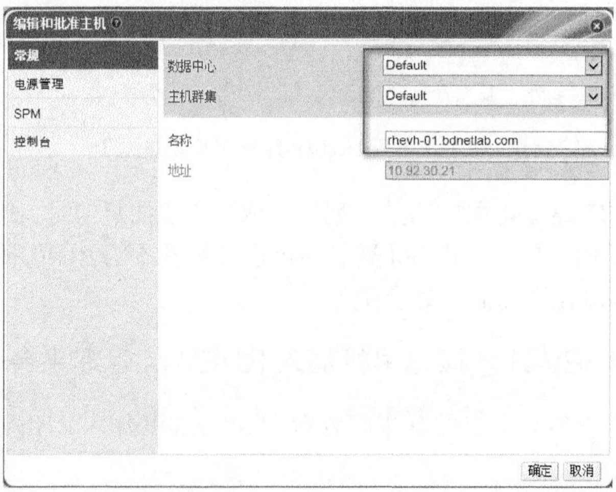

图 4-2-12　将 RHEV-H 虚拟化主机加入 RHEV-M 管理平台之二

第 3 步，系统提示未配置 RHEV-H 主机的电源管理，由于实战环境中没有使用 UPS 电源，直接单击“确定”按钮，如图 4-2-13 所示。

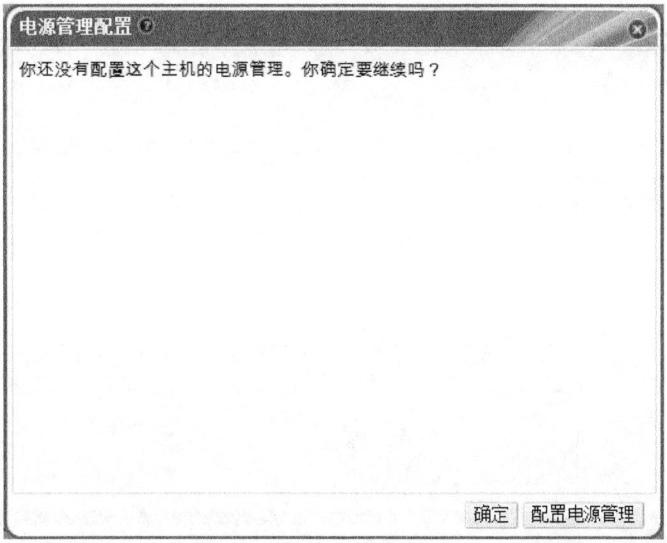

图 4-2-13　将 RHEV-H 虚拟化主机加入 RHEV-M 管理平台之三

第 4 步，RHEV-H 虚拟化主机加入成功，原“扳手”图标变成绿色的“三角”图标，如图 4-2-14 所示。

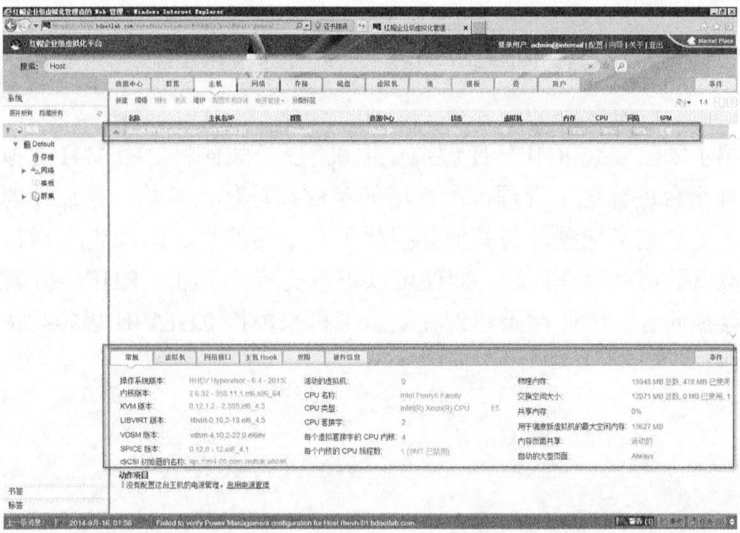

图 4-2-14　将 RHEV-H 虚拟化主机加入 RHEV-M 管理平台之四

第 5 步，按照相同的方法将另外一台 RHEV-H 虚拟化主机加入 RHEV-M 管理平台，如图 4-2-15 所示。

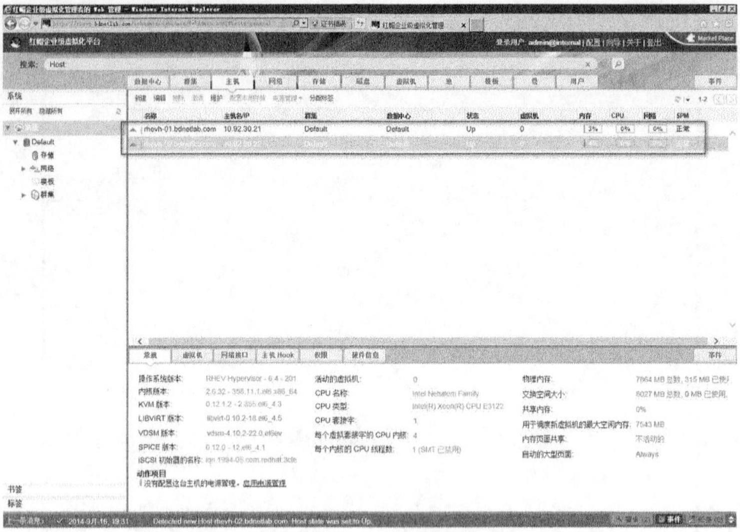

图 4-2-15　将 RHEV-H 虚拟化主机加入 RHEV-M 管理平台之五

至此，RHEV-H 虚拟化主机加入 RHEV-M 管理平台完成，后续针对 RHEV-H 虚拟化主机的操作都会通过 RHEV-M 管理平台进行。

4.3　本章小结

本章介绍了如何安装 RHEV-H 虚拟化主机，以及如何将 RHEV-H 虚拟化主机加入 RHEV-M 管理平台进行统一管理，所使用的参数都是默认参数，在后续的章节中将陆续介绍如何使用自定义配置。与其他虚拟化平台不同的是，RHEV-H 虚拟化主机使用虚拟机来模拟安装可能存在问题，即便可以正常安装，在加入 RHEV-M 管理平台使用时也都可能存在问题，因此，不建议使用虚拟机来模拟 RHEV-H 虚拟化主机的安装。

第 5 章　红帽企业管理器 RHEV-M 高级配置

在前面的章节中，已成功部署红帽企业管理器 RHEV-M，并将 RHEV-H 虚拟化主机成功加入 RHEV-M 管理平台进行统一管理。需要注意的是，前面的操作使用的都是默认参数，在生产环境中使用，需要根据实际情况创建数据中心、群集、存储等。

本章将介绍红帽企业管理器 RHEV-M 高级配置。

本章要点

- 使用 RHEV-M 管理平台创建数据中心
- 使用 RHEV-M 管理平台创建群集
- 使用 RHEV-M 管理平台创建存储

5.1　使用 RHEV-M 管理平台创建数据中心

数据中心就是在一个特定环境中使用的一组资源的逻辑代表。一个数据中心被看作一个容器资源（container resource），它由逻辑资源（群集和主机）、网络资源（逻辑网络和物理网卡）和存储资源（存储域）组成。

一个数据中心可以包括多个群集（每个群集可以包括多个主机），以及多个与它相关联的存储域。数据中心上的每个主机可以支持多个虚拟机。

一个 RHEV 虚拟化架构可以包括多个数据中心，用户可以通过数据中心的结构把多个数据中心分离开。所有的数据中心都可以通过一个统一的管理门户进行管理。

5.1.1　数据中心的基本概念

RHEV 虚拟化架构在安装时会自动生成一个默认的数据中心，删除默认的数据中心可能会影响系统的正常运行。如果需要，可以创建一个新的数据中心并给它取一个适当的名字。图 5-1-1 和图 5-1-2 分别为 RHEV 虚拟化架构的数据中心及其组件。

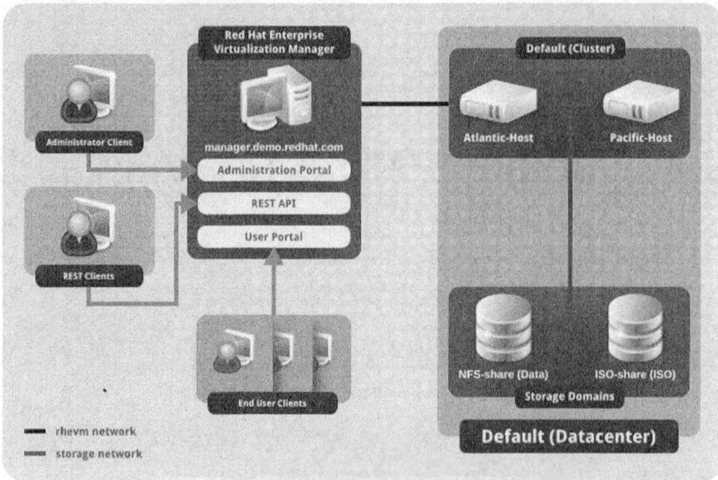

图 5-1-1 RHEV 虚拟化架构数据中心

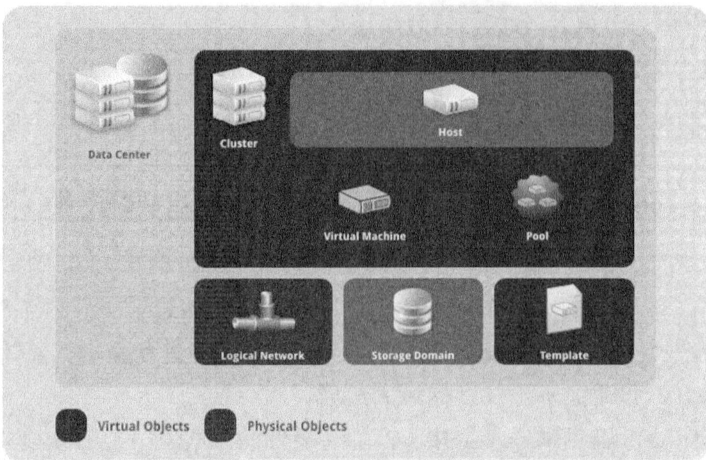

图 5-1-2 RHEV 虚拟化架构数据中心组件

5.1.2 存储池管理器介绍

存储池管理器（storage pool manager，SPM）是数据中心的一个特定主机所承担的角色，它用来管理数据中心的存储域。SPM 可以在数据中心的任何一个主机上运行，RHEV-M 管理平台会把这个角色赋予一个主机。作为 SPM 的主机并不需要完全作为 SPM 使用，它也可以运行其他虚拟机资源。

SPM 通过协调存储域中的元数据（metadata）来控制对存储的访问。它的功能包括创建、删除和管理虚拟磁盘（磁盘映像）、快照、模板，以及为 SAN 上的块设备分配存储空间。为了保持元数据的可靠性，一个数据中心只能有一个主机作为 SPM。

RHEV-M 管理平台会保证一直都有一个 SPM 在正常运行。当作为 SPM 的主机出现问题时，RHEV-M 管理平台会把 SPM 角色分配给另外一台主机。当启动一个 SPM 时，需要保证只有一个主机被赋予了这个角色。因此，它需要花费一些时间来重新获取。

5.1.3　使用 RHEV-M 管理平台创建新的数据中心

安装完成 RHEV-M 管理平台后，系统自动创建一个名为“Default”的数据中心，如图 5-1-3 所示。它属于系统默认的数据中心，在不创建新的数据中心的情况下，群集和主机都归属到该数据中心。

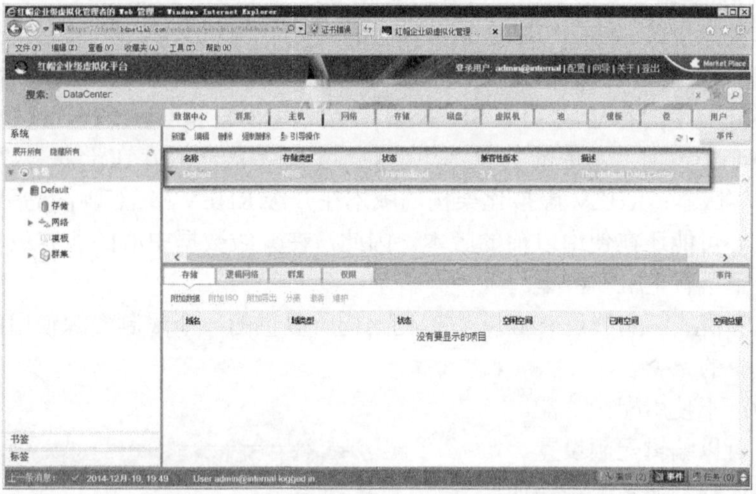

图 5-1-3　RHEV-M 管理平台默认的数据中心

需要注意的是，默认数据中心不可删除，否则可能导致 RHEV-M 管理平台出现问题。本节的实战操作开始创建新的数据中心。

第 1 步，使用“admin”登录 RHEV-M，在“数据中心”标签单击“新建”，打开“新建数据中心”窗口，输入新的数据中心名称“BDNETLAB_01”，选择数据中心存储的类型为“iSCSI”，兼容的版本为“3.2”，配额模式选择默认的“禁用”，如图 5-1-4 所示。

RHEV 虚拟化架构支持多种存储类型，系统支持 NFS、iSCSI、Fibre Channel、Local on Host、POSIX compliant FS 存储。

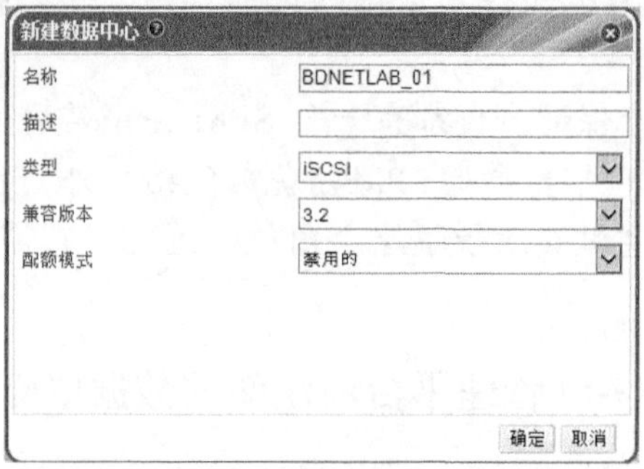

图 5-1-4 使用 RHEV-M 创建新的数据中心之一

图 5-1-4 参数解释：

（1）名称：数据中心的名字。它最长支持 40 个字符，可以包括大小写字母、数字、分号和下画线。数据中心的名字必须是唯一的。

（2）类型：存储域的类型对数据中心的类型有很大的影响，它在创建后很难修改。尽管多种不同类型的存储域（iSCSI、NFS、FC、POSIX 和 Gluster）可以被添加到同一个数据中心中，但“本地的”和“共享的”类型不能同时存在于一个数据中心中。

（3）兼容版本：RHEV 虚拟化架构的版本在升级 RHEV-M 管理平台后，主机、群集和数据中心可能还在使用以前的版本。因此，在升级数据中心的兼容版本前，请确认已经升级了所有主机和群集。

（4）配额模式：配额是 RHEV 虚拟化架构所提供的一个限制资源使用的工具。请选择以下值中的一个。

禁用的：不使用配额功能。

审计：可以编辑配额设置。

强制的：强制使用配额功能。

第 2 步，新的数据中心创建完成后，系统会提示“仍有未配置的实体”，需要继续配置群集，如图 5-1-5 所示，这个地方暂时不配置，单击“以后再配置”按钮。

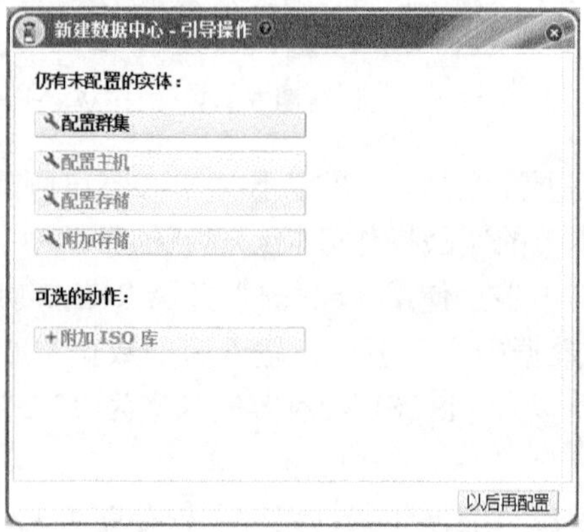

图 5-1-5 使用 RHEV-M 创建新的数据中心之二

第 3 步，通过图 5-1-6 可以看到，新的数据中心“BDNETLAB_01”创建完成，存储类型为 iSCSI，兼容 3.2 的版本。

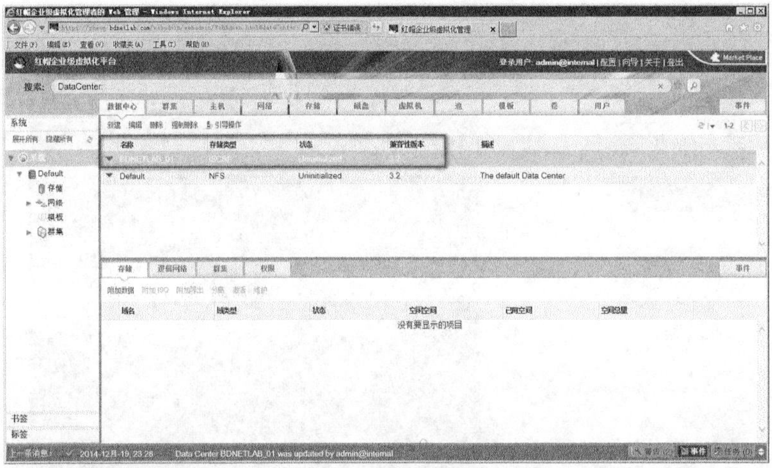

图 5-1-6　使用 RHEV-M 创建新的数据中心之三

至此，RHEV 虚拟化架构新的数据中心创建完成，在生产环境，除了创建新的数据中心外，还需要根据实际情况创建新的群集。

5.2　使用 RHEV-M 管理平台创建群集

群集是由一些主机组成的一个逻辑组。这些主机共享相同的存储域并有相同的 CPU 类型（Intel 或 AMD）。如果不同的主机有不同的 CPU 型号，则只有那些在所有型号中都包括的功能才可以被使用。

5.2.1　群集的基本概念

系统中的每一个群集都必须属于某一个数据中心，每个主机也必须属于某一个群集。根据群集标签页中定义的原则，虚拟机可以被动态地分配到所属群集中的任何主机上，并可以在不同的主机间迁移。电源和负载共享原则不能在比群集更高级别的资源上定义。

群集可以运行虚拟机或 Red Hat Storage 服务器，但只能是二者之一。一个群集不能同时作为虚拟机和存储主机使用。在默认的情况下，RHEV 虚拟化架构会在安装的过程中自动在默认数据中心中安装一个默认的群集。RHEV 虚拟化架构群集的组件如图 5-2-1 所示。

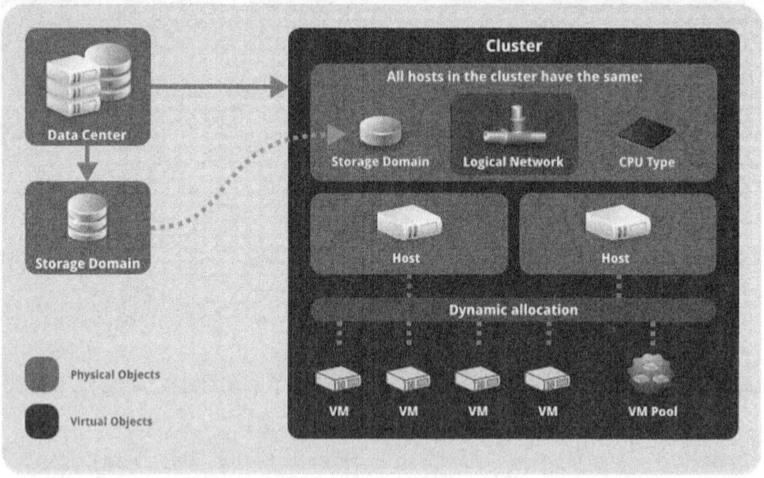

图 5-2-1　RHEV 数据中心群集

5.2.2　使用 RHEV-M 管理平台创建新的群集

在 5.1.3 节，已经创建了新的数据中心，与数据中心一样，安装 RHEV-M 管理平台后，系统自动创建一个名为“Default”的群集，隶属于数据中心“Default”，如图 5-2-2 所示。

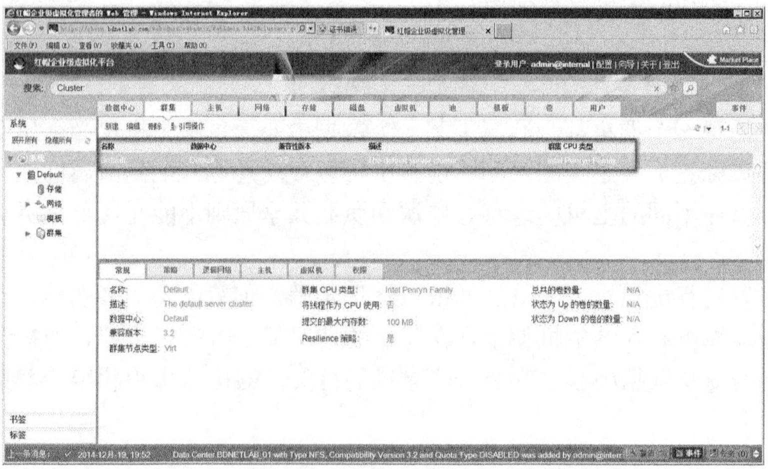

图 5-2-2　RHEV-M 管理平台默认的群集

需要注意的是，默认群集不可删除，否则可能导致 RHEV-M 管理平台出现问题。本节的实战操作开始创建新的群集。

第 1 步，使用“admin”登录 RHEV-M，在“群集”标签单击“新建”，打开“新建群集”窗口，选择新的群集隶属于新创建的数据中心“BDNETLAB_01”，输入新的名称为“LAB01”，根据实际环境选择 CPU 名称，如图 5-2-3 所示。

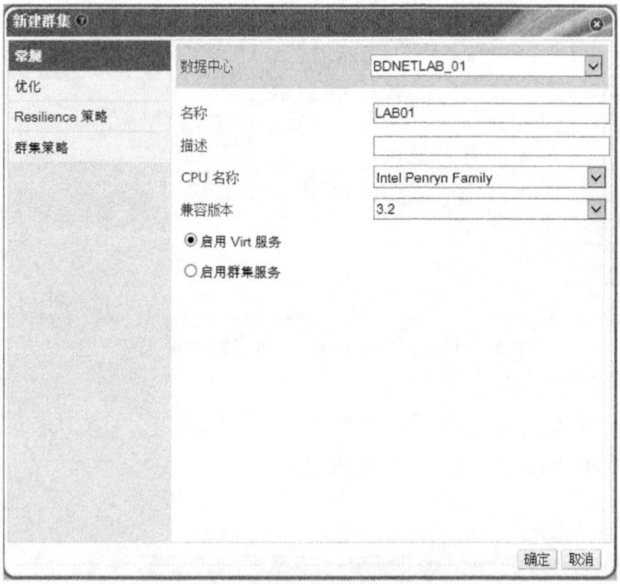

图 5-2-3　使用 RHEV-M 创建新的群集之一

图 5-2-3 参数解释。

（1）CPU 名称：群集的 CPU 类型。一个群集中的所有主机必须使用相同类型的 CPU（Intel 或 AMD），群集创建后，CPU 的类型值很难改变。CPU 类型值应该是最低级别主机的 CPU 类型。例如，IntelSandyBridge 主机可以被附加到 CPU 类型值为 Intel Penryn 的群集中，但一个使用 IntelConroe CPU 的主机将无法附加到该群集中。如果主机有不同的 CPU 型号，只有所有型号都包括的功能才可以被使用。

（2）兼容版本：RHEV 虚拟化架构的版本。

（3）启用 Virt 服务：选择该项，群集中的主机将被用来运行虚拟机。

第 2 步，如果环境中已经有存在的群集，可以选择“启用群集服务”，导入现有的群集配置，如图 5-2-4 所示。

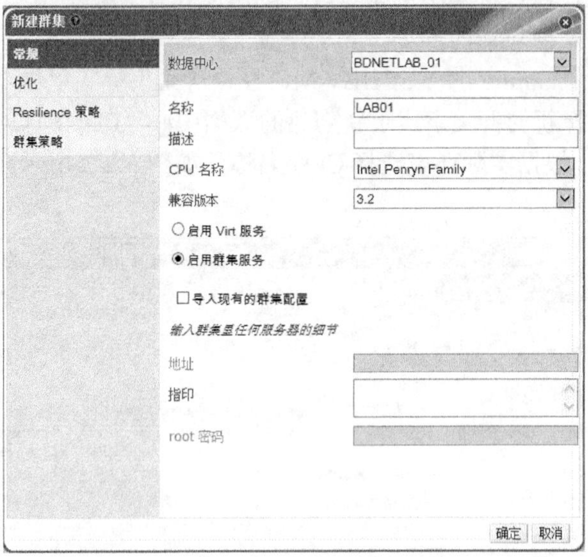

图 5-2-4　使用 RHEV-M 创建新的群集之二

第 3 步，新的群集创建完成后，系统提示“配置主机”，如图 5-2-5 所示，这个地方暂时不配置，单击“以后再配置”按钮。

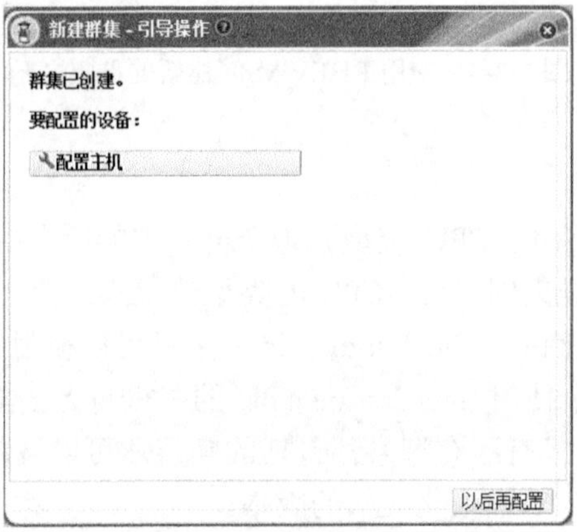

图 5-2-5　使用 RHEV-M 创建新的群集之三

第 4 步，通过图 5-2-6 可以看到，新的数据中心“LAB01”创建完成，隶属于数据中心“BDNETLAB_01”，兼容 3.2 的版本。

图 5-2-6　使用 RHEV-M 创建新的群集之四

至此，RHEV 虚拟化架构新的群集创建完成。

5.2.3　将 RHEV-H 主机添加到新创建群集

在前面的章节中，已经成功将 RHEV-H 主机添加到 RHEV-M 管理平台，但使用的是默认的数据中心和群集“Default”，如图 5-2-7 所示。

本节的实战操作将 RHEV-H 主机添加到新创建的数据中心和群集。

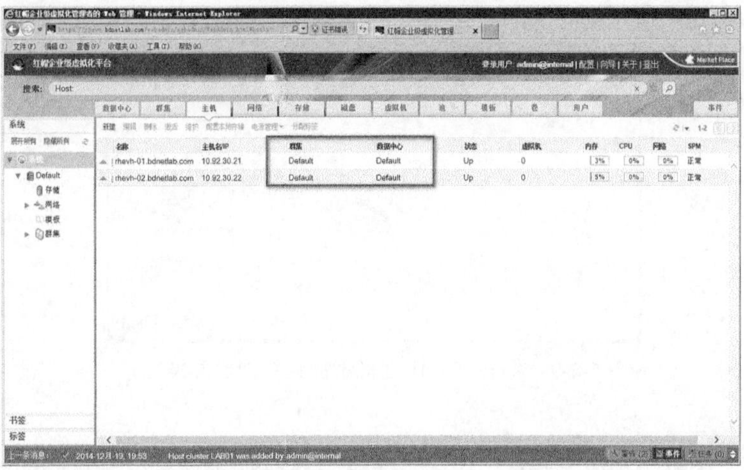

图 5-2-7　RHEV-H 主机默认加入的群集和数据中心

第 1 步，修改现有 RHEV-H 主机，必须先将其设置为维护模式，选择需要添加的 RHEV-H 主机后，如图 5-2-8 所示，单击“维护”按钮。

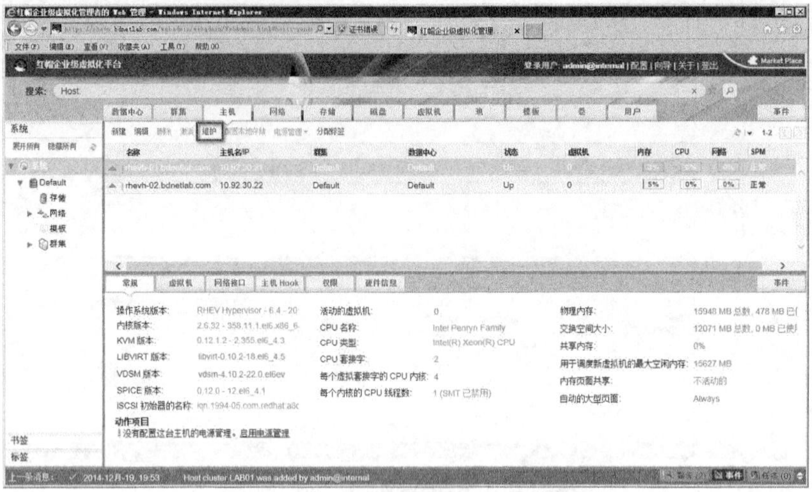

图 5-2-8 将 RHEV-H 主机添加到新创建群集之一

第 2 步，系统提示“你确定要将下列主机切换到维护模式吗？”，如图 5-2-9 所示，单击“确定”按钮。

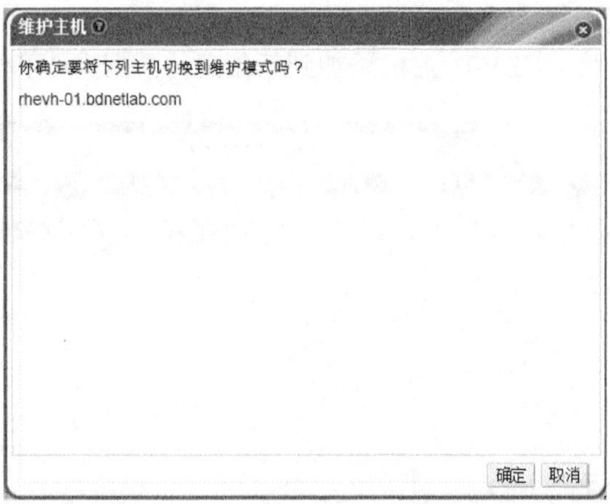

图 5-2-9 将 RHEV-H 主机添加到新创建群集之二

第 3 步，主机进入维护模式，注意主机名称前图标的变化，同时主机的状态变为“Maintenance”（维护模式），如图 5-2-10 所示，单击“编辑”按钮。

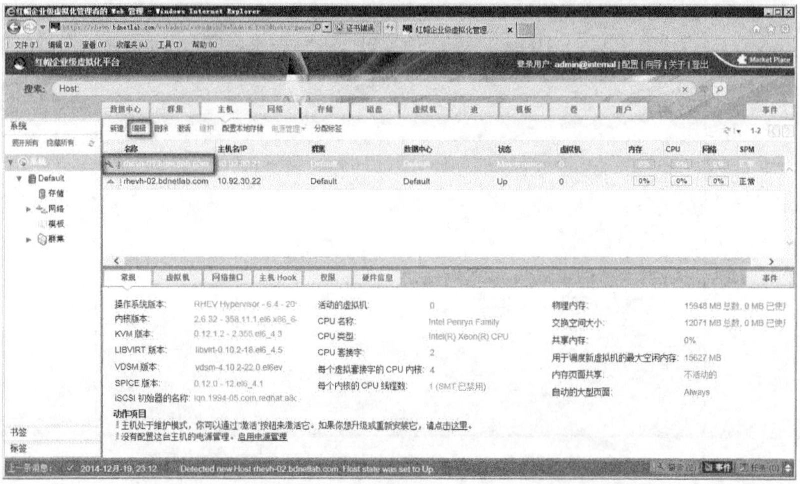

图 5-2-10　将 RHEV-H 主机添加到新创建群集之三

第 4 步，出现“编辑主机”窗口，可以看到主机目前隶属于默认的数据中心和群集“Default”，如图 5-2-11 所示。

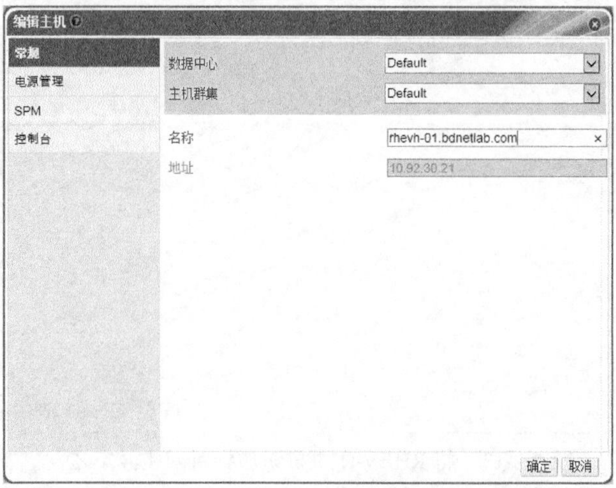

图 5-2-11　将 RHEV-H 主机添加到新创建群集之四

第 5 步，修改主机隶属的数据中心和群集分别是“BDNETLAB_01”、“LAB01”，如图 5-2-12 所示，单击“确定”按钮。

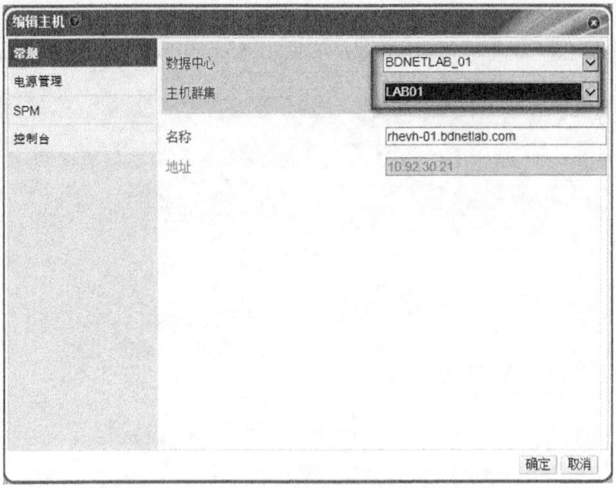

图 5-2-12　将 RHEV-H 主机添加到新创建群集之五

第 6 步，系统提示未配置主机的电源管理，如图 5-2-13 所示，单击“确定”按钮。

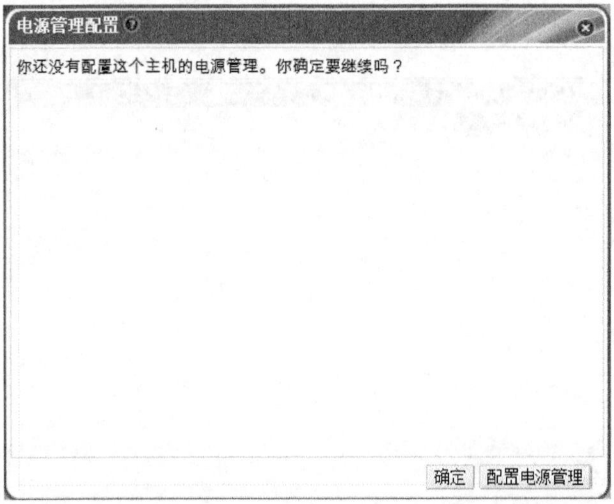

图 5-2-13　将 RHEV-H 主机添加到新创建群集之六

第 7 步，通过图 5-2-14 可以看到，rhevh-01.bdnetlab.com 主机已经隶属于新创建的数据中心“BDNETLAB_01”以及群集“LAB01”。修改后需要激活才能使用，单击“激活”按钮。

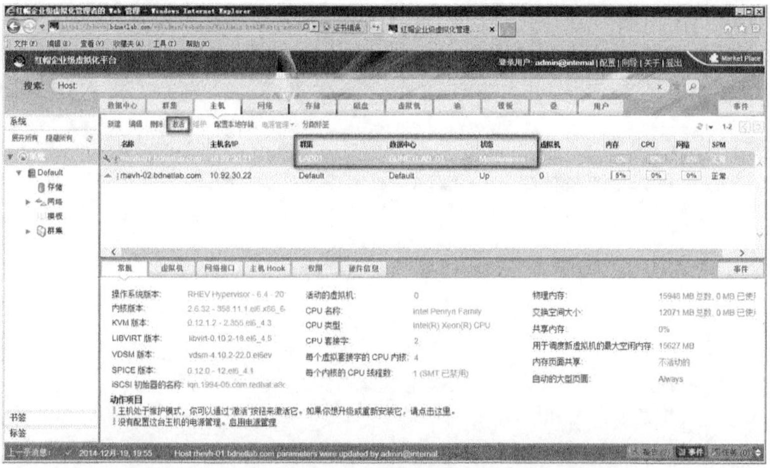

图 5-2-14　将 RHEV-H 主机添加到新创建群集之七

第 8 步，激活主机需要一定的时间，激活完成后，即可以看到主机状态变为“Up”，如图 5-2-15 所示。

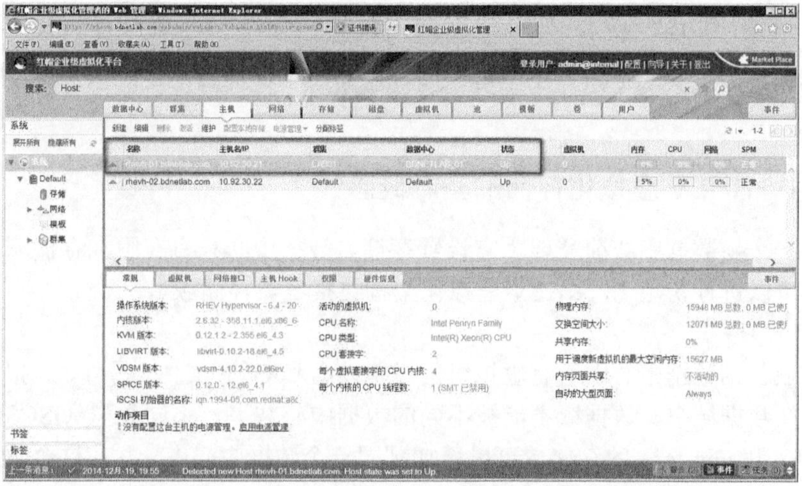

图 5-2-15　将 RHEV-H 主机添加到新创建群集之八

第 9 步，参考上述操作将 rhevh-02.bdnetlab.com 主机添加到新的数据中心和群集，如图 5-2-16 所示。

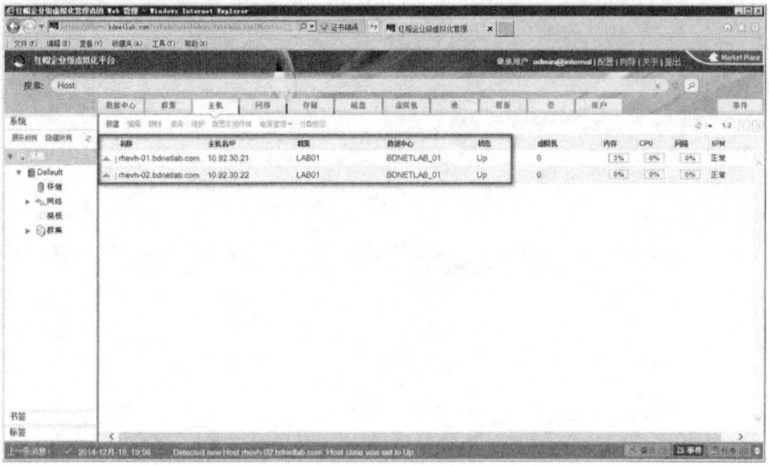

图 5-2-16　将 RHEV-H 主机添加到新创建群集之九

至此，成功将 RHEV-H 虚拟化主机由默认的群集添加到新创建的群集。

5.3　使用 RHEV-M 管理平台创建存储

RHEV 虚拟化架构使用一个中央化的存储系统来管理虚拟机的磁盘映像、ISO 文件和快照。

5.3.1　RHEV 虚拟化存储的基本概念

运行一个新数据中心前需要为它设置存储。数据中心只有在附加存储域并激活它们后，才可以进行初始化，RHEV 虚拟化架构包括三类存储域。

1. 数据域

数据域包括数据中心中所有虚拟机的虚拟硬盘和 OVF 文件。另外，虚拟机的快照也被保存在数据域中。数据域不能被不同的数据中心共享。不同类型（iSCSI、NFS、FC、POSIX 和 Gluster）的存储域可以添加到同一个数据中心中，并在这个数据中心中共享。

2. ISO 域

ISO 域包括用来为虚拟机安装、启动操作系统和应用程序的 ISO 文件（或逻辑 CD）。使用 ISO 域后，这个数据中心不再需要物理的安装介质。一个 ISO 域可以被不同的数据中心共享。

3. 导出域

导出域是一个临时的存储软件仓库，它用来在数据中心和 RHEV 虚拟化架构间复制和迁移数据映像。导出域可以用来备份虚拟机。一个导出域可以在不同的数据中心间迁移，但它只能同时在一个数据中心中有效。

需要注意的是，必须先为数据中心添加一个数据域，然后才能为它添加其他类型的域。

5.3.2　使用 RHEV-M 管理平台创建数据域

通过图 5-3-1 可以看到，安装 RHEV-M 管理平台时创建了一个名为 ISO_DOMAIN 的 ISO 域，但这个 ISO 还未激活，需要创建数据域后才能激活。

本节的实战操作将新创建一个 iSCSI 的数据域。

第 1 步，使用“admin”登录 RHEV-M 管理平台，在“存储”标签单击“新建域”，如图 5-3-1 所示。

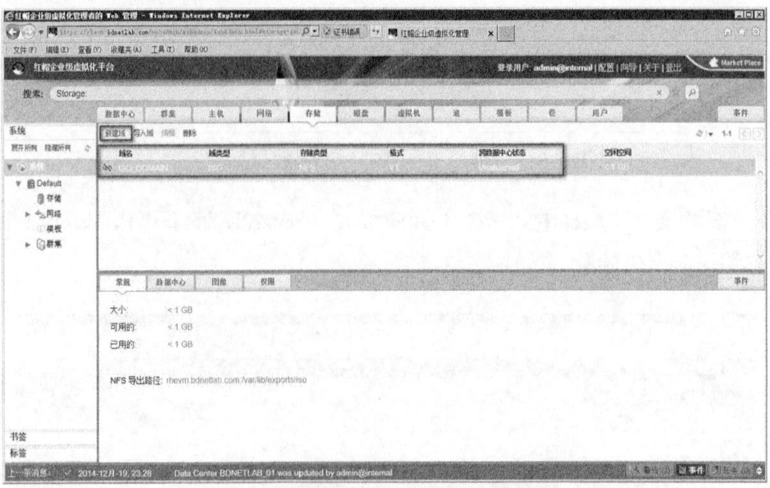

图 5-3-1　使用 RHEV-M 创建数据域之一

第 2 步，在打开的“新建域”窗口中输入数据域的名称 RHEV-iSCSI，所属数据中心“BDNETLAB_01（iSCSI）”，以及域功能/存储类型“Data/iSCSI”，最后勾选网络中已创建好的 iSCSI 存储，如图 5-3-2 所示。

第 3 步，如果 iSCSI 存储已经被使用过，会出现警告提示“这个操作是不可恢复和毁坏性的！”，如图 5-3-3 所示，单击“确定”按钮。

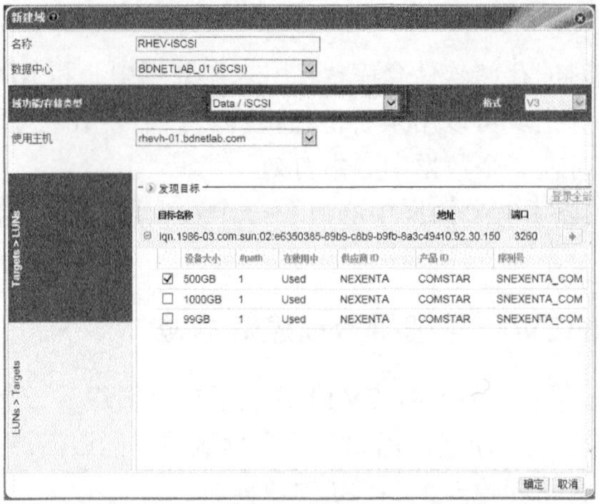

图 5-3-2 使用 RHEV-M 创建数据域之二

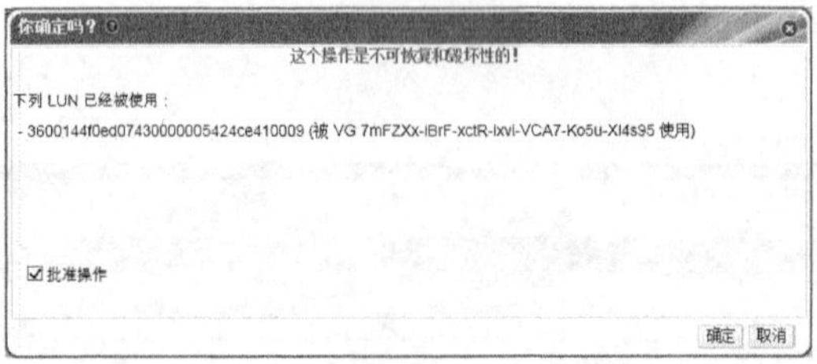

图 5-3-3 使用 RHEV-M 创建数据域之三

第 4 步，新的数据域 RHEV-iSCSI 创建完成，状态还处于“Locked”，这是因为数据中心正在对其进行初始化，如图 5-3-4 所示。

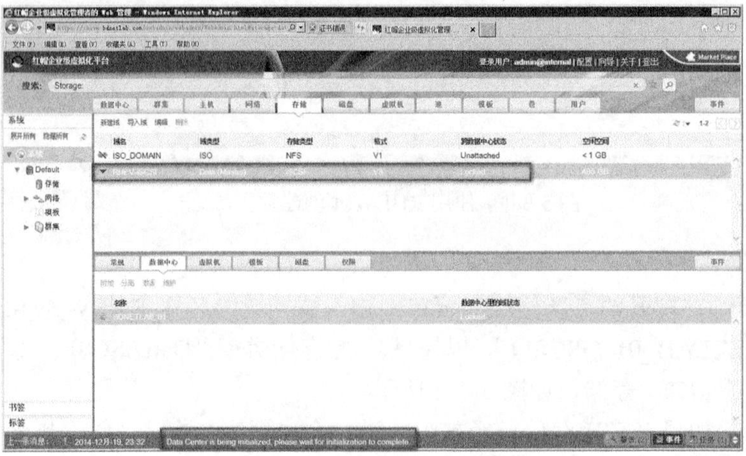

图 5-3-4 使用 RHEV-M 创建数据域之四

第 5 步，等待一段时间，数据中心对数据域的初始化即可完成，完成后状态变为“Active”，数据域名前的图标变为绿色，如图 5-3-5 所示。

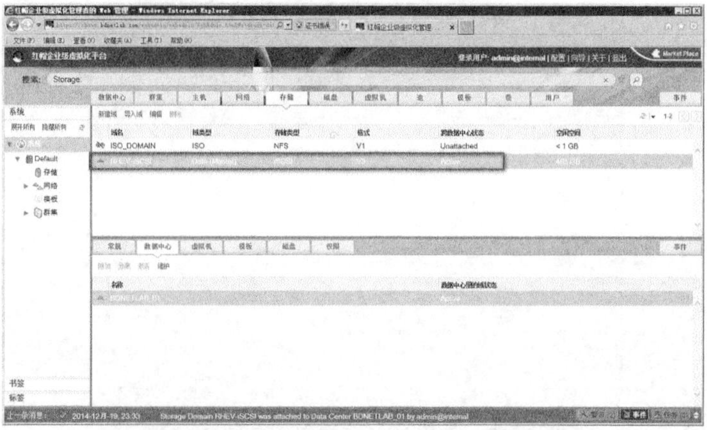

图 5-3-5　使用 RHEV-M 创建数据域之五

至此，新的数据域创建完成，可以用于 RHEV-H 主机存放虚拟机。

5.3.3　使用 RHEV-M 管理平台激活 ISO 域

数据域创建完成后，即可激活 ISO 域。

本节的实战操作将介绍如何激活通过 RHEV-M 管理平台部署的 ISO 域。

第 1 步，选择需要激活的 ISO 域“ISO_DOMAIN”，单击“附加”按钮，如图 5-3-6 所示。

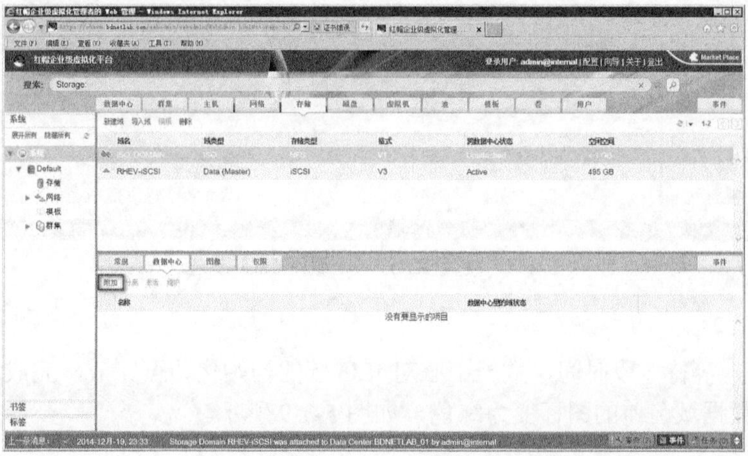

图 5-3-6　使用 RHEV-M 激活 ISO 域之一

第 2 步，在打开的“附加到数据中心”对话框勾选新创建的数据中心“BDNETLAB_01”，单击“确定”按钮，如图 5-3-7 所示。

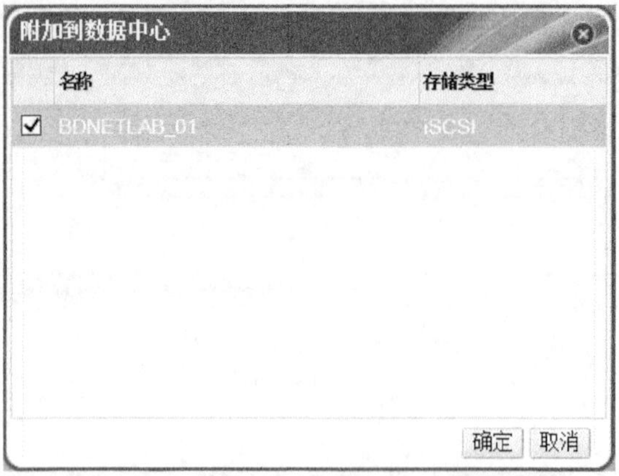

图 5-3-7　使用 RHEV-M 激活 ISO 域之二

第 3 步，回到 ISO 域操作界面，单击“激活”按钮，如图 5-3-8 所示。

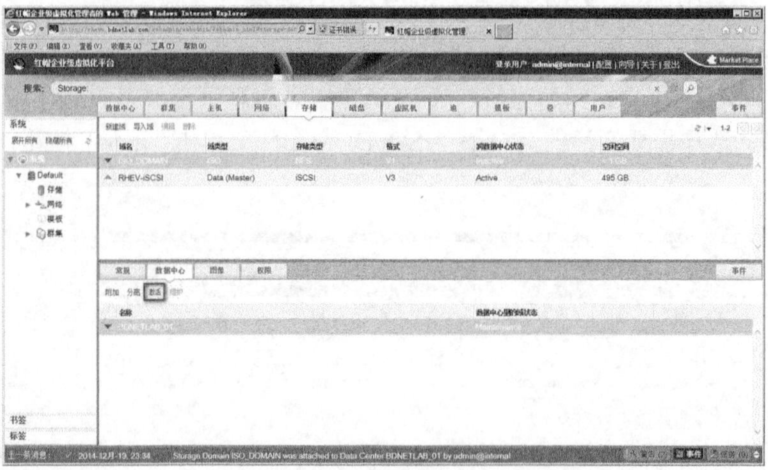

图 5-3-8　使用 RHEV-M 激活 ISO 域之三

第 4 步，等待一段时间，数据中心对 ISO 域的初始化即可完成，完成后状态变为“Active”，数据域名前的图标变为绿色，如图 5-3-9 所示。

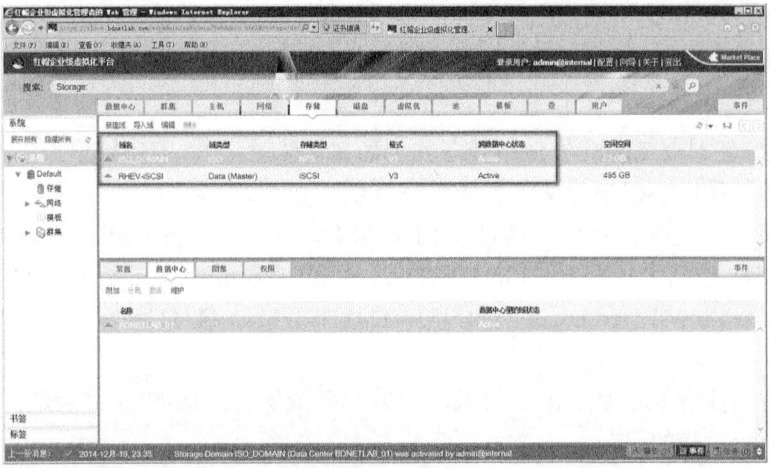

图 5-3-9　使用 RHEV-M 激活 ISO 域之四

第 5 步，名为 ISO_DOMAIN 的 ISO 域已经激活，通过“图像”标签可以看到 ISO 域包括系统自带的镜像文件，如图 5-3-10 所示。

需要注意的是：RHEV-M 管理平台“图像”标签在英文版中为“image”，在虚拟化环境中应该翻译为“映像或镜像”，翻译为“图像”不妥。

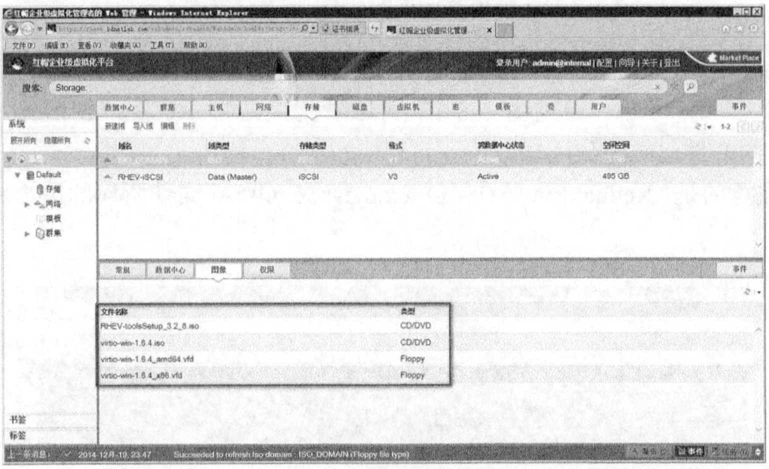

图 5-3-10　使用 RHEV-M 激活 ISO 域之五

至此，ISO 域激活完成，可以上传安装虚拟机所需的 ISO 镜像文件。

5.3.4　将 ISO 文件上传至 ISO 域

新的数据域创建完成并激活 ISO 域后，需要上传安装虚拟机所需的 ISO 镜像文件，

RHEV 虚拟化架构支持多种上传模式。

本节的实战操作将介绍两种上传模式。

1. 使用 WinSCP 工具上传

WinSCP 工具是 Linux 下使用较多的一种文件传输工具，RHEV 虚拟化架构支持通过 WinSCP 工具将 ISO 镜像文件上传至 ISO 域。

第 1 步，使用 WinSCP 工具登录 RHEV-M 管理平台，将 Redhat.Enterprise.Linux.6.5-x86_64.iso 文件上传至 ISO 域的默认目录/var/lib/exports/iso/f7583503-f48c-4be6-8b54-9ae52d9412ae/images/11111111-1111-1111-1111-111111111111/，如图 5-3-11 所示。

需要特别注意 ISO 域的默认目录，如果 ISO 域所使用的 NFS 目录是自行创建的，就必须使用相对应的目录。

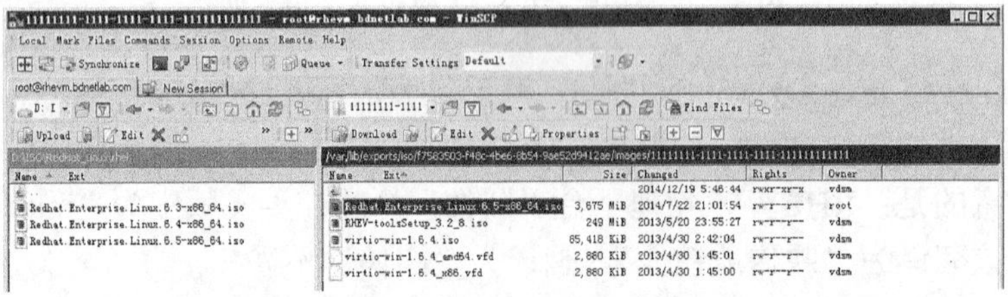

图 5-3-11　使用 WinSCP 工具上传 ISO 文件之一

第 2 步，使用 SecureCRT 工具登录 RHEV-M 管理平台，输入命令“ll”查看 ISO 镜像文件是否上传成功，通过图 5-3-12 可以看到，名为 Redhat.Enterprise.Linux.6.5-x86_64.iso 的文件已经上传成功。

需要注意的是，Redhat.Enterprise.Linux.6.5-x86_64.iso 文件所属的用户和用户组权限为 root。

图 5-3-12　使用 WinSCP 工具上传 ISO 文件之二

第 3 步，文件所属的用户和用户组权限为 root，在 RHEV-M 管理平台中无法识别，需要将其修改为可以识别，输入“chown 36:36 Redhat.Enterprise.Linux. 6.5-x86_64.iso”，如图 5-3-13 所示。

图 5-3-13　使用 WinSCP 工具上传 ISO 文件之三

第 4 步，再次输入“ll”查看 Redhat.Enterprise.Linux.6.5-x86_64.iso 文件权限，通过图 5-3-14 可以看到，文件权限修改为 vdsm 以及 kvm。

图 5-3-14　使用 WinSCP 工具上传 ISO 文件之四

第 5 步，通过“图像”标签在 ISO 域中可以看到刚才上传的名为 Redhat.Enterprise.Linux.6.5-x86_64.iso 的 ISO 镜像文件，如图 5-3-15 所示。

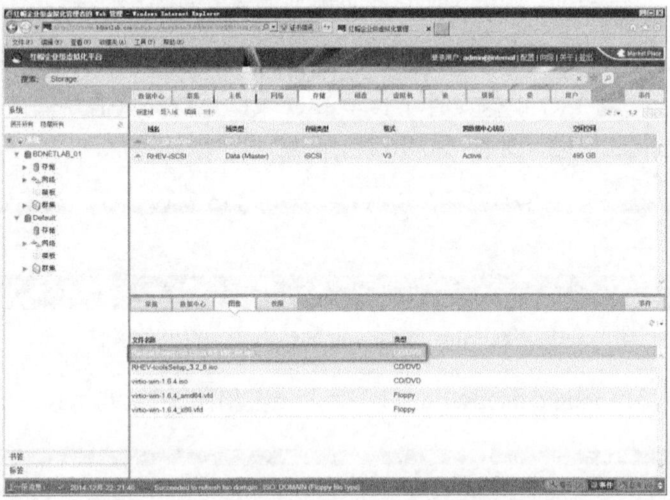

图 5-3-15　使用 WinSCP 工具上传 ISO 文件之五

2. 使用 rhevm-iso-uploader 命令上传

RHEV 虚拟化架构支持使用特有的命令上传 ISO 镜像文件，ISO 文件的源可以是本地、网络共享等。

本节实战操作是将本地 tmp 目录中的 WIN7_MSDN.iso 文件通过命令上传至 ISO 域。

第 1 步，确保 WIN7_MSDN.iso 镜像文件已经存在于 tmp 目录，如图 5-3-16 所示。

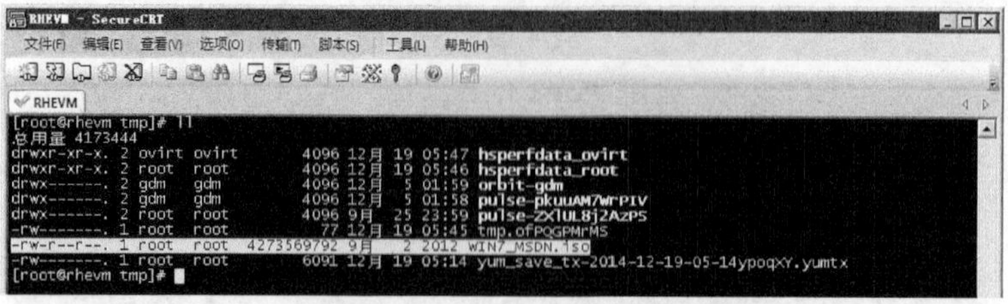

图 5-3-16 使用 rhevm-iso-uploader 命令上传 ISO 文件之一

第 2 步，输入命令“rhevm-iso-uploader list”查看 ISO 域的名称，通过图 5-3-17 可以看到 ISO 域的名称为“ISO_DOMAIN”，处于“Active”状态。

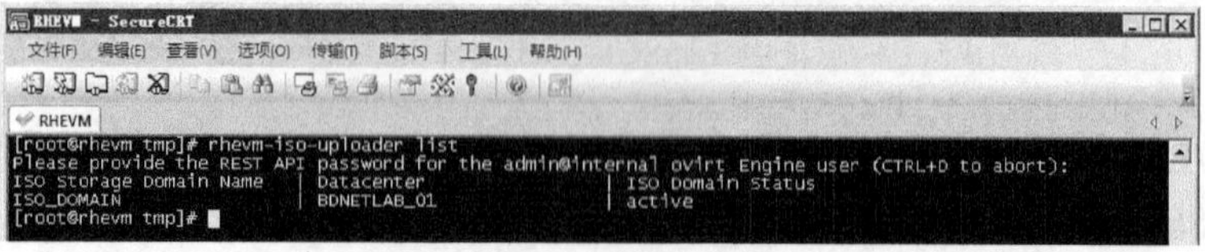

图 5-3-17 使用 rhevm-iso-uploader 命令上传 ISO 文件之二

第 3 步，切换到 tmp 目录，输入命令“rhevm-iso-uploader –i ISO_DOMAIN upload WIN7_MSDN.iso”将 ISO 镜像文件上传至 ISO 域，系统提示需要输入 RHEV-M 管理平台 admin@internal 密码，如图 5-3-18 所示。

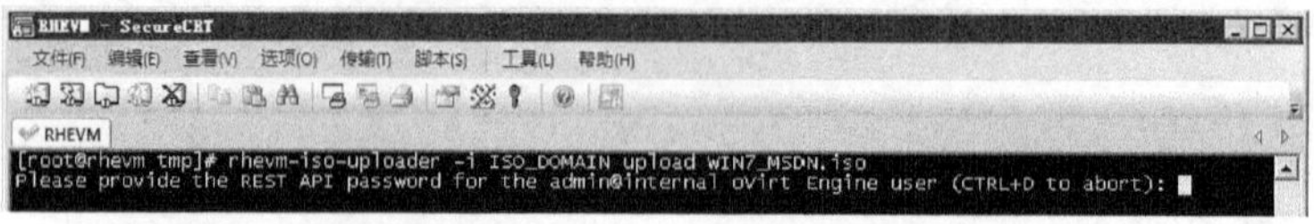

图 5-3-18 使用 rhevm-iso-uploader 命令上传 ISO 文件之三

第 4 步，输入 admin@internal 密码开始上传，如图 5-3-19 所示。

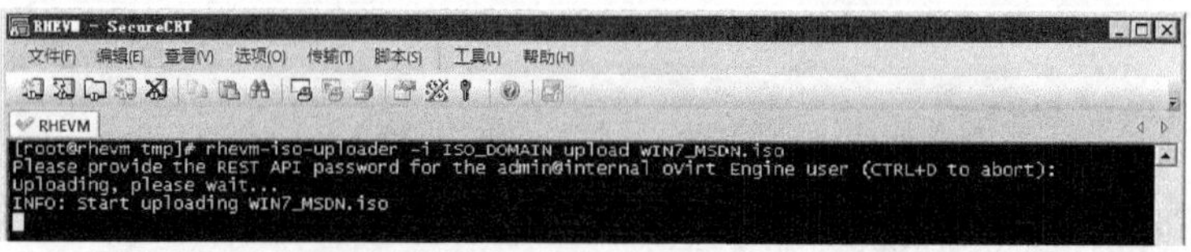

图 5-3-19 使用 rhevm-iso-uploader 命令上传 ISO 文件之四

第 5 步，上传的时间与 ISO 镜像文件的大小等有直接关系，等待一段时间出现“INFO: WIN7_MSDN.iso uploaded successfully”提示完成上传，如图 5-3-20 所示。

需要注意的是，如果出现其他提示，则一定要检查后重传，否则可能导致后续虚拟机安装出现问题。

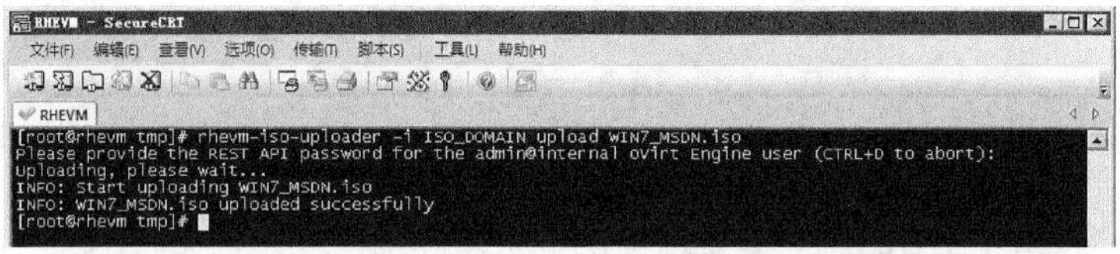

图 5-3-20　使用 rhevm-iso-uploader 命令上传 ISO 文件之五

第 6 步，进入 ISO 域的默认目录/var/lib/exports/iso/f7583503-f48c-4be6-8b54-9ae52d9412ae/images/11111111-1111-1111-1111-111111111111/，输入命令“ll”查看刚上传的 ISO 镜像文件，与通过 WinSCP 工具上传不同的是，WIN7_MSDN.iso 文件所属的用户和用户组权限为 vdsm 以及 kvm，不需要使用命令修改，如图 5-3-21 所示。

图 5-3-21　使用 rhevm-iso-uploader 命令上传 ISO 文件之六

第 7 步，通过“图像”标签在 ISO 域中可以看到刚才上传的名为 WIN7_MSDN.iso 的 ISO 镜像文件，如图 5-3-22 所示。

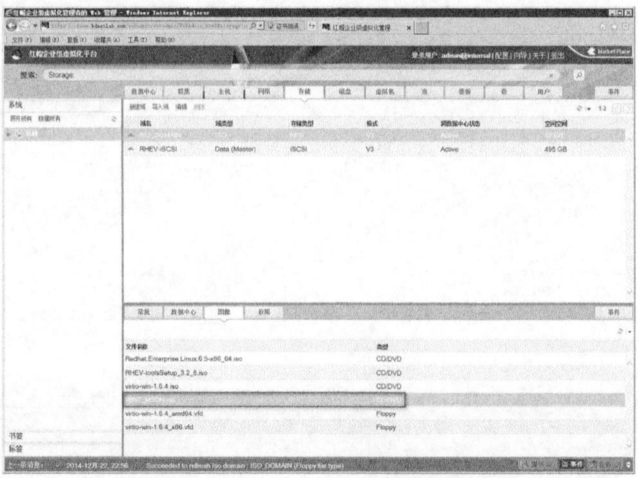

图 5-3-22　使用 rhevm-iso-uploader 命令上传 ISO 文件之七

至此，通过两种方式上传 ISO 完成，当然也可以使用其他的上传方式，只要 RHEV 虚拟化架构可以识别即可。

5.4 本章小结

本章主要介绍了 RHEV-M 管理平台的一些基本概念以及数据中心、群集、存储的配置，细心的读者应该会发现，本章的实战操作是在 Windows 操作系统下使用 IE 浏览器进行操作的，这说明 RHEV-M 也支持通过 Windows 进行日常管理操作。对于 RHEV-M 管理平台，在生产环境中需要注意的是：

（1）默认的数据中心以及群集不能删除。

（2）ISO 域目前只支持 NFS 共享，如果不使用在 RHEV-M 管理平台创建的 ISO 域，那么需要自行创建 NFS 共享用于存放 ISO 镜像文件。

（3）使用 WinSCP 或其他工具上传 ISO 镜像文件，需要注意修改文件相应的权限。

第 6 章　创建使用虚拟机

在前面的章节中，已成功部署红帽企业管理器 RHEV-M，并将 RHEV-H 虚拟化主机成功加入 RHEV-M 管理平台进行统一管理。完成这些操作后，可以使用 RHEV 虚拟化架构创建使用虚拟机，RHEV 虚拟化架构将虚拟机分为服务器和桌面两个部分。

本章将介绍如何使用 RHEV-M 管理平台创建使用虚拟机。

本章要点

- RHEV 虚拟化架构虚拟机
- 创建基于 Linux 的虚拟机
- 创建基于 Windows 的虚拟机
- 创建使用虚拟机快照
- 创建使用虚拟机模板
- 创建使用虚拟机池

6.1　RHEV 虚拟化架构虚拟机

虚拟机是通过软件实现的计算机。RHEV 虚拟化架构提供了创建虚拟台式机和虚拟服务器的功能。虚拟机整合了计算任务和负载。在传统的计算环境中，负载通常是在单独管理和升级的服务器上进行的。使用虚拟机，可以减少运行计算任务和负载所需的硬件，以及相应的管理任务。

6.1.1　RHEV 虚拟化架构支持的操作系统

RHEV 虚拟化架构支持市面上主流的操作系统。从红帽官方获取的信息，RHEV 虚拟化架构虚拟机支持的操作系统如表 6-1-1 所示。

表 6-1-1 RHEV 虚拟化架构支持的操作系统

操 作 系 统	构 架	是否支持 SPICE
Red Hat Enterprise Linux 3	32 位、64 位	支持
Red Hat Enterprise Linux 4	32 位、64 位	支持
Red Hat Enterprise Linux 5	32 位、64 位	支持
Red Hat Enterprise Linux 6	32 位、64 位	支持
SUSE Linux Enterprise Server 10	32 位、64 位	不支持
SUSE Linux Enterprise Server 10	32 位、64 位	不支持
Ubuntu 12.04	32 位、64 位	支持
Ubuntu 12.10	32 位、64 位	支持
Ubuntu 13.04	32 位、64 位	不支持
Ubuntu 13.10	32 位、64 位	支持
Windows XP	32 位	支持
Windows 7	32 位、64 位	支持
Windows 8	32 位、64 位	不支持
Windows Server 2003	32 位、64 位	支持
Windows Server 2003 R2	32 位、64 位	支持
Windows Server 2008	64 位	支持
Windows Server 2008 R2	64 位	支持
Windows Server 2012	64 位	不支持

需要注意的是：RHEV 虚拟化架构支持早期的 Red Hat Enterprise Linux 3 和 Red Hat Enterprise Linux 4 作为虚拟机的操作系统，但是使用 32 位版本无法通过 RHEV-M 管理平台对它们进行正常关机，因为 32 位的版本不支持 ACPI。如果要关闭 Red Hat Enterprise Linux 3 或 Red Hat Enterprise Linux 4 32 位版本的虚拟机，请直接使用 POWER OFF 选项。

6.1.2 RHEV 虚拟化架构支持的虚拟机参数

了解 RHEV 虚拟化架构支持的操作系统后，需要了解 RHEV 虚拟化架构支持的虚拟机参数。从红帽官方获取的信息，RHEV 虚拟化架构支持的虚拟机参数如表 6-1-2 所示。

表 6-1-2　　RHEV 虚拟化架构支持的虚拟机参数

参　数	数　量	备　注
虚拟 CPU	160	每个虚拟机
虚拟内存	2TB	每个虚拟机
虚拟化存储设备	8	每个虚拟机
虚拟网卡	8	每个虚拟机
虚拟 PCI 设备	32	每个虚拟机

6.1.3　SPICE 协议

简单协议独立计算环境（simple protocol for independent computing environment，SPICE）是提供增强版远程桌面体验的一个桌面虚拟化框架，也是一个桌面服务展示协议，和微软的远程桌面协议（remote desktop protocol，RDP）及 Citrix 的独立计算架构（independent computing architecture，ICA）类似。

SPCIE 旨在提供高质量的远程虚拟桌面访问，允许用户在单个服务器上通过 QEMU 运行多个 Linux 或 Windows 客户端，在远程计算机上显示客户端，在单个服务器上运行多个客户端操作系统，然后通过虚拟设备接口在远程客户端上显示，也将吸引很多大型组织。当然，SPCIE 允许 Fedora 服务器支持远程桌面，RHEL 服务器也具有该功能，每个远程桌面都运行在 KVM 上。

RHEV 虚拟化架构虚拟机默认的远程访问协议是 SPCIE。当然，RHEV 虚拟化架构也支持 VNC 远程访问。

6.1.4　虚拟机磁盘

RHEV 虚拟化架构支持 3 种存储类型：NFS、iSCSI 和 FCP。每种存储类型都有一个称为存储池管理器（storage pool manager，SPM）的主机来管理主机和存储间的访问。

默认情况下，NFS、本地或 POSIX 兼容的数据中心的 SPM 通过在文件系统上创建一个文件来创建自动精简配置（thin provisioning）格式的虚拟机磁盘。

在 iSCSI 和其他基于块的数据中心中，SPM 会在逻辑单元号（logical unit number，LUN）上创建一个卷组，并使用这些卷组作为虚拟机磁盘。默认的情况下，块存储上的虚拟磁盘是预分配（preallocated）格式的。

如果虚拟磁盘是预分配的一个特定大小（以 GB 为单位）的逻辑卷会被创建。它可以被挂载到 Red Hat Enterprise Linux 服务器上，使用 kpartx、vgscan、vgchange 和

mount 来检查虚拟机的进程或可能出现的问题。

如果虚拟磁盘是自动精简配置的（think provisioned），一个 1 GB 的逻辑卷就被创建。这个逻辑卷会被虚拟机所在的主机实时监测。当虚拟磁盘的可用空间达到它的阈值时，主机通知 SPM，SPM 为这个逻辑卷增加 1 GB 的容量。在逻辑卷的容量扩展后，主机继续运行虚拟机。如果虚拟机处于暂停状态，则意味着 SPM 没有为虚拟磁盘扩展空间。其原因可能是 SPM 太繁忙而无法处理容量扩展，或者是系统中没有足够的存储空间来扩展虚拟磁盘。

预分配（RAW）格式的虚拟磁盘的写操作速度比自动精简配置（Qcow2）格式的虚拟磁盘快很多，而创建自动精简配置格式的虚拟磁盘比创建预分配格式的虚拟磁盘要快很多。自动精简格式的磁盘适用于不需要大量 IO 操作的虚拟机。

虚拟磁盘有两种类型：自动精简配置（thin provisioned）和预分配（preallocated）。预分配的磁盘使用 RAW 格式，自动精简配置的磁盘使用 QCOW2 格式。

1. 预分配

一个预分配的虚拟磁盘会有一个和它的容量相同的专用存储空间。这个虚拟磁盘使用的后台存储设备（文件或块设备）和虚拟机之间没有其他的层。因为在运行时不需要分配存储空间，这种虚拟磁盘的性能更好。在 SAN（iSCSI、FCP）中，该功能是通过创建一个和虚拟盘大小相同的块设备来实现的。在 NFS 中，该功能是通过在后台的相应硬盘映像文件中填写 0 来实现的。在 NFS 存储域中，使用预分配磁盘需要后台的存储不是 QCOW2 格式的，而且 0 不会在硬盘映像文件中重复（如果这些条件无法满足，就不能使用预分配磁盘作为 NFS 虚拟磁盘）。

2. 自动精简配置

稀疏虚拟磁盘（sparse virtual disk）的后台存储不会为它们预先保留相应的存储空间，而存储空间会在运行时根据需要分配。这可以使虚拟磁盘的总容量超过实际的物理存储容量（storageovercommitment）成为可能（假设多数虚拟磁盘空间都被不会被完全使用），从而可以更好地利用物理磁盘空间。这需要后台的存储监控磁盘写请求，因此可能会影响到磁盘的性能。NFS 存储通过使用文件来提供这种虚拟磁盘；SAN 存储通过创建一个比虚拟磁盘所定义的容量小的块设备来提供这种磁盘，并通过 hypervisor 来监测虚拟磁盘所需的物理磁盘资源。该功能不需要底层存储设备的支持。

一些应用程序需要共享服务器间的存储。RHEV 虚拟化架构允许把虚拟机磁盘设为可共享，并把它们附加到虚拟机上。这样，一个虚拟磁盘就可以被多个使用群集的客户机使用。共享磁盘并不适用于所有的情况。它们可以在使用群集的数据库服务器，或其他高可用性服务环境中使用。如果把一个可共享的磁盘附加到多个没有使用群集的客户机上，就可能造成数据被破坏。不能为可共享的磁盘进行快照。那些已经做过快照的虚拟磁盘也不能设置为可共享的磁盘。可以在创建磁盘时把它设为可共享磁盘，也可以在创建后再配置它。

一些应用程序需要管理员以只读的方式共享一些数据。RHEV 虚拟化架构允许把虚拟机磁盘设为只读，并把它们附加到虚拟机上。如果一个磁盘被设置为可共享，就可以把它作为只读磁盘附加到一些虚拟机上，也可以把它作为可写磁盘附加到其他虚拟机上。这样，一个磁盘就可以被多个使用群集的客户机以只读的方式共享，而管理员具有对这个磁盘的写权限。浮动的磁盘必须是可写的磁盘，不能被设置为只读。一个磁盘在使用时不能在“只读”和“可写”的设置间切换。可以在创建磁盘时把它设为只读磁盘，也可以在创建后再配置它。

6.1.5　逻辑网络

逻辑网络就是数据中心的一组网络资源。当一个逻辑网络被添加到一个主机上时，它可以使用主机相关的参数进行进一步配置。逻辑网络可以根据其使用情况、类型和需求分组，从而达到优化网络流量的目的。

逻辑网络可以用来连接和隔离物理网络。可以为主机和存储域间创建一个专门的逻辑网络，从而优化存储网络流量。还可以为所有虚拟机专门创建一个逻辑网络；或对虚拟器进行分组并为每个组创建一个独立的逻辑网络。

所有数据中心的默认逻辑网络是名为 rhevm 的管理网络。在没有创建其他逻辑网络前，所有的网络流量都在 rhevm 网络中进行。但它的主要目的是为 RHEV-M 管理平台和主机间的管理数据提供网络平台。

逻辑网络是数据中心级别的资源，在数据中心创建的逻辑网络可以被该数据中心的所有群集使用。如果一个逻辑网络被标识为必需的，则它只有在群集中的所有主机上都进行配置后才可以使用；可选网络则可以只被某些主机使用。

在 RHEV 3.1 虚拟化架构和更高版本中，逻辑网络被区分为“必需的网络（required networks）”和“可选网络（optional networks）”。

为了使群集和网络可以正常运行，群集上的所有主机都需要连接到必需的网络。在默认情况下，加入群集中的逻辑网络被设为必需的网络。当一个“必需的”网络无法工作时，使用它的虚拟机会被隔离（fence），并被迁移到另一个主机上。这一点对于运行关键任务服务的虚拟机非常重要。

当一个不是“必需的”网络无法工作时，使用它的虚拟机不会被迁移到另一个主机上。这可以避免不必要、因为虚拟机迁移而产生的 I/O 负载。如果网络没有被标识为必需的，它们就是“可选网络”。可选网络可以只在需要使用它们的主机上配置。有或没有这些可选网络都不会影响主机的正常运行状态。使用管理网络键来指定网络是否是必需的网络。虚拟机网络（VM network）是那些只处理虚拟机网络流量的逻辑网络。虚拟机网络可以是必需的网络，也可以是可选网络。

6.2　创建基于 Linux 的虚拟机

了解 RHEV 虚拟化架构支持的虚拟机后，可以开始创建虚拟机。既然平台使用的是 Red Hat，那么首先创建基于 Red Hat Enterprise Linux 6 的虚拟机。

本节的实战操作将使用 RHEV-M 管理平台创建基于 Red Hat Enterprise Linux 6 的虚拟机。

6.2.1　创建 Linux 虚拟机的必要条件

在开始创建 Red Hat Enterprise Linux 6 虚拟机前，必须确认以下几点。

（1）Red Hat Enterprise Linux 6 完整的 ISO 镜像文件已上传 ISO 域。

（2）如果需要通过 PXE 引导安装，请确保 PXE 服务器正常工作。

（3）安装虚拟机使用的 iSCSI 或 NFS 存储可以使用。

6.2.2　创建 Linux 虚拟机

完成准备工作后，可以开始创建 Red Hat Enterprise Linux 6 虚拟机，本节的实战操作将创建 Red Hat Enterprise Linux 6.5 版本的虚拟机。

第 1 步，使用 admin 登录 RHEV-M 管理平台，在“虚拟机”标签单击“新建服务器”，如图 6-2-1 所示。

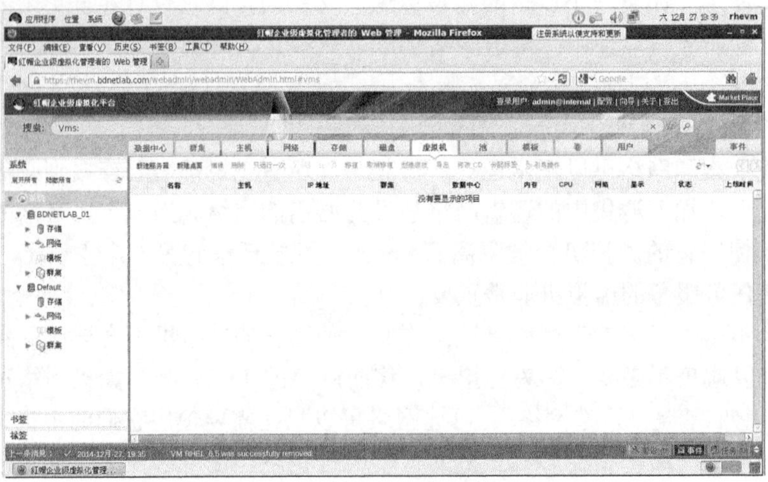

图 6-2-1　创建 Linux 虚拟机之一

第 2 步，在打开的“新建服务器虚拟机”窗口输入虚拟机的信息，注意由于还未创建模板，所以在基于模板处使用默认的“Blank”，根据实际情况设置虚拟机的内存大小和虚拟 CPU 的总数，操作系统处选择“Red Hat Enterprise Linux 6.x x64”，如图 6-2-2 所示。

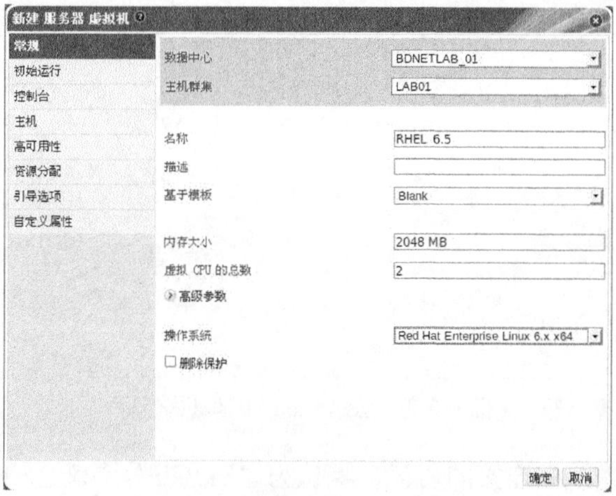

图 6-2-2　创建 Linux 虚拟机之二

图 6-2-2 参数解释。

（1）数据中心：RHEV-M 管理平台数据中心，可以使用默认的数据中心，一般建议使用自定义的数据中心，以便于管理。

（2）主机群集：虚拟机所属的主机群集的名字，与数据中心一样，可以使用默认的数据中心，一般建议使用自定义的群集，以便于管理，虚拟机会根据相应的规则运行在该群集的物理主机上。

（3）基于模板：创建虚拟机使用的模板，如果 RHEV-M 管理平台还没有创建模板，默认情况下为 Blank，待创建模板后即可选择使用模板。

（4）操作系统：创建虚拟机使用的操作系统。RHEV 虚拟化架构支持的操作系统参考表 6-1-1。

（5）内存大小：分配给虚拟机的内存大小。在分配内存时，需要考虑虚拟机上要运行的应用程序所需的资源。

（6）虚拟 CPU 的总数：分配给虚拟机的 CPU 内核数，它不能超过所在物理主机本身的内核数。

（7）删除保护：选择该选项虚拟机将不能被删除。不选择该选项时，才可以删除虚拟机，一般只有特殊虚拟机，才勾选此选项。

第 3 步，设置虚拟机系统时区和 Windows 域，根据实际情况设置即可，此处选择时区为“China Standard Time”，如图 6-2-3 所示。

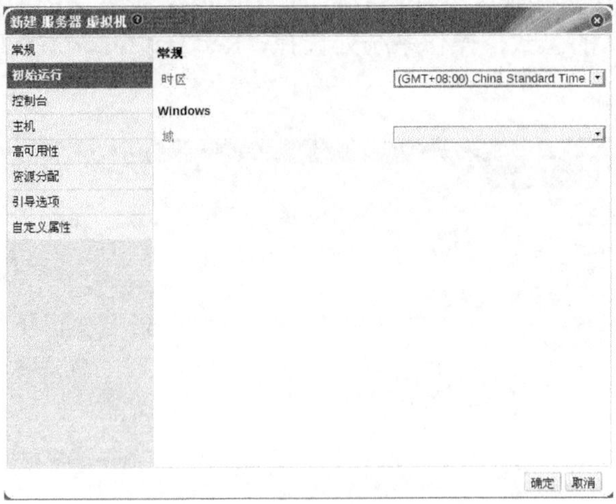

图 6-2-3 创建 Linux 虚拟机之三

第 4 步，设置虚拟机连接的协议，默认为“SPICE”协议，如图 6-2-4 所示。

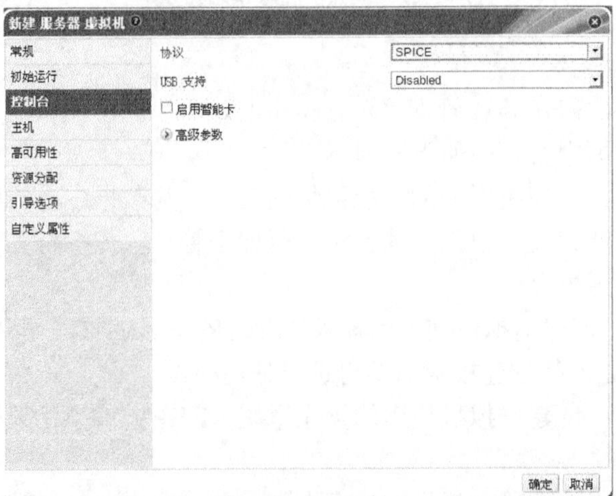

图 6-2-4 创建 Linux 虚拟机之四

图 6-2-4 参数解释。

（1）协议：客户端连接虚拟机使用的显示协议。SPICE 是除 Windows 8 和 Windows Server 2012 以外的 Linux 和 Windows 虚拟机推荐使用协议。因为 Microsoft 改变了 Windows Display Driver Model，Windows 8 和 Windows 2012 虚拟机的默认连接协议为 Desktop Protocol（RDP），使用 SPICE 连接会影响性能。对于其他版本的 Windows 虚

拟机或 Linux 虚拟机，还可以选择使用 VNC 协议。

（2）USB 支持：设置 USB 设备是否可以在虚拟机上使用。该选项只有在使用 SPICE 协议的虚拟机上有效，具体有以下 3 个参数。

Disabled：不允许虚拟机使用 USB 设备。

Legacy：RHEV 3.0 版本中的 USB 使用策略。该选项只能在 Windows 虚拟机上使用，新的 RHEV 版本不支持。

Native：为 Linux 和 Windows 虚拟机启用 Native KVM/ SPICE USB 重定向功能，虚拟机不需要任何的代理程序或驱动。该选项只有在虚拟机的群集兼容版本为 3.1 或更高时才有效。

第 5 步，设置虚拟机运行的群集，此处可以选择“群集里的任何主机”，也可以指定某一台 RHEV-H 主机运行虚拟机，如图 6-2-5 所示。

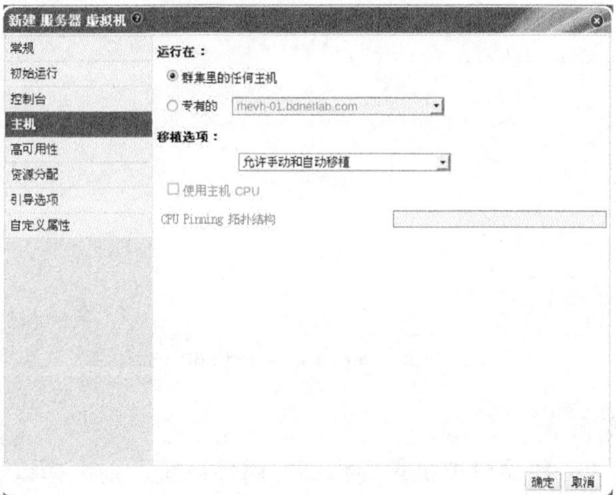

图 6-2-5　创建 Linux 虚拟机之五

图 6-2-5 参数解释。

（1）运行在：设置虚拟机在哪台 RHEV-H 主机上运行，具体参数有：

群集里的任何主机：虚拟机可以在群集中的任何可用主机上运行，当虚拟机打开电源时，系统自行决定虚拟机在哪台 RHEV-H 主机上运行。其选择参数有：

专有的：虚拟机将在群集中的某个特定 RHEV-H 主机上运行。从可用主机下拉菜单中选择该主机。管理员可以根据虚拟机上的迁移和高可用性配置，把虚拟机迁移到群集中的其他主机上。

（2）移植选项：设置运行和迁移虚拟机的选项。如果没有设置选项，这台虚拟机将会根据群集的策略来运行或迁移。其选择参数有：

允许手动和自动移植：虚拟机可以根据所在环境的状态，自动从一个主机迁移到另一个主机；也可以由管理员手动迁移。

只允许手动移植：虚拟机只能通过管理员手动迁移。

不允许迁移：虚拟机不能被迁移。

第 6 步，设置虚拟机的高可用性，此处可以选择优先级“低、中、高”，默认为“低”，如图 6-2-6 所示。

在后续的高可用章节中会介绍如何移植虚拟机。

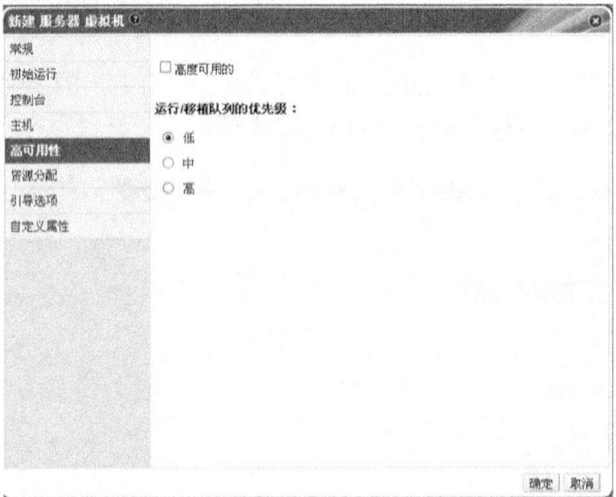

图 6-2-6　创建 Linux 虚拟机之六

图 6-2-6 参数解释。

（1）高度可用的：如果虚拟机被用作高可用性系统，则选择该选项。当 RHEV-H 主机进行维护或出现问题时，虚拟机被自动迁移到其他主机上运行。如果管理员手动关机，虚拟机将不会自动迁移到其他主机上。需要特别注意的是，如果主机标签页中的迁移选项被设置为只允许手动移植或不允许移植，则该选项将无效。作为一个高可用性的虚拟机，必须可以在需要时把它迁移到其他主机上。

（2）运行/移植队列的优先级：设置虚拟机迁移到其他主机并重新启动的优先级。

第 7 步，设置虚拟机的内存分配，生产环境可以根据虚拟机的用途以及 RHEV-H 主机本身的性能调整虚拟机的内存大小，如图 6-2-7 所示。

图 6-2-7 参数解释。

（1）内存分配：设置虚拟机可以使用的物理内存大小。

（2）存储分配：虚拟机所使用虚拟硬盘的模式，只有选择模板时才可用。

Thin：精简模式，提供优化的存储空间的使用。磁盘空间只有在需要时才会分配。

克隆：优化客户端的读写操作的速度。模板所需的磁盘空间在进行克隆操作时被分配。

第 8 步，设置虚拟机的引导选项，默认第一个设备为“硬盘”，第二个设备以及附加 CD 可以根据实际情况进行配置，如图 6-2-8 所示，设置完成后单击“确定”按钮。

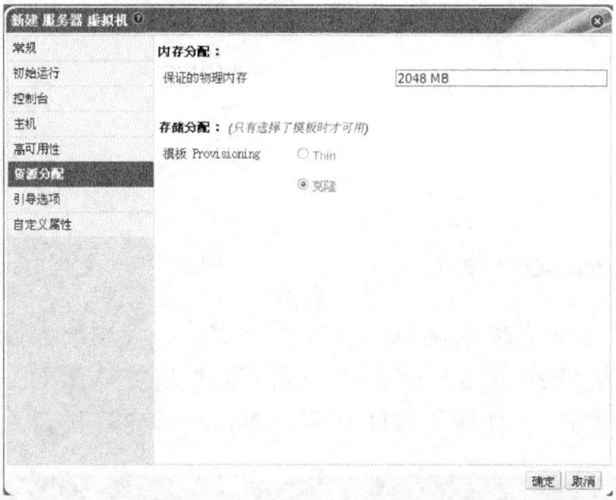

图 6-2-7　创建 Linux 虚拟机之七

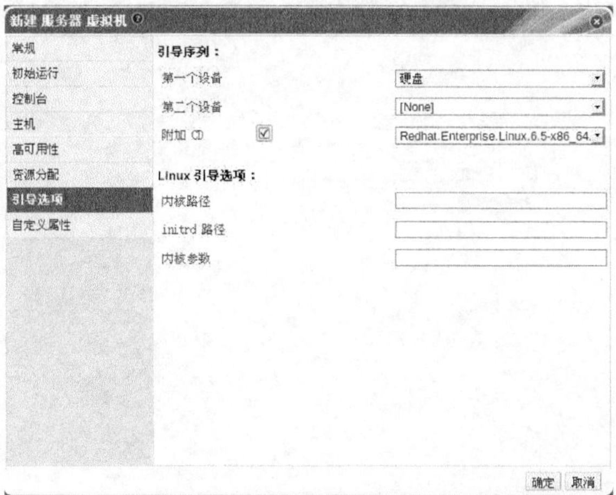

图 6-2-8　创建 Linux 虚拟机之八

第 9 步， 系统提示“已创建虚拟机”，说明虚拟机的基本信息已经创建完成，接下来还需要“配置网络接口”以及“配置虚拟硬盘”，如图 6-2-9 所示，单击“配置网络接口”按钮。

第 10 步，系统打开“新建网络接口”对话框，使用默认设置即可，如图 6-2-10

所示，单击“确定”按钮。

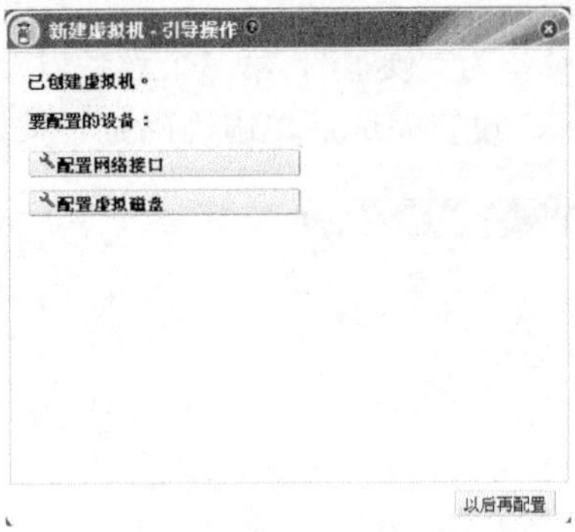

图 6-2-9　创建 Linux 虚拟机之九

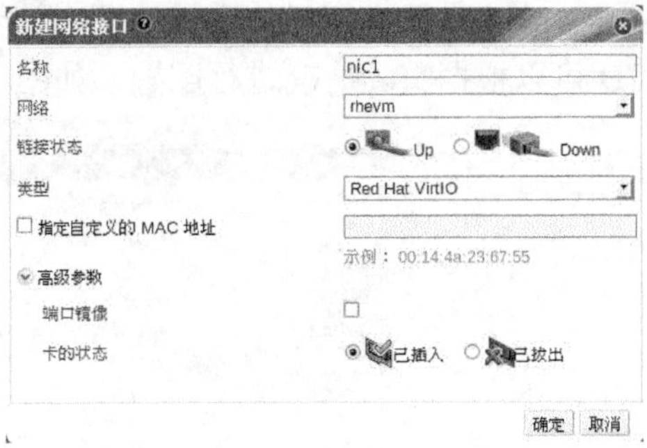

图 6-2-10　创建 Linux 虚拟机之十

第 11 步，打开“新建虚拟磁盘”对话框，设置虚拟机使用的虚拟磁盘大小为 40GB，系统自动设置别名为“RHEL_6.5_Disk1”，接口为默认的“VirtIO”，分配策略为“Thin Provision”（精简盘模式），如图 6-2-11 所示，单击“确定”按钮。

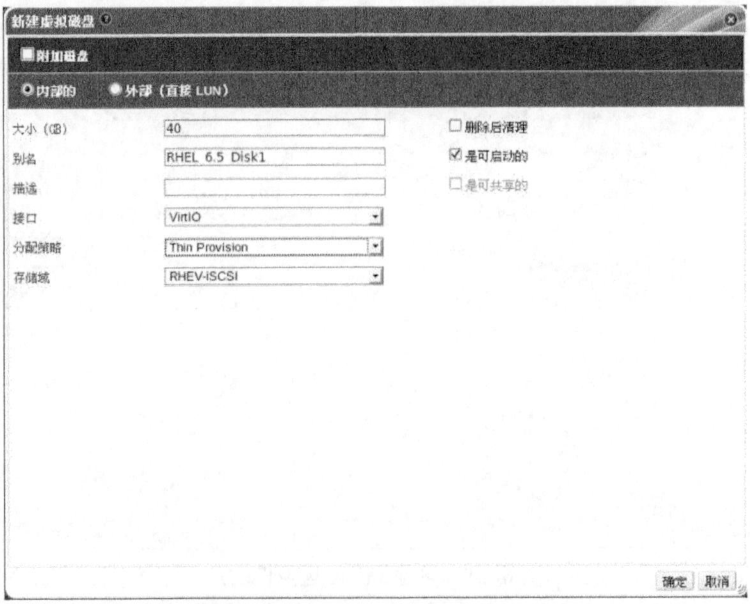

图 6-2-11　创建 Linux 虚拟机之十一

第 12 步，虚拟机的配置结束，系统提示还可以添加另外一个网络接口和虚拟磁盘，如图 6-2-12 所示，单击“以后再配置”按钮。

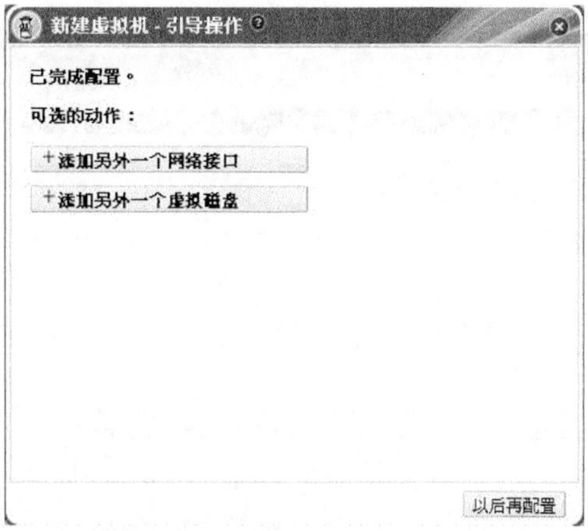

图 6-2-12　创建 Linux 虚拟机之十二

第 13 步，回到“虚拟机”标签，可以看到已创建好的虚拟机“RHEL_6.5”，如图 6-2-13 所示。

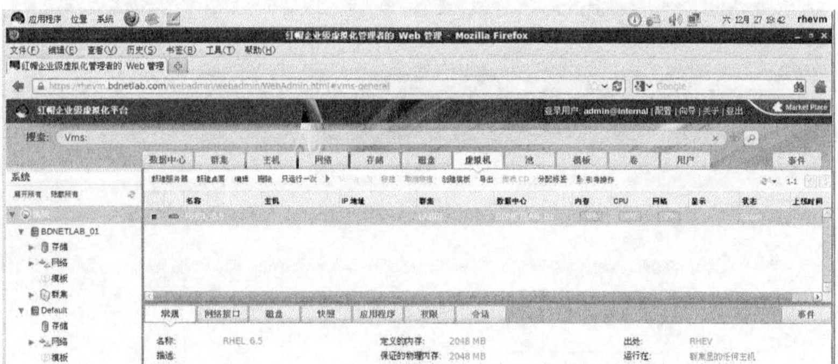

图 6-2-13　创建 Linux 虚拟机之十三

第 14 步，通过图 6-2-14 可以看到虚拟机使用的磁盘为“RHEL_6.5_Disk1”。

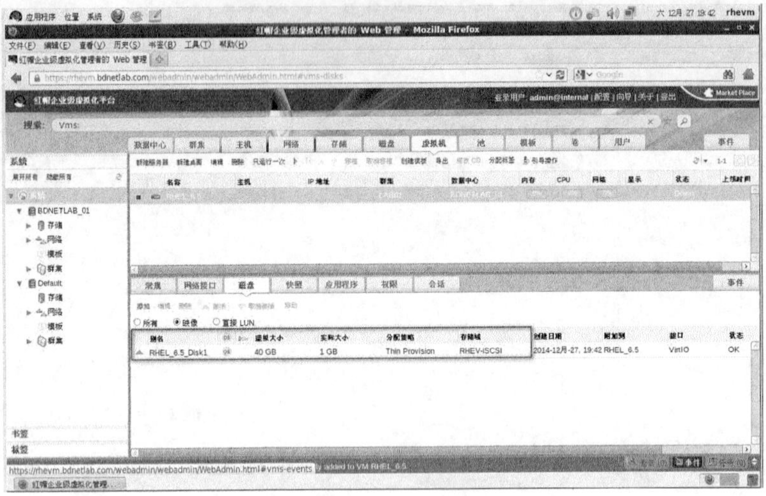

图 6-2-14　创建 Linux 虚拟机之十四

第 15 步，通过图 6-2-15 可以看到虚拟机使用的网络接口为“nic1”。

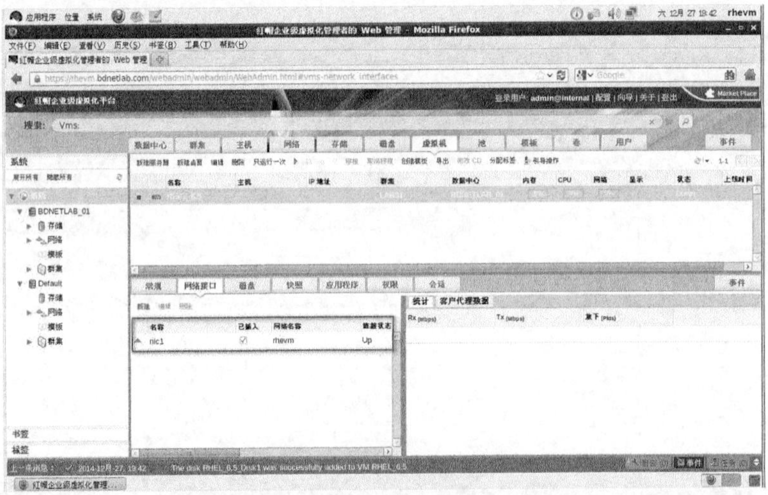

图 6-2-15　创建 Linux 虚拟机之十五

第 16 步，在“虚拟机”标签处单击“运行一次”开始为虚拟机安装 Linux 系统，如图 6-2-16 所示。

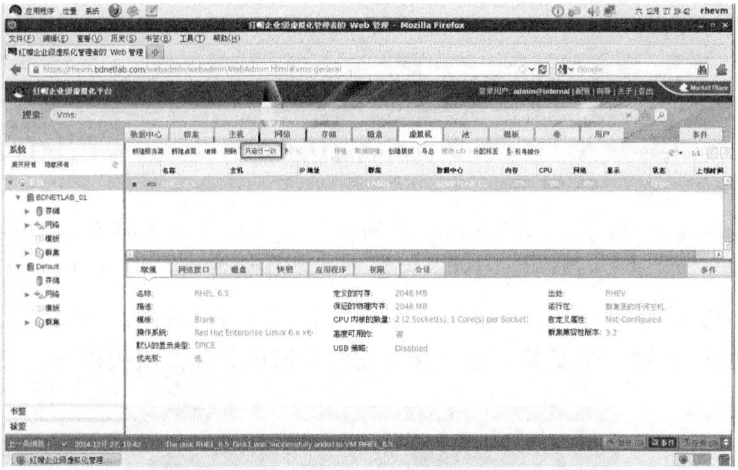

图 6-2-16　创建 Linux 虚拟机之十六

第 17 步，勾选“附加 CD”，选择上传好的 ISO 镜像，在引导序列处将 CD-ROM 调整为第一引导，如图 6-2-17 所示，单击“确定”按钮。

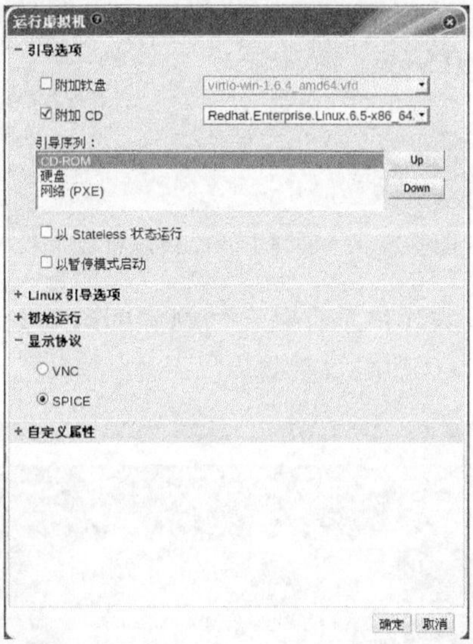

图 6-2-17　创建 Linux 虚拟机之十七

图 6-2-17 参数解释。

（1）附加软盘：为虚拟机添加一个软盘。一般使用该选项来安装 Windows 驱动。需要特别注意的是，这个软盘映像必须在 ISO 存储域中。

（2）附加 CD：为虚拟机添加一个 ISO 映像。使用该选项来安装虚拟机的操作系统和应用程序。需要特别注意的是，这个 CD 映像必须在 ISO 存储域中。

（3）引导顺序：指定在引导虚拟机时，引导设备的使用顺序。选择硬盘、CD-ROM 或网络，然后使用箭头来调整它们的顺序。

（4）以 Stateless 状态运行：在关机后删除所有的改变。该选项只有在为虚拟机添加虚拟磁盘后才有效。

（5）以暂停模式启动：启动虚拟机后暂停。该选项适用于不在本地的虚拟机。

第 18 步，系统自动弹出虚拟机运行窗口，使用默认的 SPICE 协议的远程访问，按【Shift+F12】组合键可以退出操作，通过图 6-2-18 可以看到，虚拟机已经进入安装界面，按【Enter】键开始安装，整个安装过程与物理服务器安装相同。

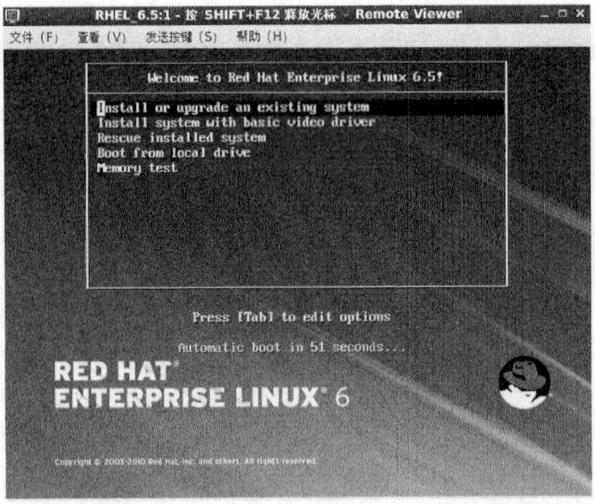

图 6-2-18 创建 Linux 虚拟机之十八

第 19 步，提示检查安装光盘是否存在问题，如图 6-2-19 所示，如果确认安装光盘没有问题，单击“SKIP”按钮跳过检查。

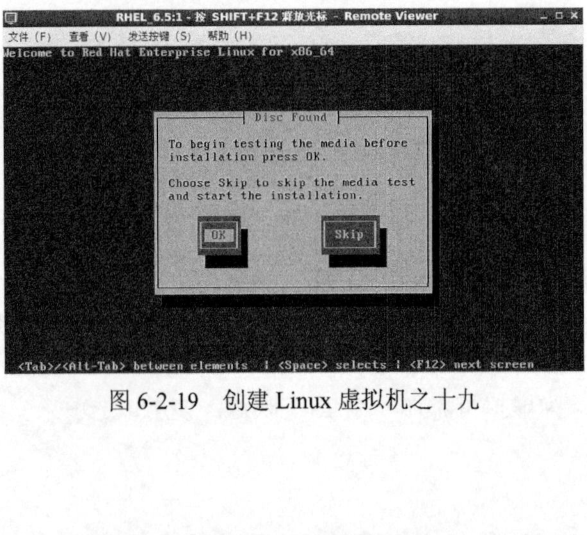

图 6-2-19 创建 Linux 虚拟机之十九

第 20 步，出现警告提示设备中包含数据，安装操作系统需要对硬盘进行初始化，导致设备中的数据丢失，选择“是，忽略所有数据（Y）”，通过图 6-2-20 可以看到，虚拟机使用的硬盘为虚拟硬盘，单击“下一步（N）”按钮。

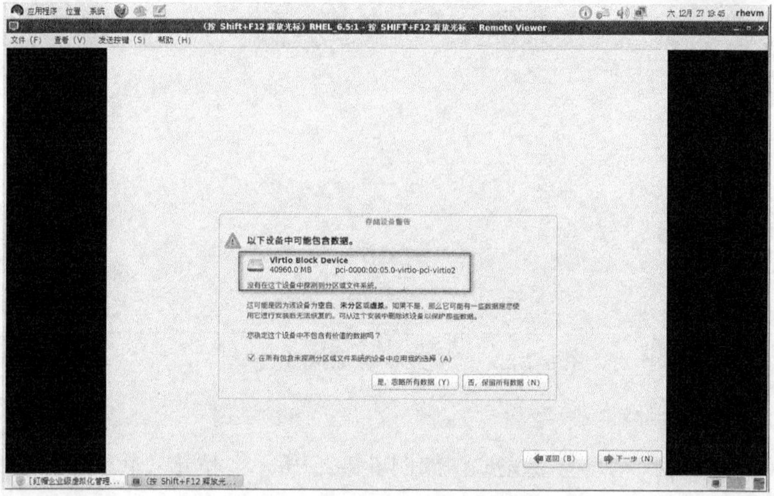

图 6-2-20　创建 Linux 虚拟机之二十

第 21 步，选择 RHEL 系统安装的软件组，根据实际情况选择即可，此处选择“基本服务器”模式，如图 6-2-21 所示，单击“下一步（N）”按钮。

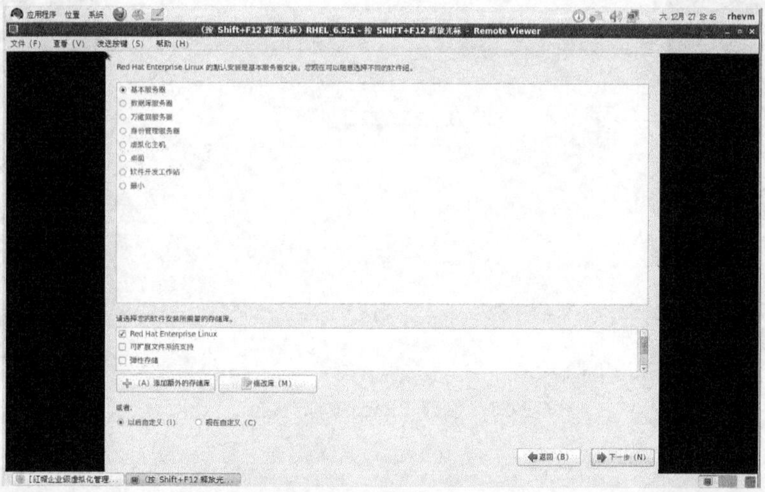

图 6-2-21　创建 Linux 虚拟机之二十一

第 22 步，开始安装 RHEL 系统，如图 6-2-22 所示。

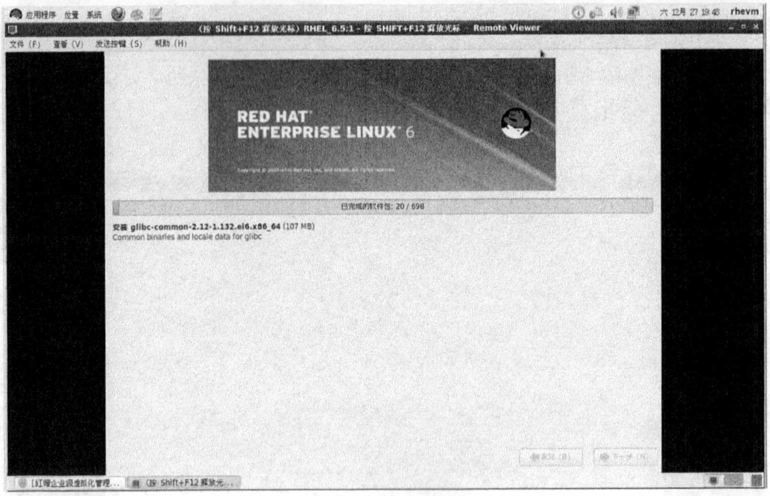

图 6-2-22　创建 Linux 虚拟机之二十二

第 23 步，RHEL 系统安装完成，如图 6-2-23 所示，单击“重新引导（t）”按钮重新启动。

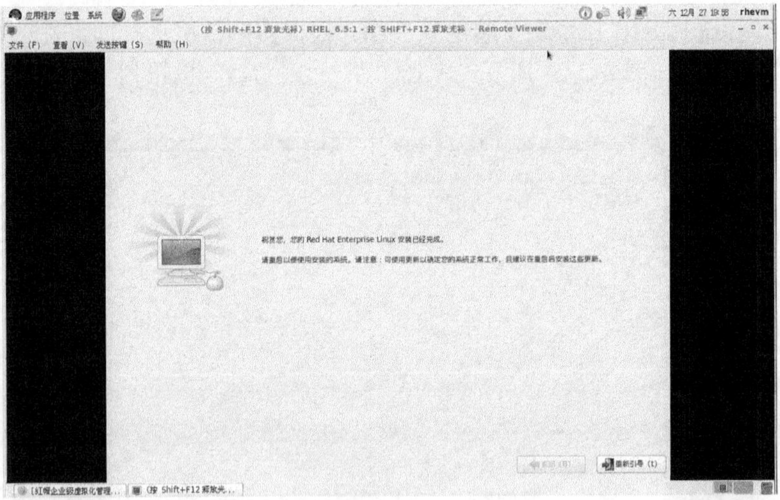

图 6-2-23　创建 Linux 虚拟机之二十三

第 24 步，RHEL 系统启动完成，使用 root 用户登录系统，如图 6-2-24 所示。

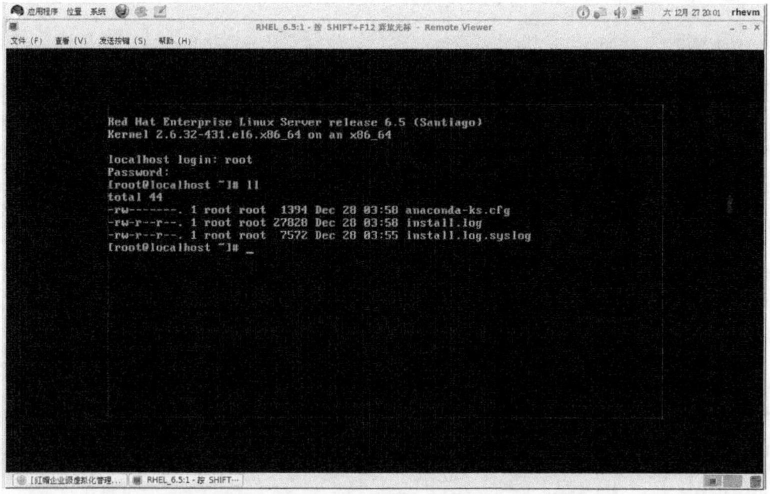

图 6-2-24　创建 Linux 虚拟机之二十四

第 25 步，登录 RHEV-M 管理平台，在“虚拟机”标签处单击安装好的虚拟机，可以看到虚拟机的相关信息，如图 6-2-25 所示。

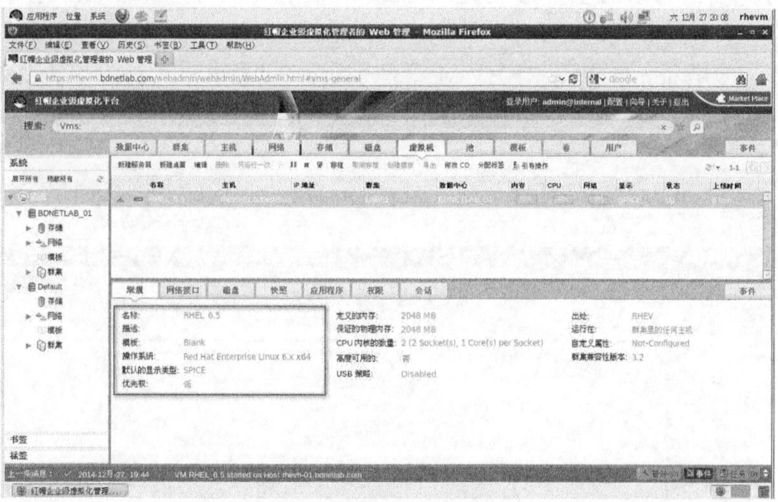

图 6-2-25　创建 Linux 虚拟机之二十五

至此，基于 RHEL 系统的 Linux 虚拟机安装完成，其他版本的 Linux 虚拟机安装方式类似。

6.3 创建基于 Windows 的虚拟机

在生产环境中，除了使用 Linux 虚拟机，Windows 虚拟机由于配置管理方便，也存在不少的用户。RHEV 虚拟化架构同样也支持 Windows 虚拟机。

本节的实战操作创建基于 Windows 的虚拟机。

6.3.1 创建 Windows 虚拟机的必要条件

与创建 Linux 虚拟机不同的是，在 RHEV 平台上创建 Windows 虚拟机需要加载 Windows 相应的驱动程序。在开始创建 Windows 虚拟机前，必须确认以下几点。

（1）Windows 完整的 ISO 镜像文件已上传。

（2）Windows 驱动程序两个文件 virtio-win-1.6.4_amd64.vfd 和 virtio-win-1.6.4_amd64.vfd 已经上传到 ISO 域。

6.3.2 创建 Windows 虚拟机

完成好准备工作后可以开始创建 Windows 虚拟机，本节的实战操作将创建基于 Windows 7 专业版的虚拟机，操作步骤与创建 Linux 类似，只是几个地方需要特别注意。

第 1 步，使用 admin 登录 RHEV-M 管理平台，在“虚拟机”标签单击“新建桌面”，如图 6-3-1 所示。

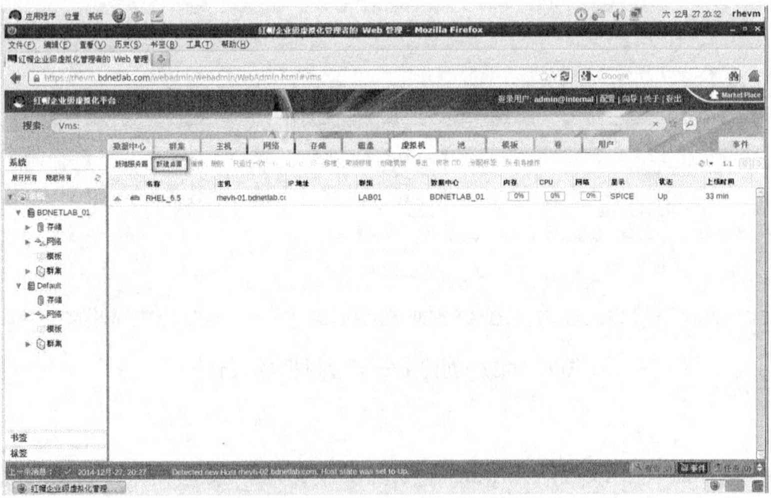

图 6-3-1 创建 Windows 虚拟机之一

第 2 步，在打开的“新建桌面虚拟机”窗口输入虚拟机的信息，注意由于还未创建模板，所以在“基于模板”处使用默认的“Blank”，根据实际情况设置虚拟机的内存大小和虚拟 CPU 的总数，操作系统处选择“Windows 7”，如图 6-3-2 所示。

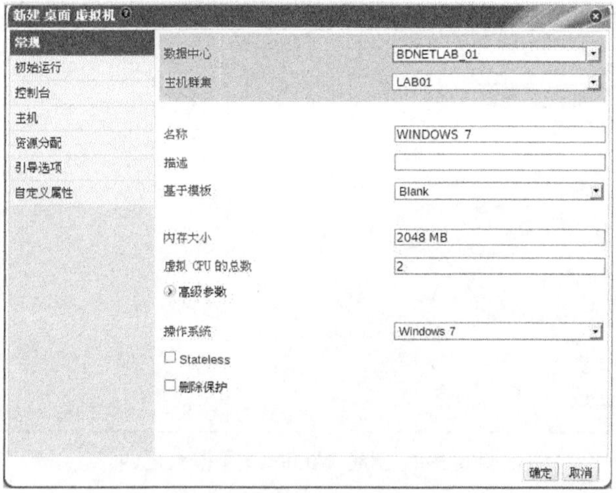

图 6-3-2　创建 Windows 虚拟机之二

第 3 步，设置虚拟机运行的群集，此处指定在 rhevh-02.bdnetlab.com 上运行 Windows 7 虚拟机，如图 6-3-3 所示。

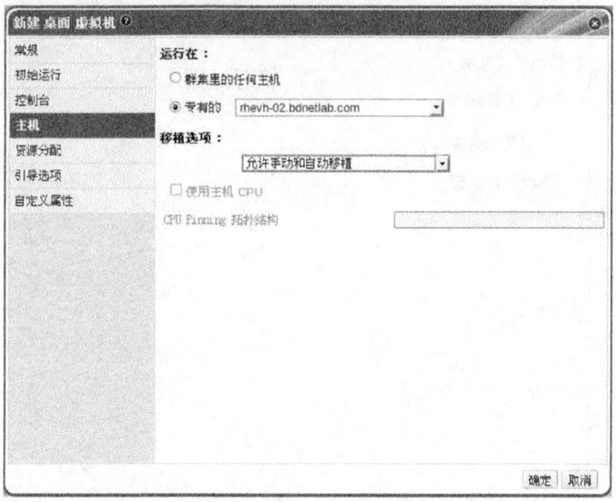

图 6-3-3　创建 Windows 虚拟机之三

第 4 步，设置虚拟机的引导选项，默认第一个设备为“硬盘”，第二个设备以及附加 CD 可以根据实际情况进行配置，如图 6-3-4 所示，设置完成后单击“确定”

按钮。

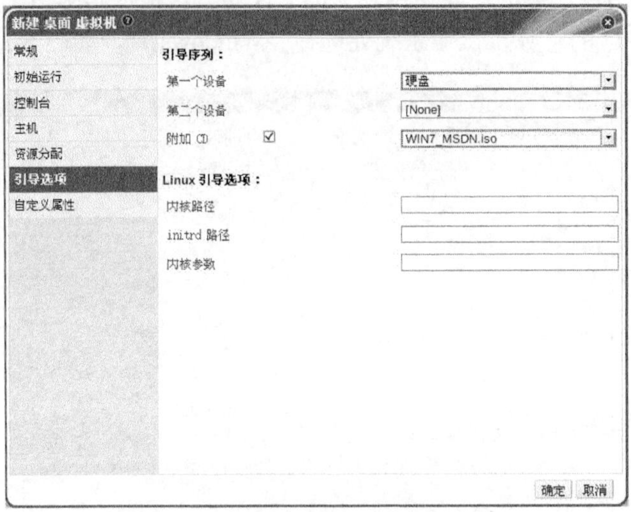

图 6-3-4　创建 Windows 虚拟机之四

第 5 步，系统提示“已创建虚拟机”，说明虚拟机的基本信息已经创建完成，接下来还需要“配置网络接口”以及“配置虚拟硬盘”，如图 6-3-5 所示，单击“配置网络接口”按钮。

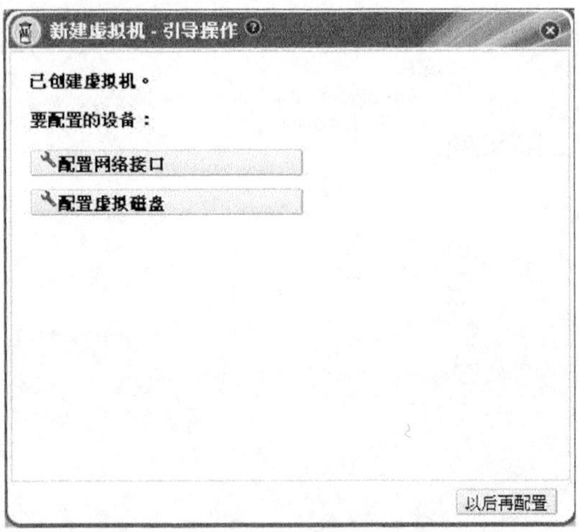

图 6-3-5　创建 Windows 虚拟机之五

第 6 步，系统打开“新建网络接口”对话框，使用默认设置即可，如图 6-3-6 所示，单击“确定”按钮。

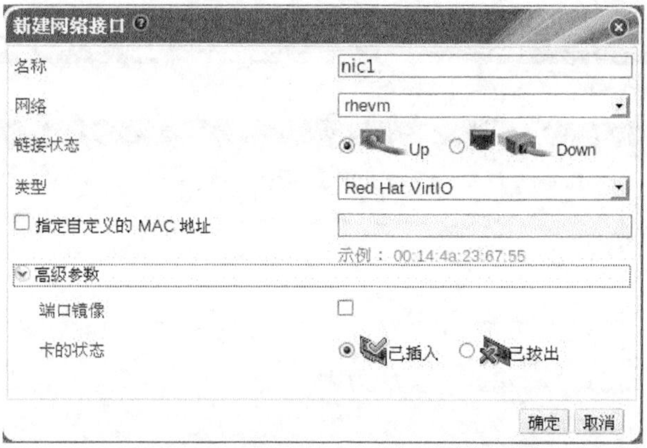

图 6-3-6　创建 Windows 虚拟机之六

第 7 步，弹出“新建虚拟磁盘”对话框，设置虚拟机使用的虚拟磁盘大小为 40GB，系统自动设置别名为“WINDOWS_7_Disk1”，接口为默认的“VirtIO”，分配策略为“Thin Provision”（精简盘模式），如图 6-3-7 所示，单击“确定”按钮。

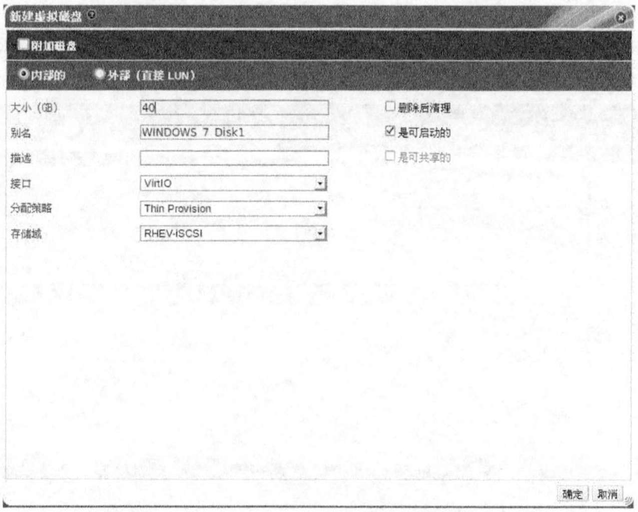

图 6-3-7　创建 Windows 虚拟机之七

第 8 步，回到“虚拟机”标签，可以看到已创建好的虚拟机“WINDOWS_7”，如图 6-3-8 所示。

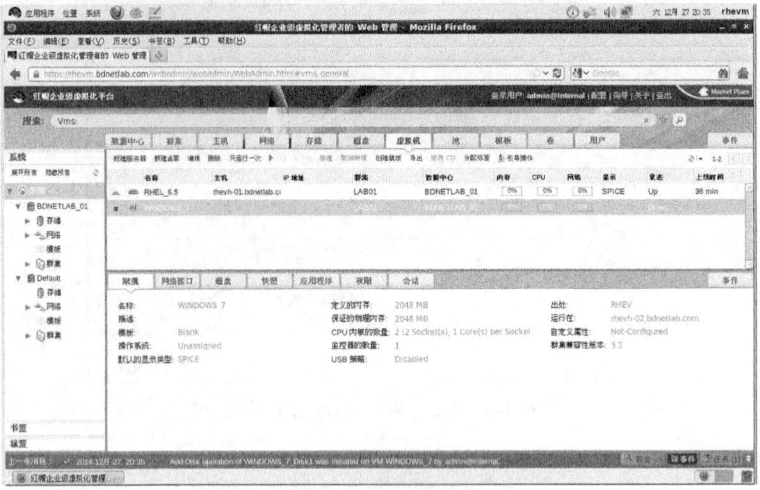

图 6-3-8　创建 Windows 虚拟机之八

第 9 步，在“虚拟机”标签处单击“运行一次”开始为虚拟机安装 Windows 7 系统，如图 6-3-9 所示。

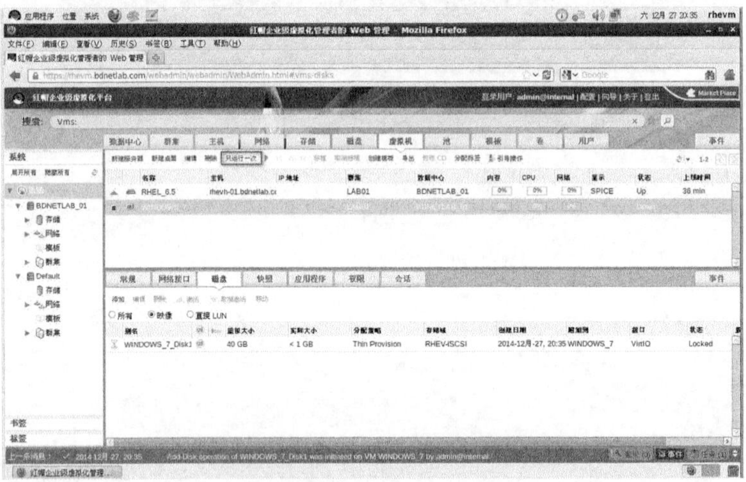

图 6-3-9　创建 Windows 虚拟机之九

第 10 步，勾选“附件软盘”，选择“virtio-win-1.6.4_x86.vfd”文件，此文件用于加载安装 Windows 系统所需驱动。

勾选“附加 CD”，选择上传好的 ISO 镜像，在引导序列处将 CD-ROM 调整为第一引导，如图 6-3-10 所示，单击“确定”按钮。

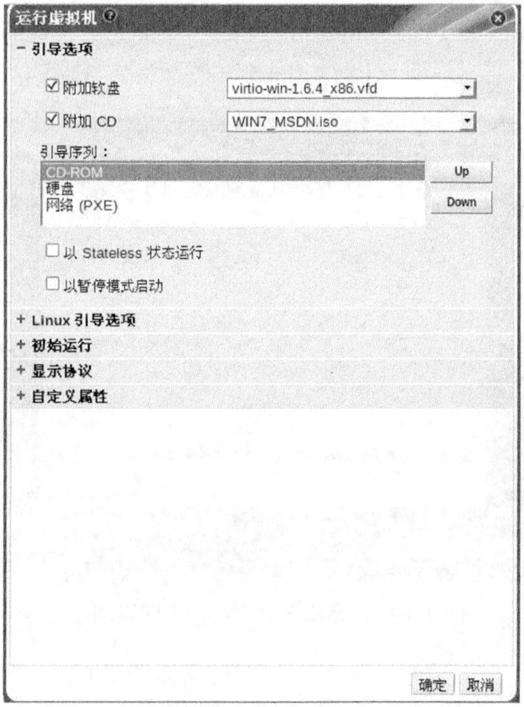

图 6-3-10　创建 Windows 虚拟机之十

第 11 步，系统自动弹出虚拟机运行窗口，使用默认的 SPICE 协议的远程访问，按【Shift+F12】组合键可以退出操作，通过图 6-3-11 可以看到，虚拟机已经进入安装界面，单击“下一步（N）”按钮开始安装，整个安装过程与物理服务器安装相同。

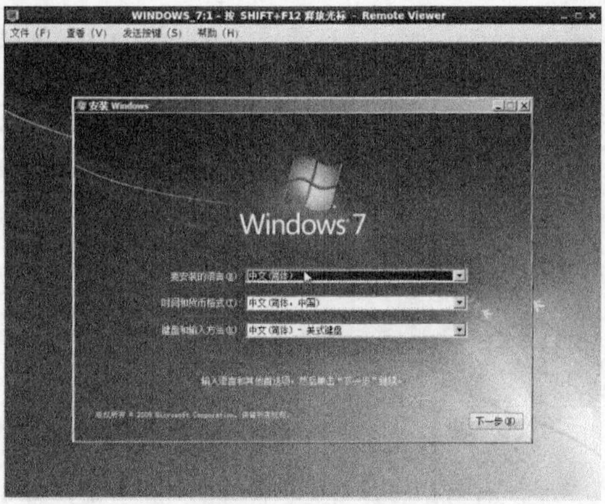

图 6-3-11　创建 Windows 虚拟机之十一

第 12 步，此时由于未加载 Windows 所需驱动程序，所以虚拟机找不到硬盘，单击“加载驱动程序（L）”按钮，如图 6-3-12 所示。

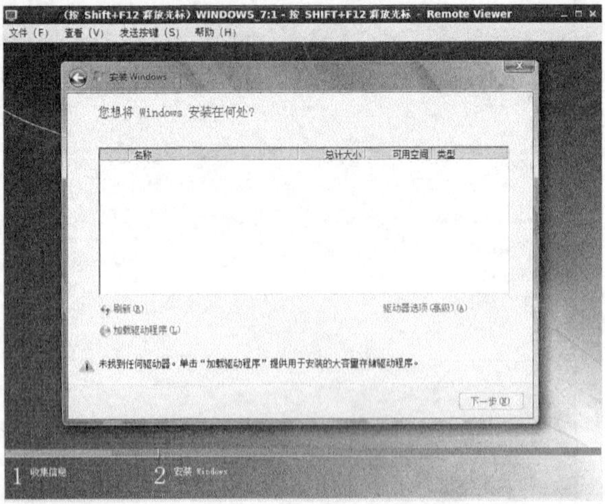

图 6-3-12 创建 Windows 虚拟机之十二

第 13 步，系统提示加载驱动程序，可能访问软盘、CD、DVD 或 USB 闪存驱动器，如图 6-3-13 所示，虚拟机在开机过程中加载了 vfd 文件，从软盘加载，单击“确定”按钮。

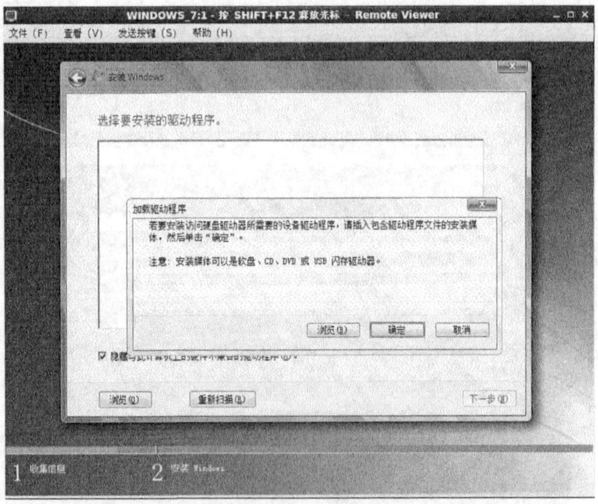

图 6-3-13 创建 Windows 虚拟机之十三

第 14 步，vfd 文件包括很多的 Windows 驱动文件，此处选择 SCSI 驱动 Red Hat VirtIO SCSI controller（A:\i386\Win7\viostor.inf），特别注意 Windows 版本，如图 6-3-14

所示。

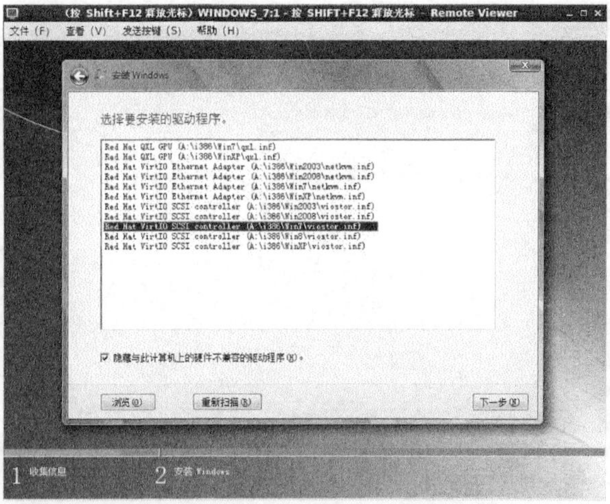

图 6-3-14　创建 Windows 虚拟机之十四

第 15 步，加载完 SCSI 驱动后，即可看到创建好的 40GB 虚拟硬盘，如图 6-3-15 所示，单击“下一步”按钮。

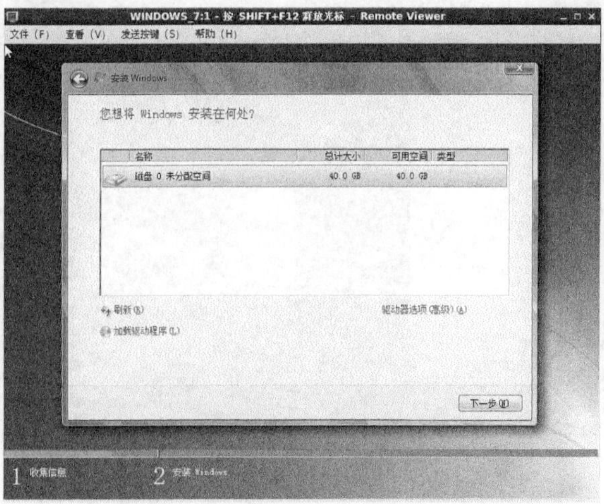

图 6-3-15　创建 Windows 虚拟机之十五

第 16 步，系统开始安装 Windows 7 系统，如图 6-3-16 所示。

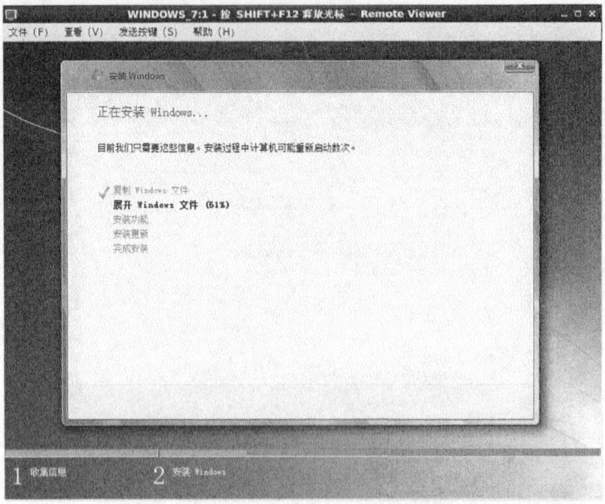

图 6-3-16 创建 Windows 虚拟机之十六

第 17 步，等待一段时间后，Windows 7 系统即可完成安装，如图 6-3-17 所示。

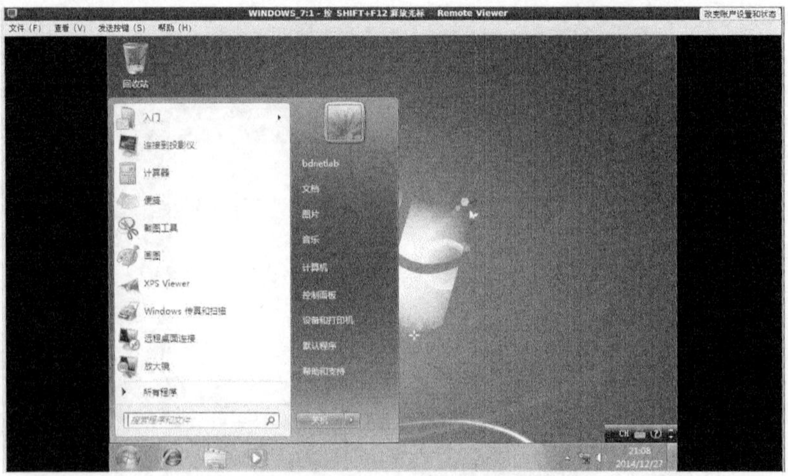

图 6-3-17 创建 Windows 虚拟机之十七

第 18 步，登录 RHEV-M 管理平台，在“虚拟机”标签处单击安装好的虚拟机，可以看到虚拟机的相关信息，如图 6-3-18 所示。

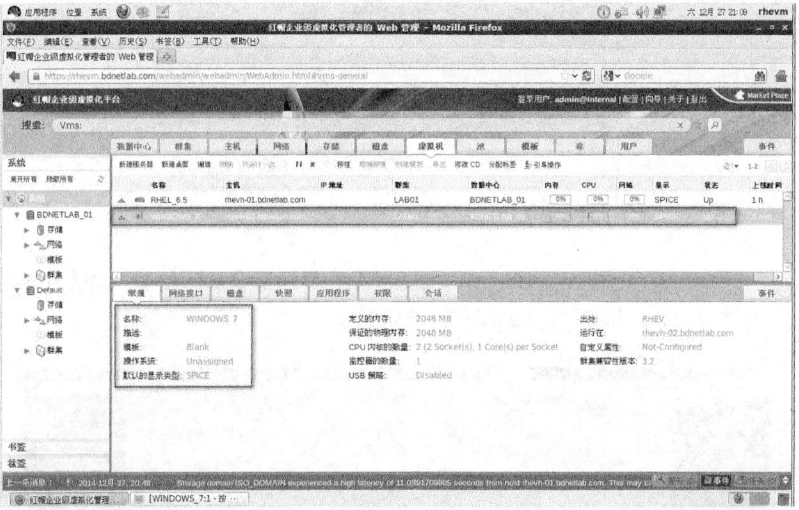

图 6-3-18　创建 Windows 虚拟机之十八

第 19 步，与 Linux 虚拟机不同的是，Windows 虚拟机操作系统安装完成后还需要安装 RHEV-toolsSetup 工具包，以便让虚拟硬件更兼容 Windows 系统，选择安装好的 WINDOWS_7 虚拟机，单击“修改 CD”，如图 6-3-19 所示。

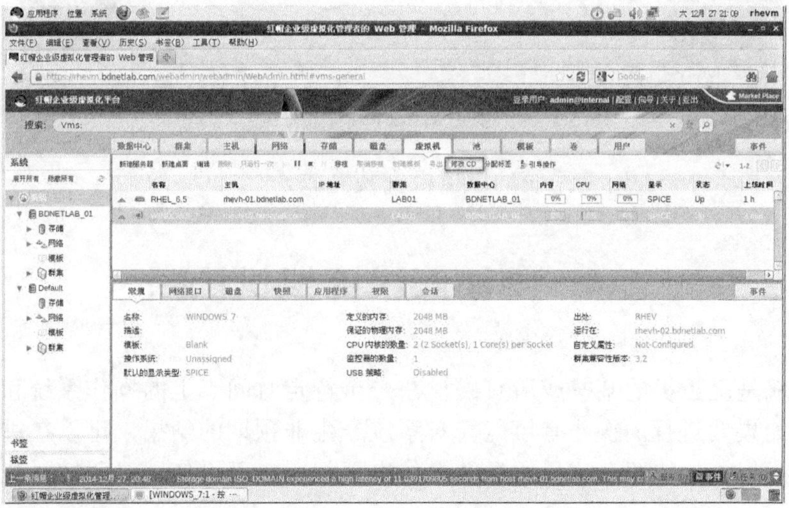

图 6-3-19　创建 Windows 虚拟机之十九

第 20 步，系统弹出“修改 CD”对话框，加载 RHEV-toolsSetup_3.2_8.iso 文件，如图 6-3-20 所示，单击“确定”按钮。

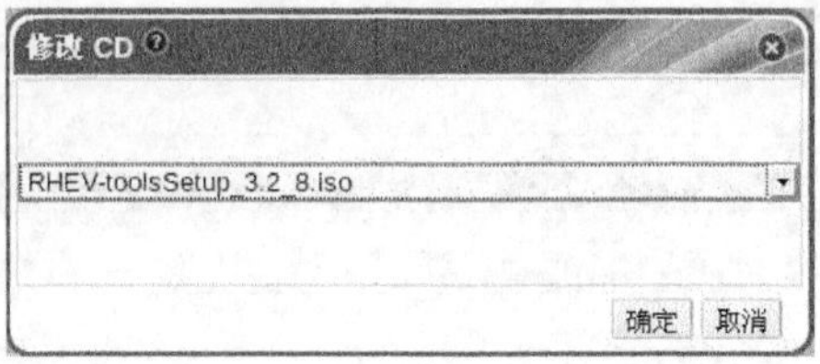

图 6-3-20 创建 Windows 虚拟机之二十

第 21 步，双击运行 RHEV-toolsSetup 程序，如图 6-3-21 所示。该程序是一个标准的 Windows 安装程序，根据提示即可完成安装。

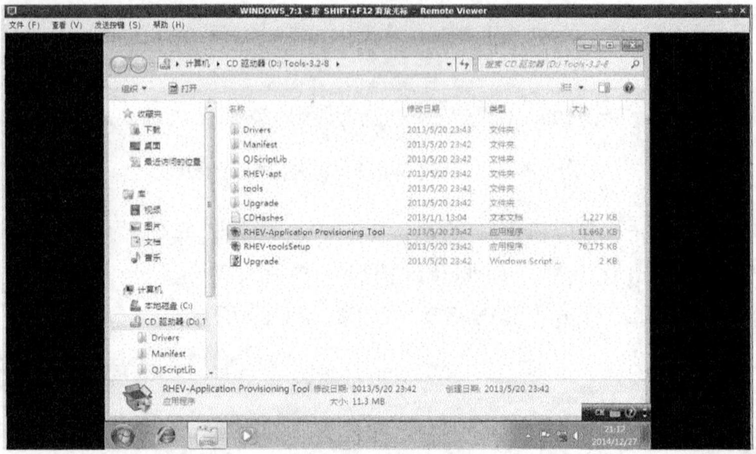

图 6-3-21 创建 Windows 虚拟机之二十一

至此，基于 Windows 7 系统的虚拟机安装完成。

6.4 创建使用虚拟机快照

快照就是虚拟机的某些或所有磁盘在一个特定时间点上的操作系统和应用程序的记录。如果要进行的操作有可能会对系统产生非预期的结果，可以在进行该操作前创建该虚拟机的快照。如果所做的操作出现问题，可以使用快照把系统恢复到以前的状态。

需要注意的是，在生产环境中对虚拟机进行的操作存在不确定性，操作出现问题时，可以使用快照快速恢复，可以创建多个快照，但不能将快照作为日常备份的工具。

6.4.1　创建虚拟机快照的问题

根据从红帽官方获取的信息，虚拟机所在的数据中心的兼容版本为 3.1 或更高时，可以在虚拟机运行时对它创建快照。如果数据中心的兼容版本为 3.0 或更低版本，则需要关闭虚拟机后才可以为它创建快照。

但在实际的使用过程中，如果虚拟机在开机状态下创建快照，可能造成快照时间很长或虚拟机崩溃的情况，这个应该是系统的 bug。如果在虚拟机开机状态下，快照创建不成功或时间过长还未完成，建议在关机状态下对虚拟机创建快照。

6.4.2　创建虚拟机快照

在 RHEV 虚拟化架构，创建基于 Linux 和 Windows 的虚拟机快照的方式基本相同，本节实战以 RHEL_6.5 系统为例创建快照。

第 1 步，使用 admin 登录 RHEV-M 管理平台，在“虚拟机”标签中选择需要创建快照的虚拟机，在虚拟机的工具栏处选择“快照”，单击“创建”，如图 6-4-1 所示。

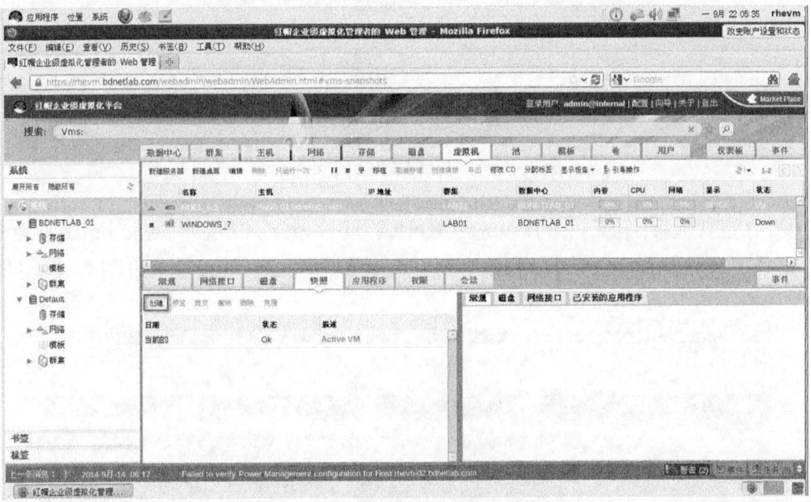

图 6-4-1　创建虚拟机快照之一

第 2 步，系统打开创建快照窗口，输入快照的描述信息“rhel6.5-test”，如图 6-4-2 所示，单击“确定”按钮。

第 3 步，系统开始对 RHEL_6.5 虚拟机创建快照，状态为 Locked，如图 6-4-3 所示。需要注意的是，此处的快照操作是在虚拟机开机状态下进行的，如果快照创建不成功或时间过长还未完成，建议在关机状态下进行。

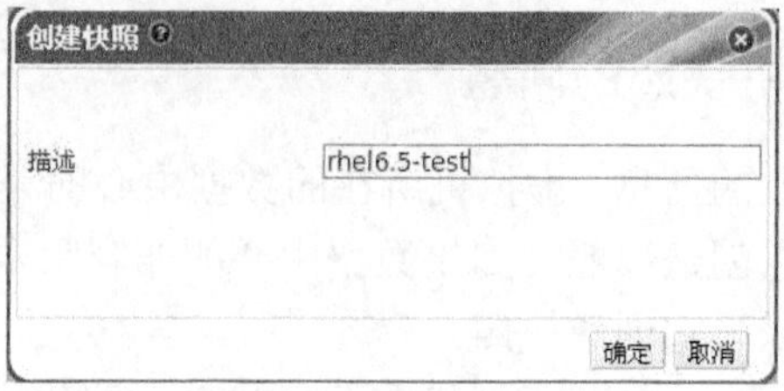

图 6-4-2　创建虚拟机快照之二

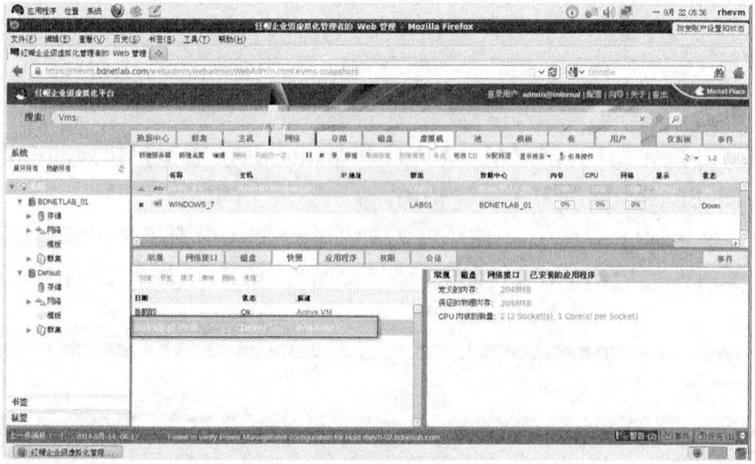

图 6-4-3　创建虚拟机快照之三

第 4 步，虚拟机制作快照的时间与 RHEV-H 主机的性能和运行的应用程序有较大的关系，等待一段时间后即可完成快照制作，状态变为“Ok”，如图 6-4-4 所示。

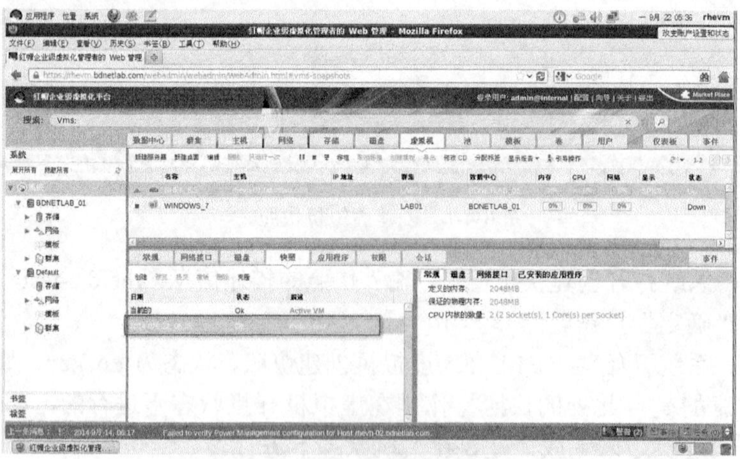

图 6-4-4　创建虚拟机快照之四

至此，RHEL_6.5 虚拟机快照创建完成。

6.4.3　使用虚拟机快照

RHEL_6.5 虚拟机快照创建完成后，需要对虚拟机进行一些修改，再恢复到快照前的状态。

第 1 步，使用 root 登录 RHEL_6.5 系统，使用命令“mkdir”在/tmp 目录下创建名为“rhel-test”的目录，如图 6-4-5 所示。

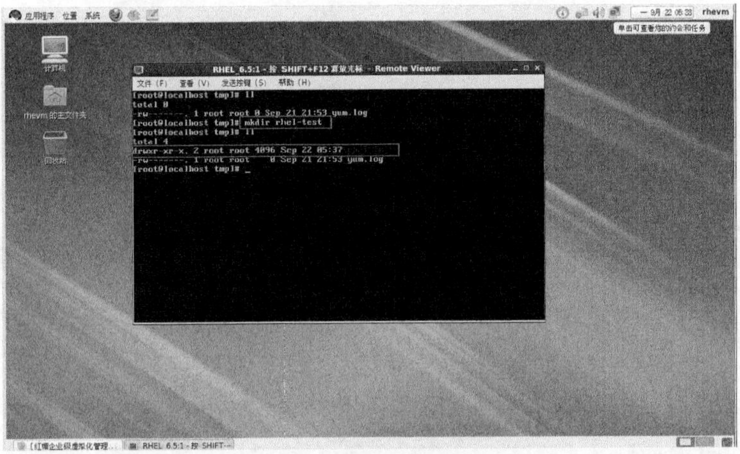

图 6-4-5　使用虚拟机快照之一

第 2 步，关闭 RHEL_6.5 虚拟机电源，在虚拟机的工具栏处选择“快照”标签，单击“预览”按钮，如图 6-4-6 所示。

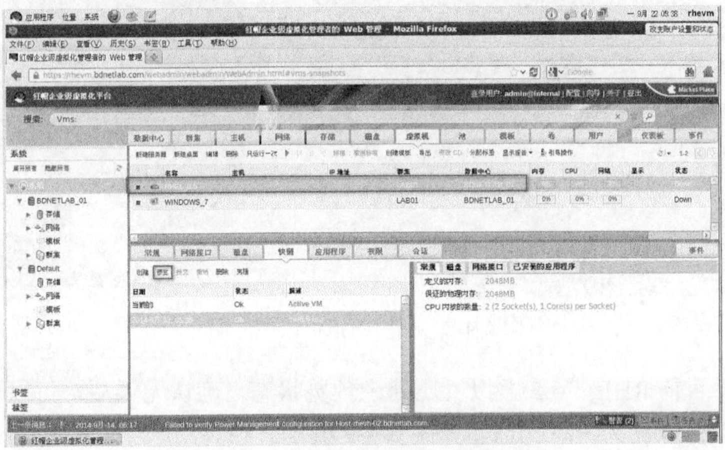

图 6-4-6　使用虚拟机快照之二

第 3 步，打开 RHEL_6.5 虚拟机电源，快照处于“In Preview”（预览模式）状态，如图 6-4-7 所示，单击“控制台”图标。

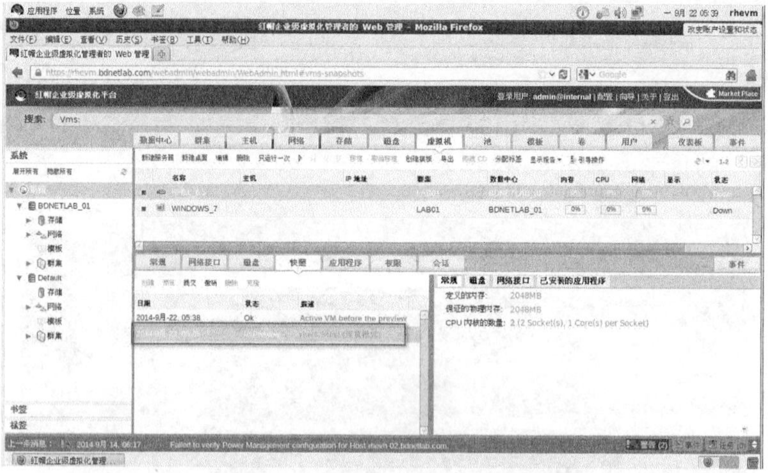

图 6-4-7　使用虚拟机快照之三

第 4 步，打开 RHEL_6.5 虚拟机控制台，进入/tmp 目录，输入命令“ll”，通过图 6-4-8 可以看到，该目录下并没有创建的 rhel-test 目录，说明目录处于快照状态。

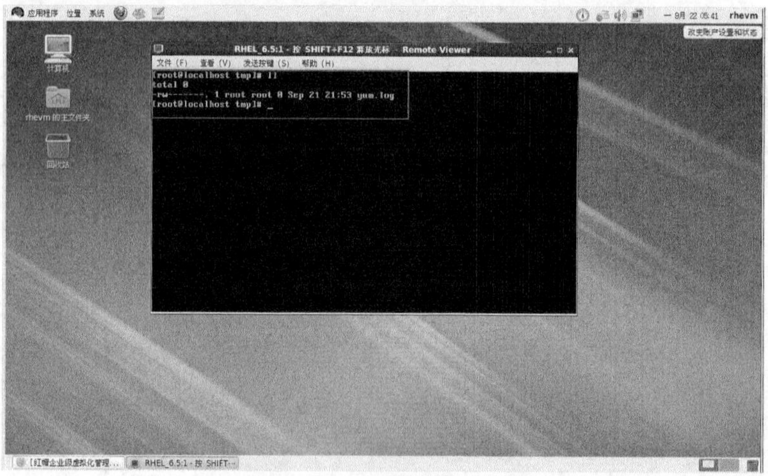

图 6-4-8　使用虚拟机快照之四

第 5 步，目前 RHEL_6.5 虚拟机还处于预览状态，确认无误后，可以单击“提交”按钮，将虚拟机恢复到快照状态。如图 6-4-9 所示。

至此，RHEL_6.5 虚拟机恢复到创建目录前的状态，如果确认该快照有问题，还可以使用“撤销”按钮，恢复到创建目录的状态。

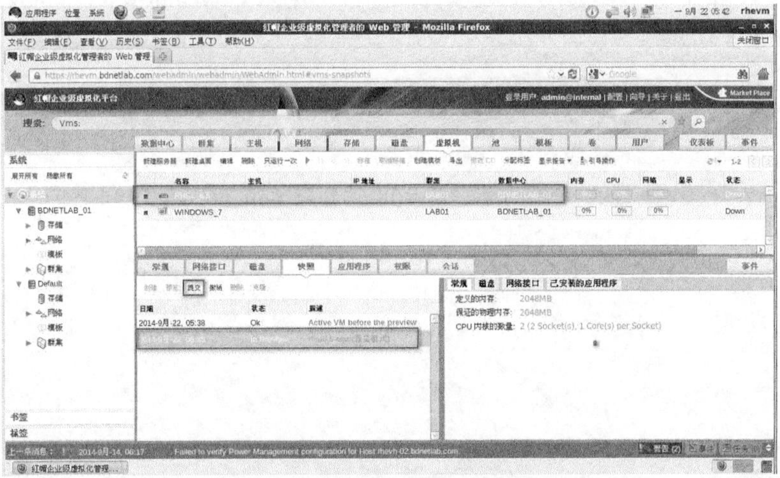

图 6-4-9　使用虚拟机快照之五

6.5　创建使用虚拟机模板

模板就是一个被预先配置好的虚拟机的备份，它可以用来简化重复创建相似虚拟机的过程。模板包括原始虚拟机上安装的软件及其配置和硬件信息。当通过虚拟机创建一个模板时，该虚拟机的磁盘作为一个只读的备份。这个只读的磁盘备份被作为新模板的基本磁盘映像，并可以用来创建其他虚拟机。当有基于该模板创建的虚拟机存在环境中时，该模板不能删除。从一个模板创建出的虚拟机会使用和原始虚拟机相同的网卡类型和驱动，但会使用不同的 MAC 地址。

完整安装虚拟机是相当花时间的，在生产环境中，一般创建常用操作系统的模板，以提高部署效率。在 RHEV 虚拟化架构中，基于 Windows 和 Linux 的模板创建是不一样的，其实质就是操作系统的重新封装。

本节的实战操作将创建 Windows 以及 Linux 虚拟机的模板。

6.5.1　创建 Windows 虚拟机模板

对于 Windows 操作系统，需要重新封装安全标识符（security identifiers，SID）。SID 是 Windows 操作系统标识用户、组和计算机账户的唯一号码。在第一次使用虚拟机时会创建 SID。如果虚拟机没有重新封装，那么通过模板创建的虚拟机会产生相同的 SID，相同 SID 的虚拟机可能产生很多安全方面的问题。为避免这些问题，创建

Windows 虚拟机模板时需要重新封装，Windows 系统自带此类工具。

第 1 步，打开 WINDOWS_7 虚拟机控制台，进入 C:\Windows\Sytem32\sysprep 目录，如图 6-5-1 所示。

图 6-5-1　创建 Windows 虚拟机模板之一

第 2 步，运行 sysprep 程序即可重新封装系统，选择“进入系统全新体验（OOBE）”，勾选“通用”，在关机选项处选择“关机”，如图 6-5-2 所示，单击“确定”按钮。

需要特别注意，在关机选项处必须选择“关机”，因为只有在关机状态下制作模板，才能重新封装虚拟机。

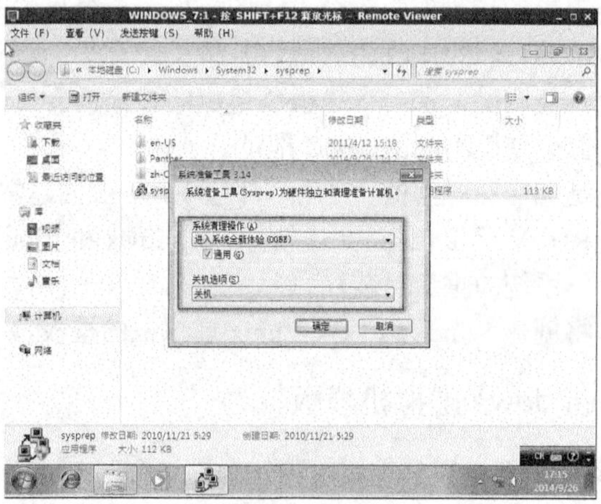

图 6-5-2　创建 Windows 虚拟机模板之二

第 3 步，系统开始重新封装，如图 6-5-3 所示，重新封装完成后会关机虚拟机电源。

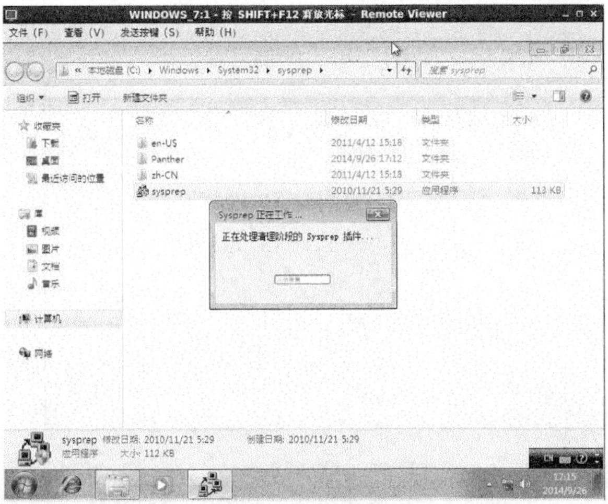

图 6-5-3 创建 Windows 虚拟机模板之三

第 4 步，WINDOWS_7 虚拟机完成重新封装，电源已关闭，选择要创建模板的虚拟机，单击“创建模板”按钮，如图 6-5-4 所示。

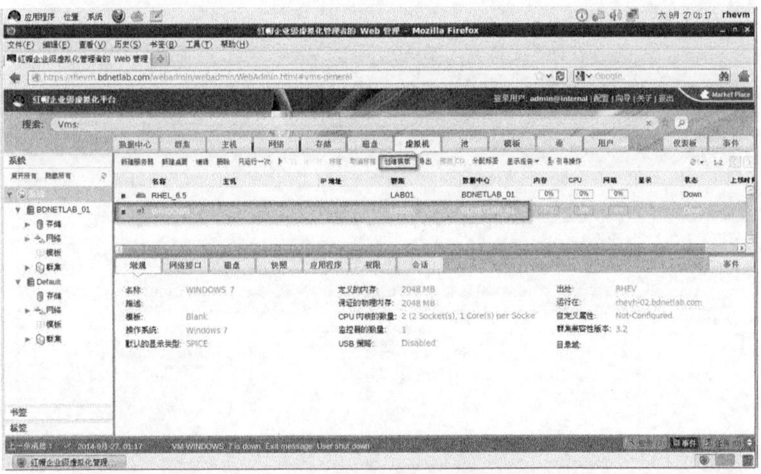

图 6-5-4 创建 Windows 虚拟机模板之四

第 5 步，打开“新建模板”窗口，输入创建模板的名称“WIN7_Template”，如图 6-5-5 所示，单击“确定”按钮。

图 6-5-5　创建 Windows 虚拟机模板之五

第 6 步，系统开始创建 WIN7_Template 模板，虚拟机处于“Image Locked”状态，如图 6-5-6 所示。

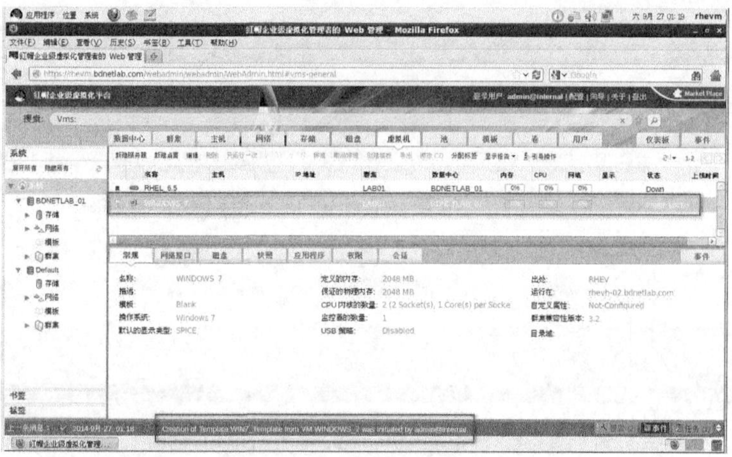

图 6-5-6　创建 Windows 虚拟机模板之六

第 7 步，选择“模板”标签，可以看到正在创建“WIN7_Template”模板，如图 6-5-7 所示。

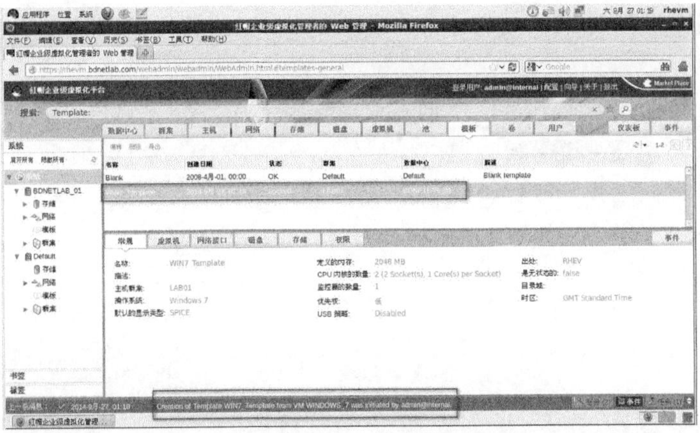

图 6-5-7 创建 Windows 虚拟机模板之七

第 8 步，当状态变为“OK”时，说明模板创建成功，已经可以使用，如图 6-5-8 所示。

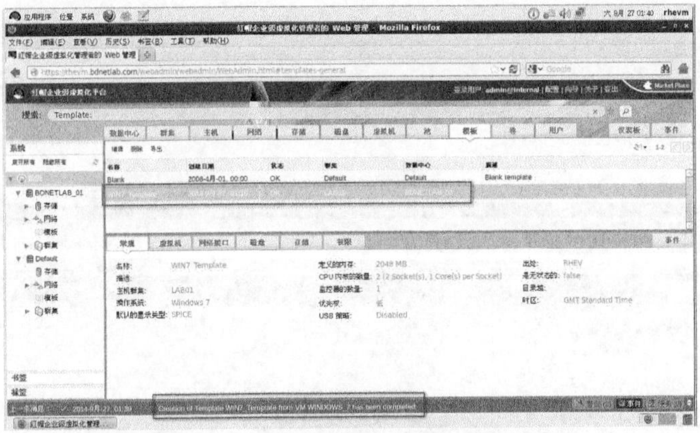

图 6-5-8 创建 Windows 虚拟机模板之八

至此，经过重新封装的 Windows 虚拟机模板创建完成，因为进行了重新封装，所以不会存在相同 SID 的问题。

6.5.2 使用 Windows 虚拟机模板创建虚拟机

完成 Windows 虚拟机模板创建后，可以使用模板来创建 Windows 虚拟机，创建过程与新建虚拟机基本一致。

第 1 步，打开“新建桌面虚拟机”窗口，输入需要通过模板创建的虚拟机名称“WINDOWS7-TEST”，选择基于模板“WIN7_Template”，通过图 6-5-9 可以看到，系统自动调用模板所使用的内存大小、虚拟 CPU 的总数以及其他参数，单击“确定”按钮。

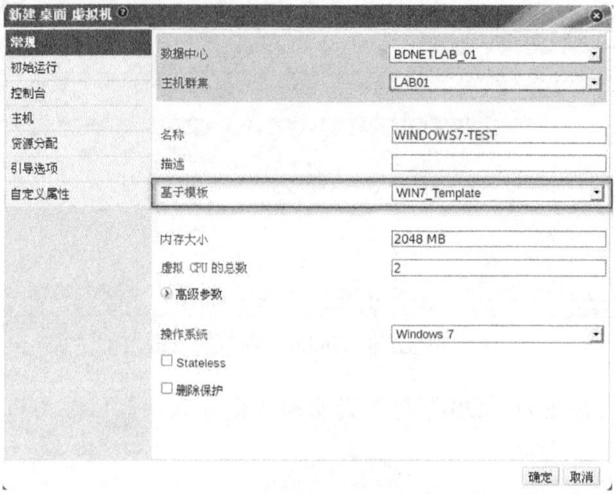

图 6-5-9　使用 Windows 虚拟机模板创建虚拟机之一

第 2 步，在“虚拟机”标签可以看到通过模板创建的 WINDOWS7-TEST 虚拟机完成，如图 6-5-10 所示。

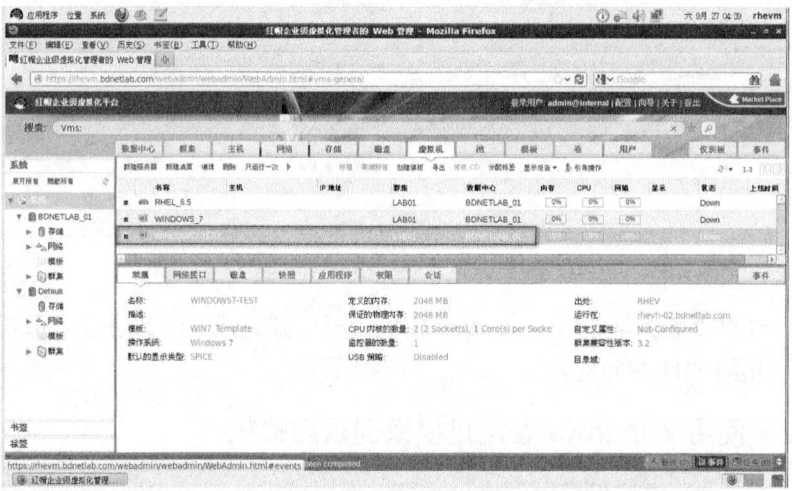

图 6-5-10　使用 Windows 虚拟机模板创建虚拟机之二

第 3 步，打开 WINDOWS7-TEST 虚拟机电源，通过图 6-5-11 可以看到，系统正在初始化运行。

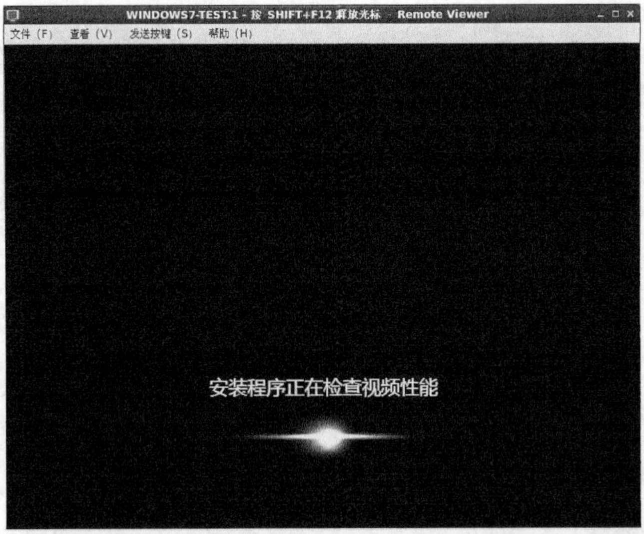

图 6-5-11　使用 Windows 虚拟机模板创建虚拟机之三

第 4 步，进入系统初始化配置界面，说明通过模板创建的 WINDOWS7-TEST 虚拟机重新生成了 SID，如图 6-5-12 所示，单击“下一步（N）”按钮。

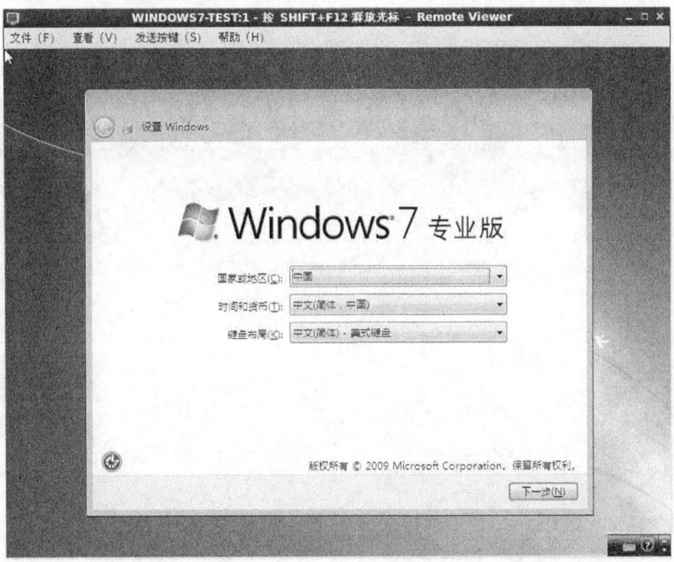

图 6-5-12　使用 Windows 虚拟机模板创建虚拟机之四

第 5 步，重新配置 WINDOWS7-TEST 虚拟机用户名，根据实际情况输入即可，此处输入 test，如图 6-5-13 所示，单击“下一步（N）”按钮。

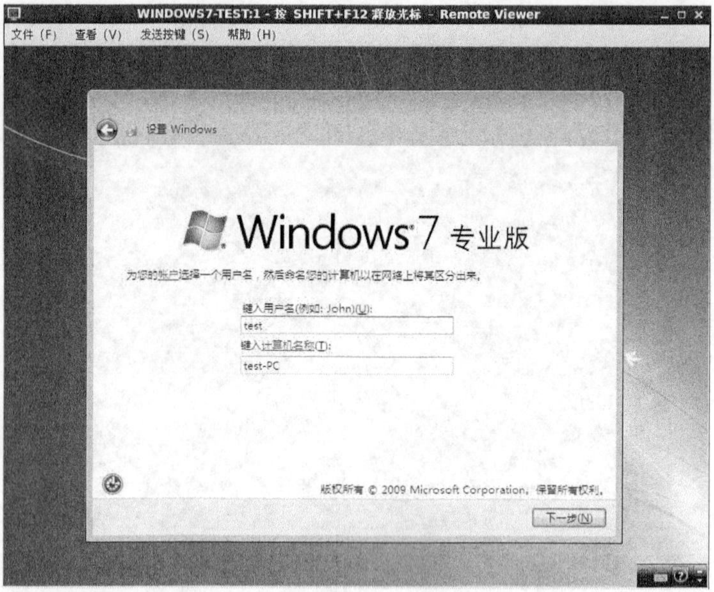

图 6-5-13　使用 Windows 虚拟机模板创建虚拟机之五

第 6 步，重新设置账户密码，如图 6-5-14 所示，设置完成后单击“下一步（N）”按钮。

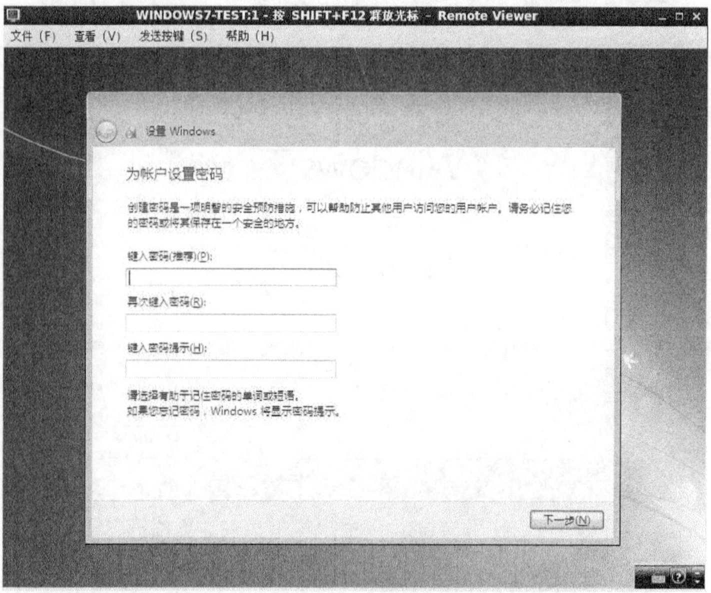

图 6-5-14　使用 Windows 虚拟机模板创建虚拟机之六

第 7 步，重新接受 MICROSOFT 软件许可条款，勾选“我接受许可条款（A）”，如图 6-5-15 所示，单击“下一步（N）”按钮。

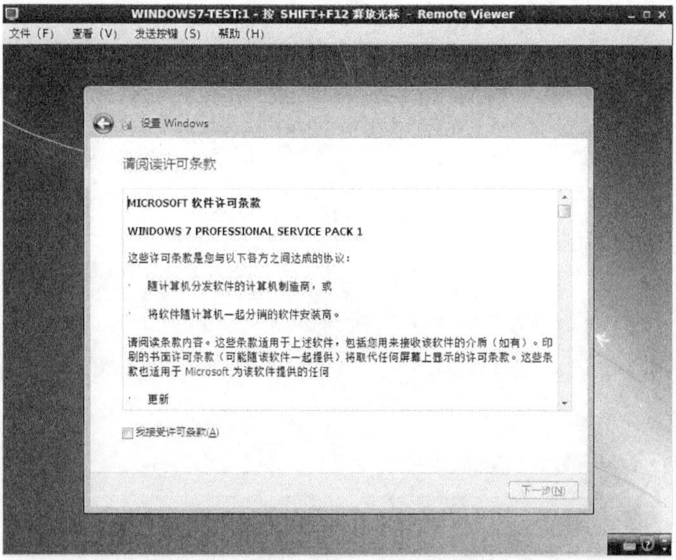

图 6-5-15　使用 Windows 虚拟机模板创建虚拟机之七

第 8 步，重新设置 Windows 更新的安装，如图 6-5-16 所示，单击“下一步（N）”按钮。

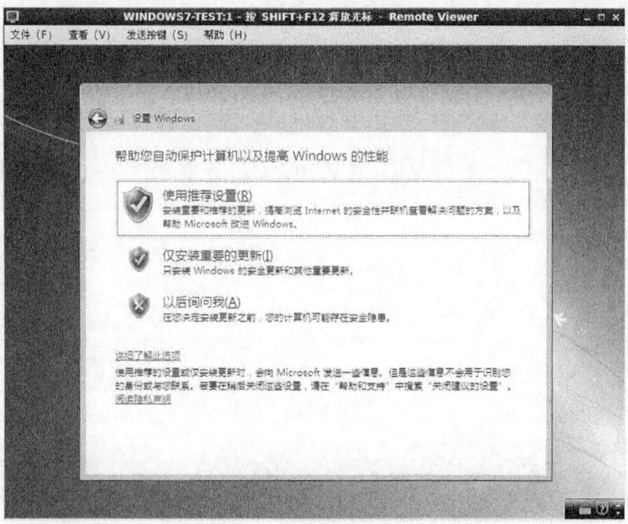

图 6-5-16　使用 Windows 虚拟机模板创建虚拟机之八

第 9 步，重新配置 Windows 系统时间，如图 6-5-17 所示，单击“下一步（N）”按钮。

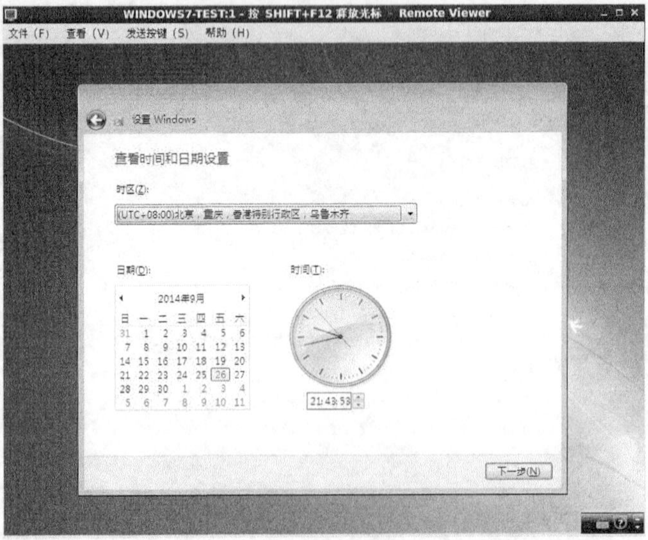

图 6-5-17　使用 Windows 虚拟机模板创建虚拟机之九

第 10 步，正在完成重新设置，如图 6-5-18 所示。

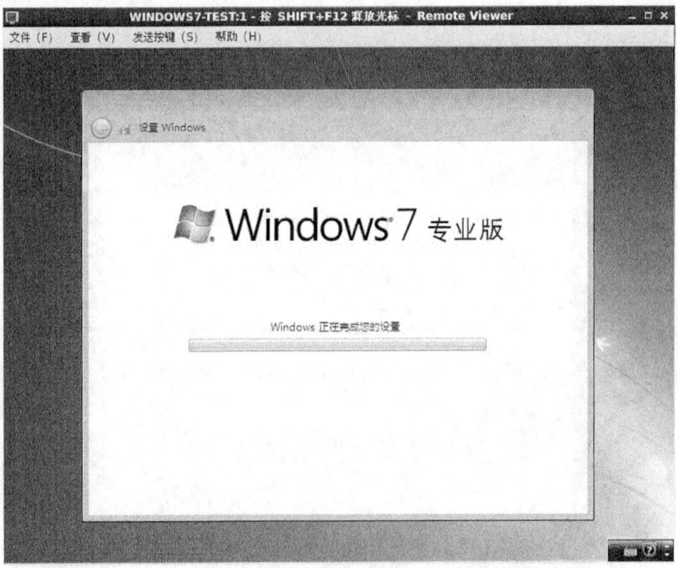

图 6-5-18　使用 Windows 虚拟机模板创建虚拟机之十

第 11 步，通过模板创建的 WINDOWS7-TEST 虚拟机完成，如图 6-5-19 所示，系统重新生成了 SID，可以正常使用。

图 6-5-19　使用 Windows 虚拟机模板创建虚拟机之十一

至此，使用 Windows 模板创建虚拟机完成。如果创建的虚拟机在启动过程中没有重新配置，直接进入 Windows 桌面，那么说明模板的重新封装没有成功，系统会产生相同的 SID，需要重新制作、封装模板以及重新创建虚拟机。

6.5.3　创建 Linux 虚拟机模板

Linux 虚拟机由于其本身的特殊性，重新封装的过程与 Windows 虚拟机不同，Linux 虚拟机存在的主要问题是 MAC 地址和 HOSTNAME 重复，重新封装实际就是删除相关的配置文件。

第 1 步，打开需要重新封装的 Linux 虚拟机 RHEL_6.5，使用 root 登录，输入命令“rm –rf /etc/udev/rules.d/*-persistent-*.rules”，删除网卡相关配置文件，如图 6-5-20 所示。

图 6-5-20　创建 Linux 虚拟机模板之一

第 2 步，输入命令“ll /etc/udev/rules.d”查看上述命令是否删除相关配置文件，如

图 6-5-21 所示。

图 6-5-21　创建 Linux 虚拟机模板之二

第 3 步，输入命令“vi /etc/sysconfig/network-scripts/ifcfg-eth0”编辑网卡配置文件，如图 6-5-22 所示。

图 6-5-22　创建 Linux 虚拟机模板之三

第 4 步，删除“HWADDR=00:1A:4A:5C:1E:5A”，这一行是虚拟机的 MAC 地址，删除后保存文件，如图 6-5-23 所示。

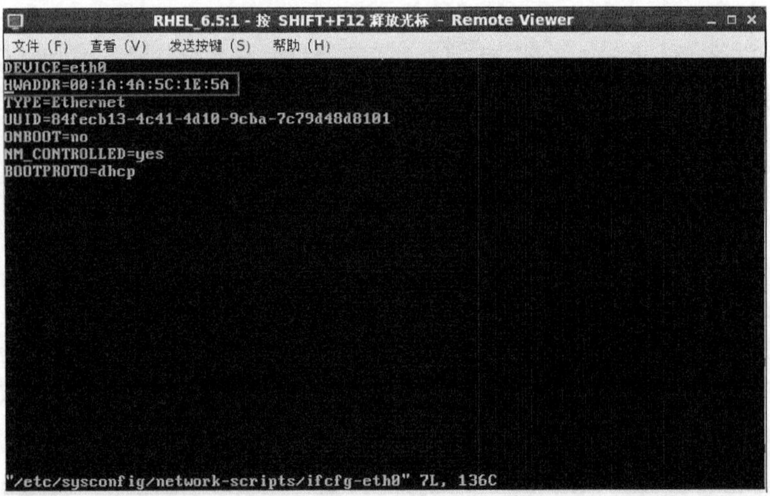

图 6-5-23　创建 Linux 虚拟机模板之四

第 5 步，输入命令“rm –rf /etc/ssh/moduli /etc/ssh/ssh_host”删除 ssh 相关文件，如图 6-5-24 所示。

图 6-5-24　创建 Linux 虚拟机模板之五

第 6 步，输入命令“ll /etc/etc/ssh”查看上述命令是否删除相关配置文件，如图 6-5-25 所示。

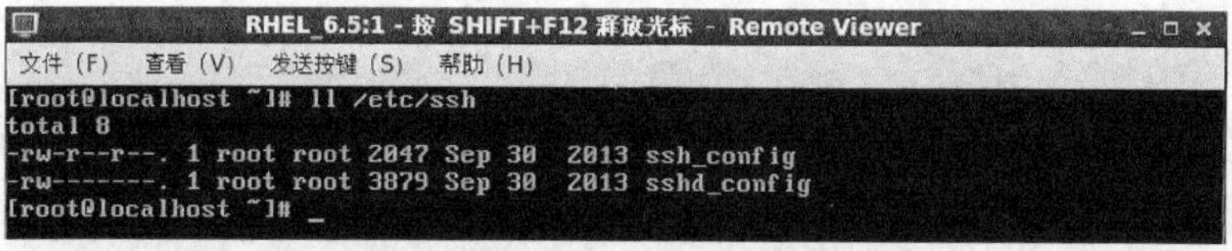

图 6-5-25　创建 Linux 虚拟机模板之六

第 7 步，输入命令“vi/etc/sysconfig/network”编辑虚拟机主机名，如图 6-5-26 所示。

图 6-5-26　创建 Linux 虚拟机模板之七

第 8 步，删除“HOSTNAME=localhost.localdomain”，这一行是虚拟机主机名，删除后保存文件，如图 6-5-27 所示。

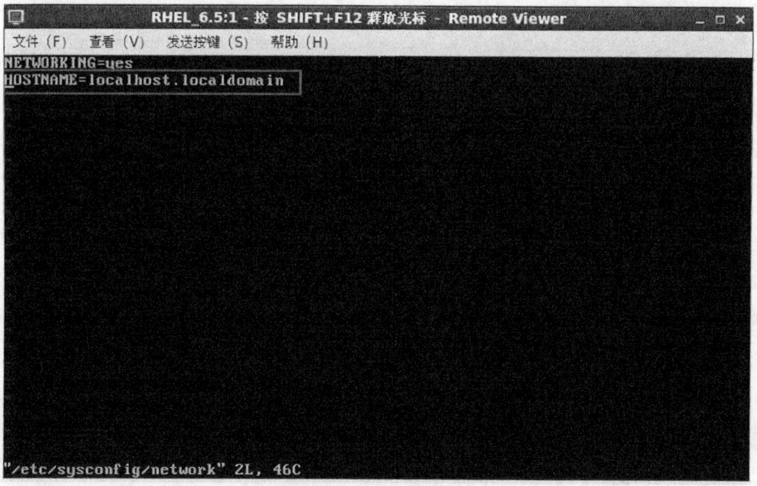

图 6-5-27　创建 Linux 虚拟机模板之八

第 9 步，配置文件删除完成，关闭虚拟机电源，如图 6-5-28 所示。

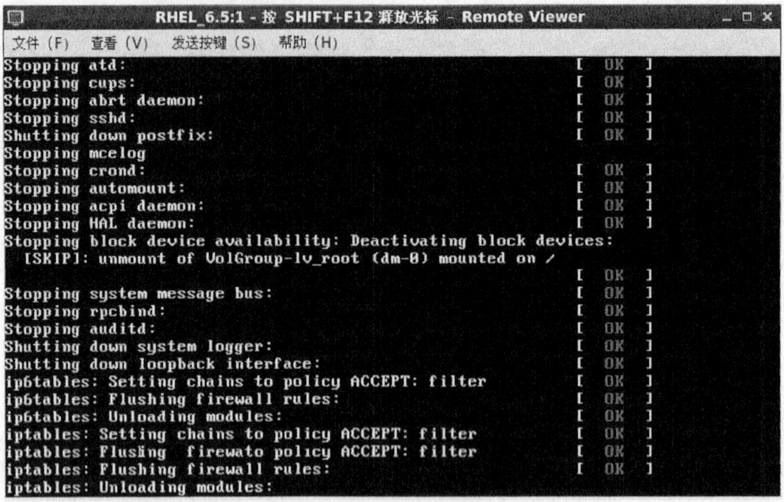

图 6-5-28 创建 Linux 虚拟机模板之九

第 10 步，RHEL_6.5 虚拟机完成重新封装，电源已关闭，选择要创建模板的“虚拟机”，单击“创建模板”按钮，如图 6-5-29 所示。

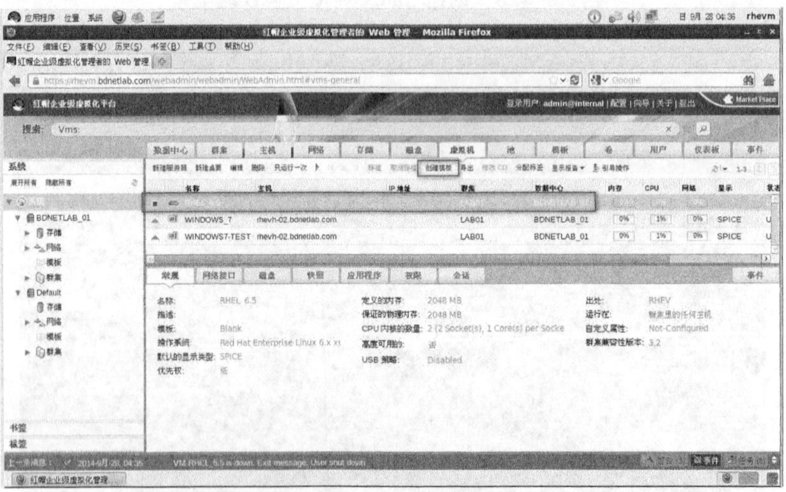

图 6-5-29 创建 Linux 虚拟机模板之十

第 11 步，打开“新建模板”窗口，输入创建模板的名称“RHEL_6.5_Template”，如图 6-5-30 所示，单击“确定”按钮。

图 6-5-30　创建 Linux 虚拟机模板之十一

第 12 步，系统开始创建 RHEL_6.5_Template 模板，虚拟机处于“Image Locked”状态，如图 6-5-31 所示。

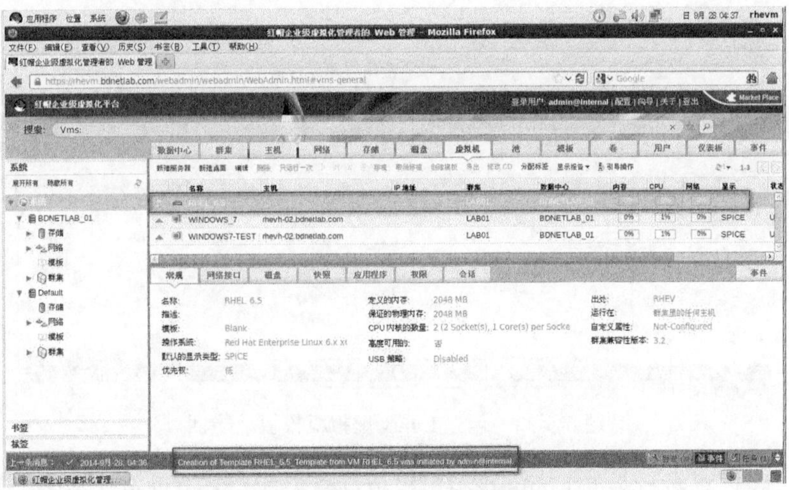

图 6-5-31　创建 Linux 虚拟机模板之十二

第 13 步，选择“模板”标签，可以看到正在创建“RHEL_6.5_Template”模板，如图 6-5-32 所示。

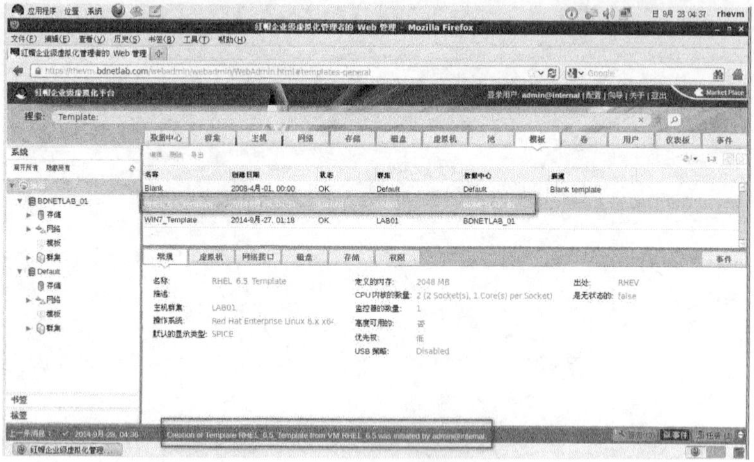

图 6-5-32　创建 Linux 虚拟机模板之十三

第 14 步，当状态变为“OK”时，说明模板创建成功，已经可以使用，如图 6-5-33 所示。

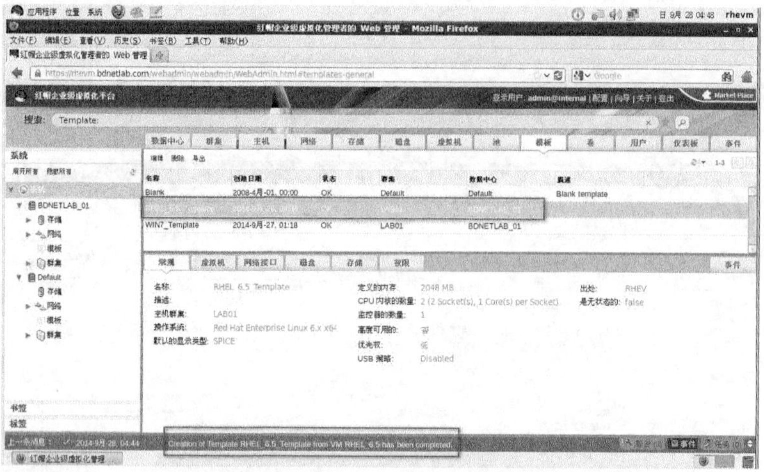

图 6-5-33　创建 Linux 虚拟机模板之十四

至此，经过重新封装的 Linux 虚拟机模板创建完成，因为重新封装了，所以 Linux 虚拟机在启动的时间会重新生成相关的配置文件，不会出现 MAC 地址和主机名重复的情况。

6.5.4　使用 Linux 虚拟机模板创建虚拟机

创建 Linux 虚拟机模板后，就可以使用模板来创建基于 Linux 的虚拟机，创建过程与新建虚拟机基本一致。

第 1 步，打开“新建服务器虚拟机”窗口，输入需要通过模板创建的虚拟机名称“RHEL_6.5-TEST”，选择基于模板“RHEL_6.5_Template”，通过图 6-5-34 可以看到，系统会自动调用模板所使用的内存大小、虚拟 CPU 的总数以及其他参数，单击“确定”按钮。

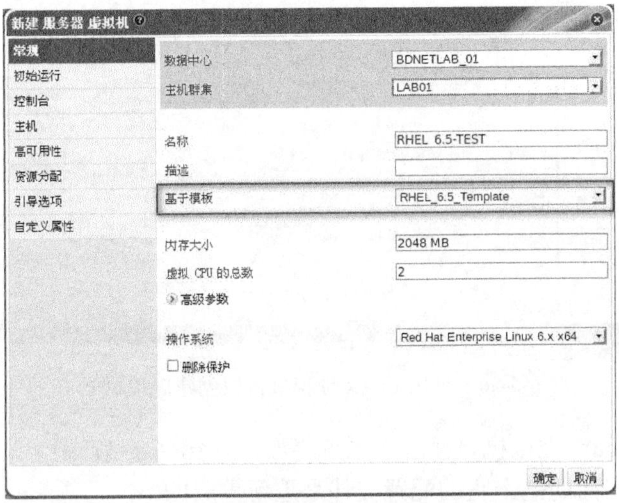

图 6-5-34 使用 Linux 虚拟机模板创建虚拟机之一

第 2 步，在“虚拟机”标签可以看到，通过模板完成 RHEL_6.5-TEST 虚拟机的创建，如图 6-5-35 所示。

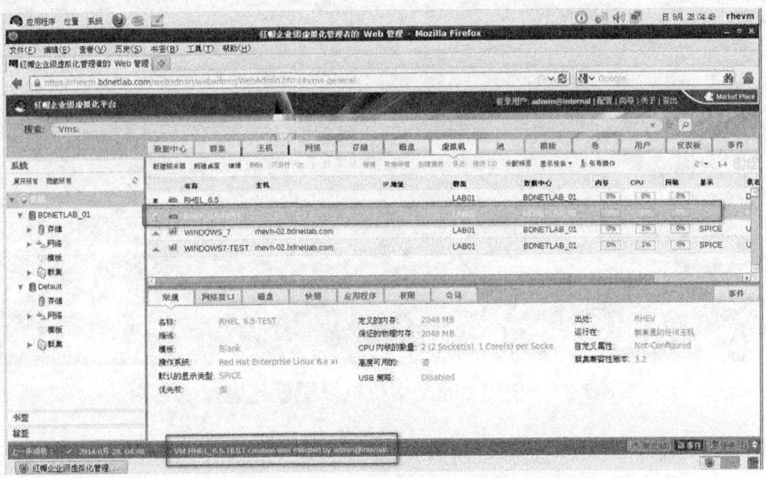

图 6-5-35 使用 Linux 虚拟机模板创建虚拟机之二

第 3 步，通过模板完成 RHEL_6.5-TEST 虚拟机的创建，如图 6-5-36 所示，打开虚拟机电源。

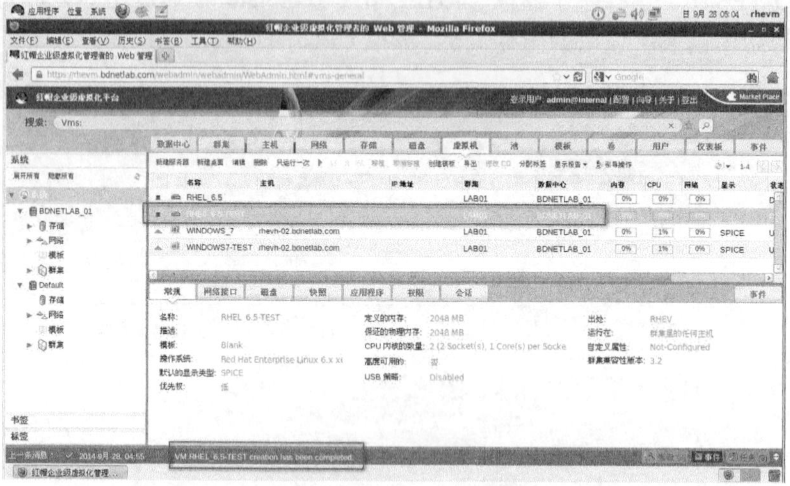

图 6-5-36　使用 Linux 虚拟机模板创建虚拟机之三

第 4 步，Linux 虚拟机直接进入系统界面，如图 6-5-37 所示。与通过模板创建 Windows 虚拟机不同的是，它的配置文件是重新重成的。

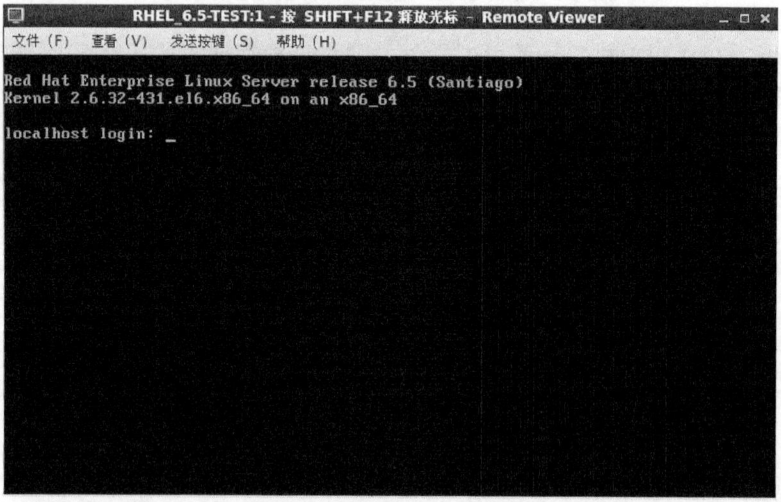

图 6-5-37　使用 Linux 虚拟机模板创建虚拟机之四

第 5 步，输入命令“vi /etc/sysconfig/network-scripts/ifcfg-eth0”查看 MAC 相关信息，如图 6-5-38 所示。

图 6-5-38　使用 Linux 虚拟机模板创建虚拟机之五

第 6 步，通过图 6-5-39 可以看到，通过模板创建的虚拟机并没有之前的 MAC 地址，由于网卡还未激活，所以还未生成新的 MAC 地址。

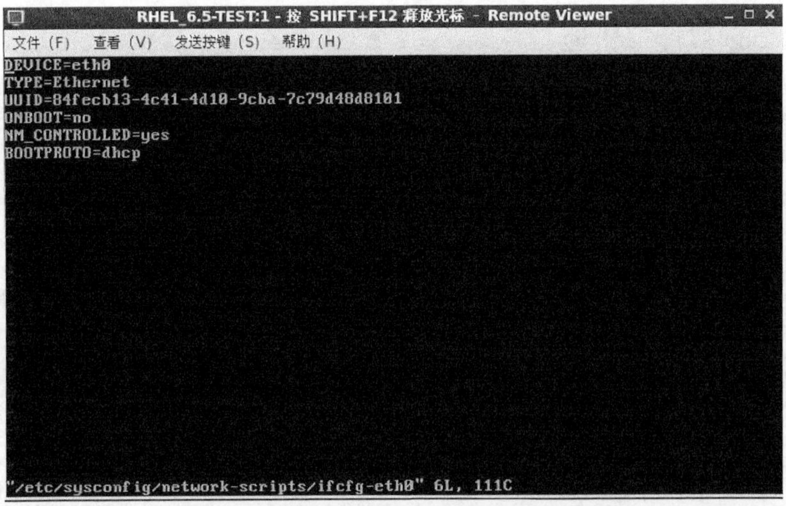

图 6-5-39　使用 Linux 虚拟机模板创建虚拟机之六

至此，使用 Linux 模板创建虚拟机完成。如果创建的虚拟机还使用之前的 MAC 地址或主机名，说明模板没有成功重新封装，需要重新制作、封装模板和重新创建虚拟机。

6.6　创建使用虚拟机池

RHEV 虚拟化架构提供虚拟机池的概念，所谓虚拟机池，就是一组通过同一个模板创建的虚拟机，这些虚拟机可以被指定组中的任何用户使用。

虚拟机池可以使管理员快速为用户配置一组虚拟机。用户通过从虚拟机池中“拿”一个虚拟机来访问虚拟机池。当用户从池中拿一个虚拟机时，虚拟机池会为用户提供一个可以使用的虚拟机。虚拟机池中所有虚拟机的配置都相同，但用户每次拿到的虚拟机可能并不是同一个虚拟机。根据虚拟机池的配置，用户也可以从这个池中拿多个虚拟机。虚拟机池中的虚拟机都是无状态的，这意味着在虚拟机上所做的任何改变在重新启动后都不会被保存。但是，如果用户为虚拟机配置了控制台选项，这些选项将会被设置为这个用户在虚拟机池中的默认设置。从理论上来讲，虚拟机池中的虚拟机只有在被用户拿到时才会被启动，当用户不再需要它时，虚拟机会被关机。但是，虚拟机池也可以提供预先启动后的虚拟机，这些虚拟机会一直处于空闲状态，直到有用户拿到这个虚拟机。该功能可以使用户马上使用他们所拿到的虚拟机，但这些处于空闲状态的虚拟机会消耗系统的资源。

6.6.1　创建虚拟机池

创建虚拟机池前必须确保已经创建好一个操作系统的模板，本节的实战操作将创建一个基于 Linux 系统的虚拟机池。

第 1 步，使用 admin 登录 RHEV-M 管理平台，在“池”标签单击“新建”，如图 6-6-1 所示。

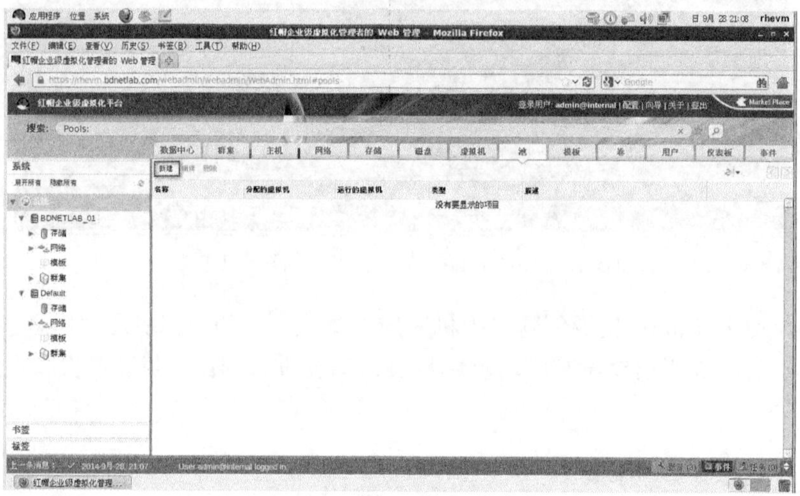

图 6-6-1　创建虚拟机池之一

第 2 步，打开“新建池”窗口，选择虚拟机池位于的数据中心以及主机群集，特别需要注意的是设置虚拟机池的名称，虚拟机池中的虚拟机的名称为“虚拟机池名+数字”，如图 6-6-2 所示，设置完成后单击“确定”按钮。

图 6-6-2 参数解释。

（1）虚拟机的数量：设置虚拟机池中创建的虚拟机数量。默认情况下，一个虚拟机池所能创建的最大虚拟机数量是 1000。

（2）预启动的：设置预启动的虚拟机，虚拟机被用户获取前就已经启动，并保持启动状态的虚拟机的数量，该项的值必须在 0 和虚拟机池中的总虚拟机数量之间。

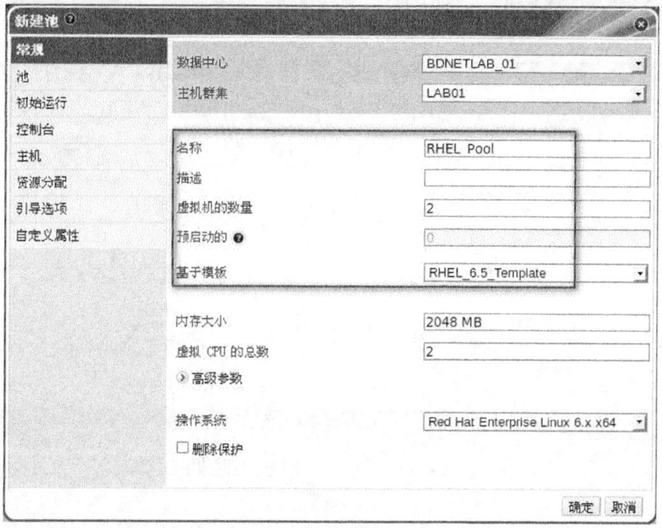

图 6-6-2　创建虚拟机池之二

第 3 步，名称为“RHEL_Pool”的虚拟机池创建完成，池中有 2 台虚拟机，如图 6-6-3 所示。

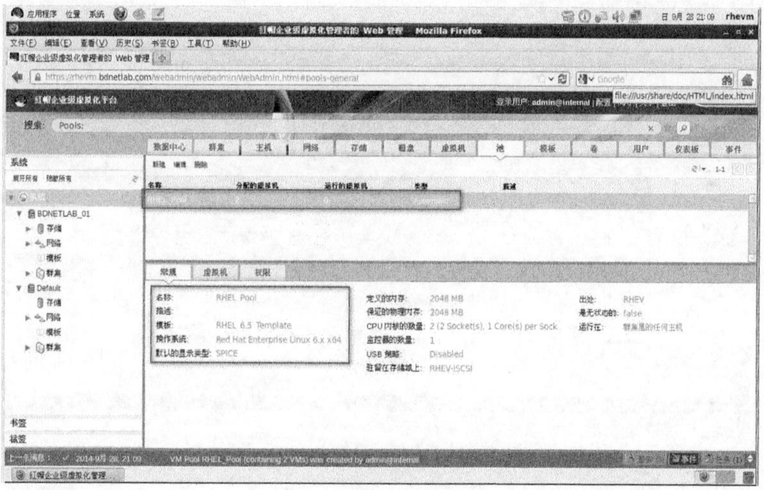

图 6-6-3　创建虚拟机池之三

第 4 步，选择“虚拟机”标签，通过图 6-6-4 可以看到新创建的虚拟机池，虚拟机主机名分别为“RHEL_Pool-1”和“RHEL_Pool-2”，符合默认的命名规则，虚拟机默认为关机状态，注意虚拟机池中虚拟机图标的变化。

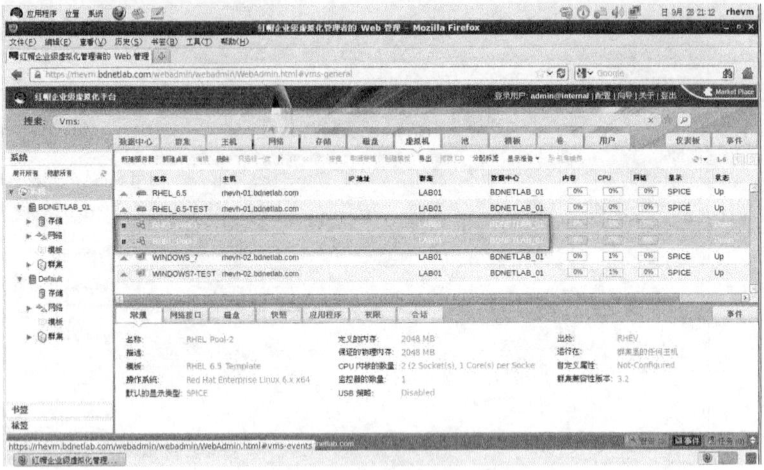

图 6-6-4　创建虚拟机池之四

第 5 步，打开虚拟机池中虚拟机的电源，虚拟机均可以正常启动，如图 6-6-5 所示。

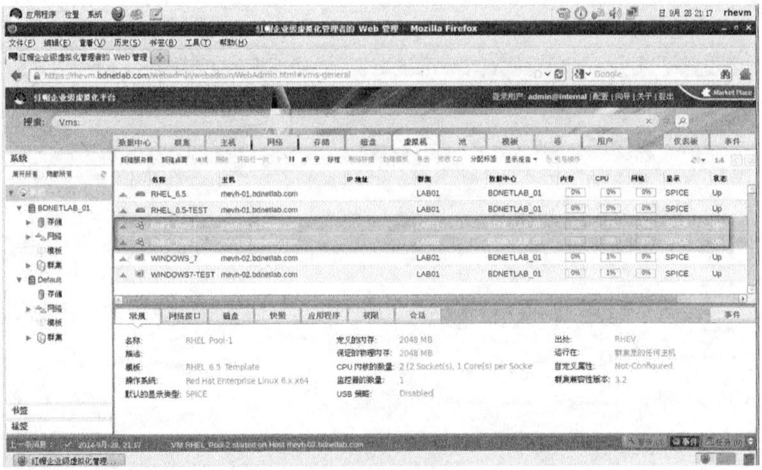

图 6-6-5　创建虚拟机池之五

第 6 步，打开虚拟机主机名分别为“RHEL_Pool-1”的控制台，通过图 6-6-6 可以看到，Linux 系统已运行。

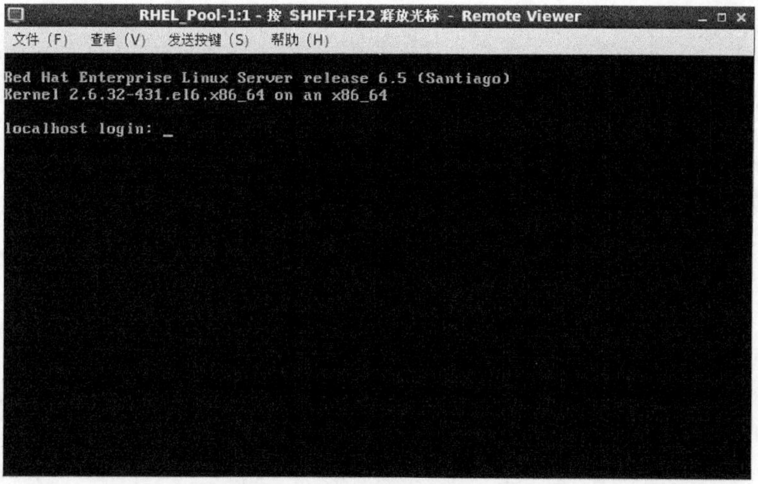

图 6-6-6　创建虚拟机池之六

至此，基于 Linux 模板的虚拟机池创建完成，当然也可以创建基于 Windows 模板的虚拟机池用于生产环境。

6.6.2　增加虚拟机池中虚拟机的数量

在生产环境中，可能由于预先创建的虚拟机池数量不足需要增加，这时可以通过编辑虚拟机池来完成。

第 1 步，使用 admin 登录 RHEV-M 管理平台，在“池”标签选择已创建好的虚拟机池，单击“编辑”，如图 6-6-7 所示。

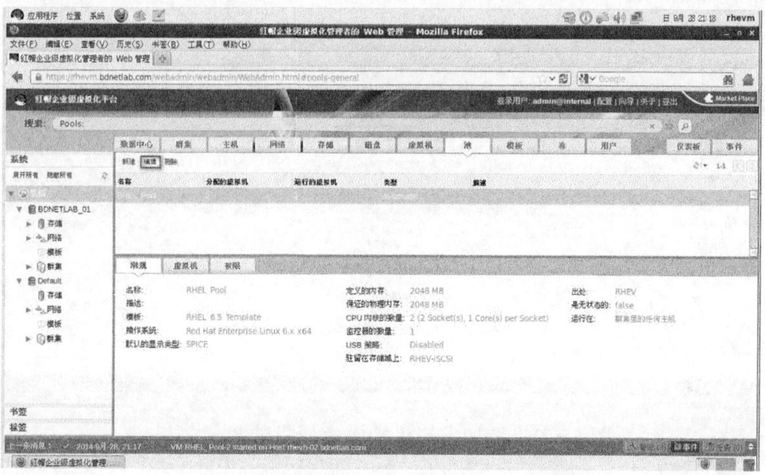

图 6-6-7　增加虚拟机池中虚拟机的数量之一

第 2 步，系统打开“编辑池”对话框，除了“预启动的虚拟机”和“增加池里的虚拟机数目”可以修改外，其于参数均为灰色不能修改状态，根据实际情况填写需要增加池里的虚拟机数目，此处再增加 2 台，如图 6-6-8 所示，单击“确定”按钮。

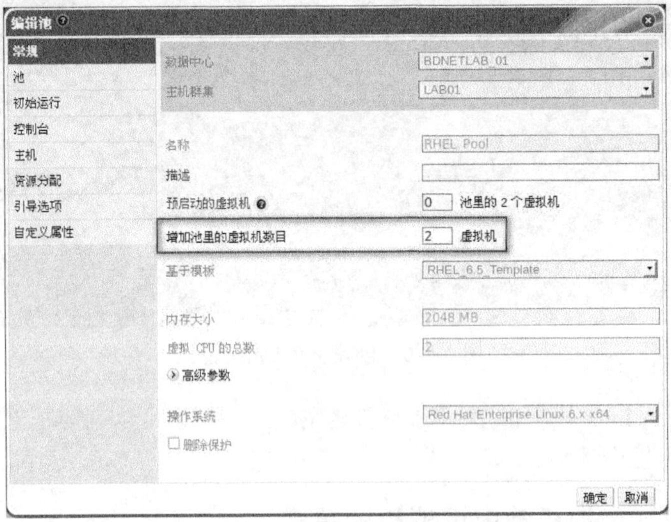

图 6-6-8 增加虚拟机池中虚拟机的数量之二

第 3 步，回到“池”标签，RHEL_Pool 虚拟机池的“分配的虚拟机”数量已经变为 4，如图 6-6-9 所示。

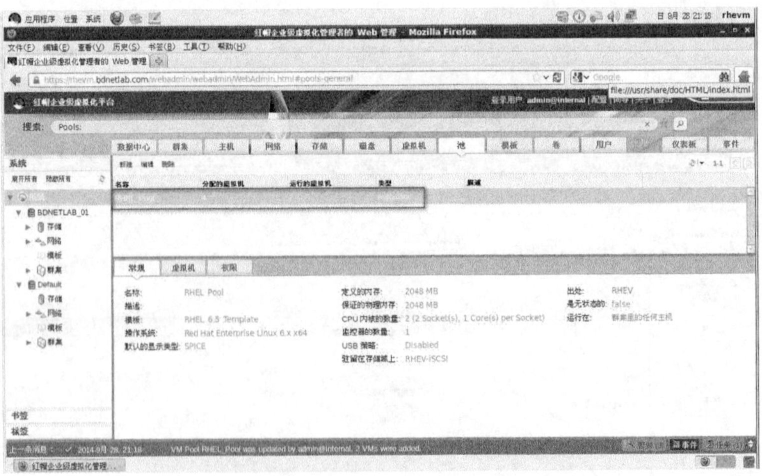

图 6-6-9 增加虚拟机池中虚拟机的数量之三

第 4 步，在“虚拟机”标签可以看到新增加的 2 台虚拟机“RHEL_Pool-3”和

“RHEL_Pool-4”，如图 6-6-10 所示。

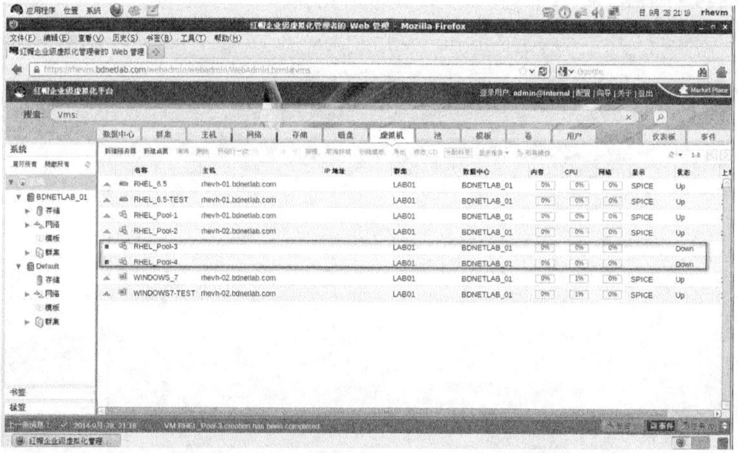

图 6-6-10　增加虚拟机池中虚拟机的数量之四

至此，虚拟机池中的虚拟机数量增加完成。

6.6.3　分离虚拟机池中的虚拟机

在生产环境中，虚拟机池中的某台虚拟机由于应用情况发生变化，需要从虚拟机池中脱离出来，将虚拟机从虚拟机池中分离出来的步骤如下。

第 1 步，使用 admin 登录 RHEV-M 管理平台，在“池”标签选择已创建好的虚拟机池，再选择“虚拟机”，单击“分离”，如图 6-6-11 所示。

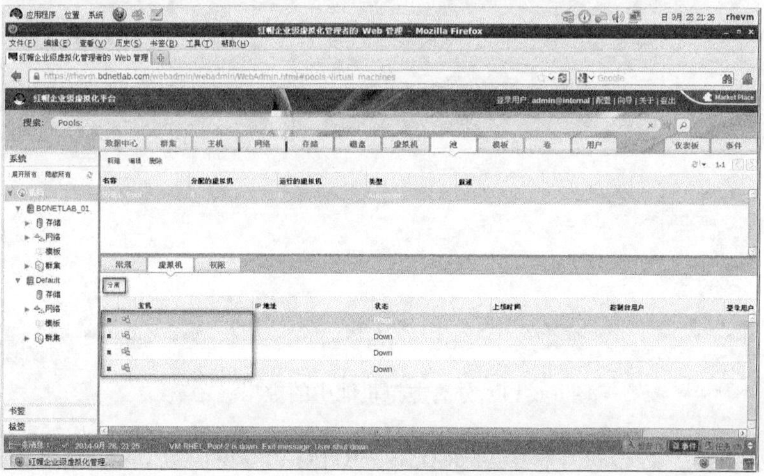

图 6-6-11　分离虚拟机池中的虚拟机之一

需要注意的是，可能由于 RHEV 虚拟化架构版本问题，部分版本无法显示主机的名称，但在后续打开的窗口中可以看到主机的名称。

第 2 步，系统打开“分离虚拟机”对话框，在该对话框中可以看到需要分离的虚拟机的名称，如图 6-6-12 所示，单击“确定”按钮。

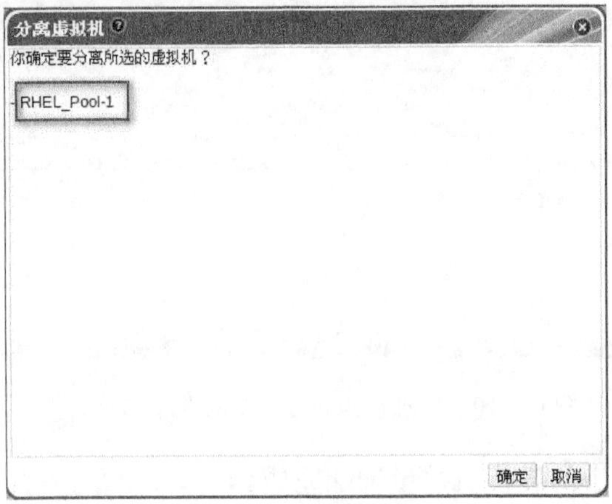

图 6-6-12　分离虚拟机池中的虚拟机之二

第 3 步，回到“池”标签，RHEL_Pool 虚拟机池的“分配的虚拟机”数量已经变为 3，说明虚拟机已经分离，如图 6-6-13 所示。

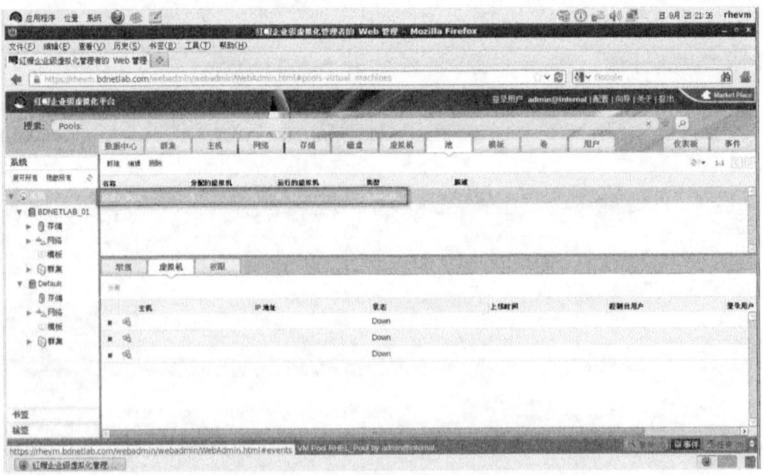

图 6-6-13　分离虚拟机池中的虚拟机之三

第 4 步，在“虚拟机”标签可以看到“RHEL_Pool-1”已成功分离，注意普通虚拟机和虚拟机池图标的变化，如图 6-6-14 所示。

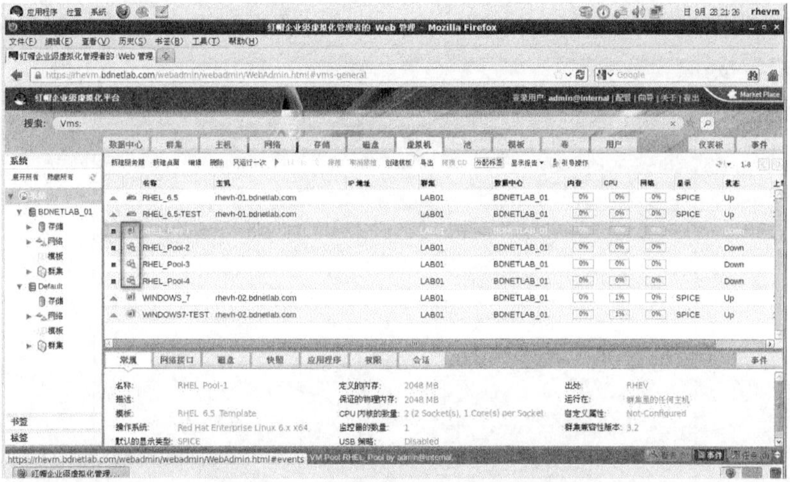

图 6-6-14　分离虚拟机池中的虚拟机之四

至此，从虚拟机池分离虚拟机的操作完成。

6.6.4　删除虚拟机池

前面介绍了虚拟机池中的虚拟机不足需要添加的情况，在生产环境中也有相反的情况，由于实际情况发生变化，虚拟机池中的虚拟机数量多了，需要删除虚拟机。

第 1 步，使用 admin 登录 RHEV-M 管理平台，在“池”标签选择已创建好的虚拟机池，单击“删除”，如图 6-6-15 所示。

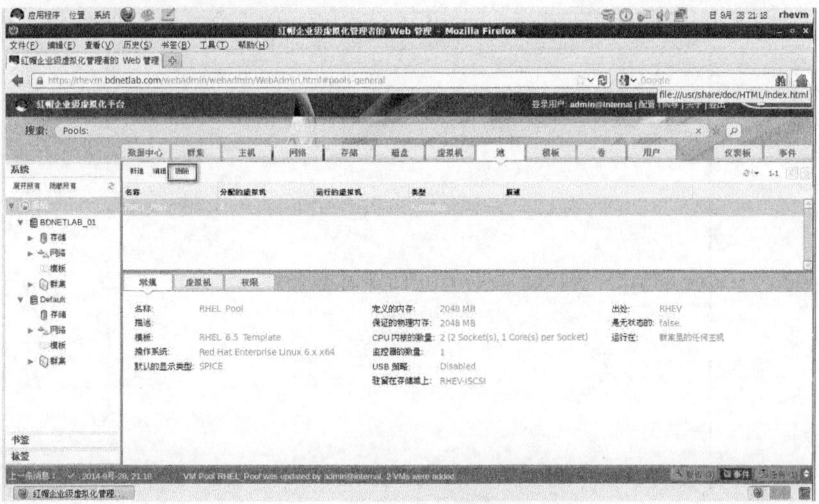

图 6-6-15　删除虚拟机池之一

第 2 步，系统打开“删除池”窗口，提示确定要删除下列池，如图 6-6-16 所示，单击“确定”按钮。

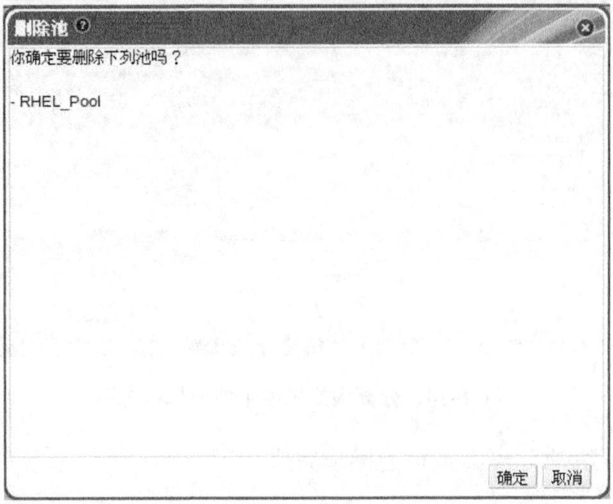

图 6-6-16　删除虚拟机池之二

第 3 步，由于虚拟机池中还在虚拟机，所以系统会出现无法删除的提示，如图 6-6-17 所示，单击“关闭”按钮。

如果确定要删除虚拟机池，请按照 6.6.3 小节的操作将虚拟机池中的虚拟机全部分离。

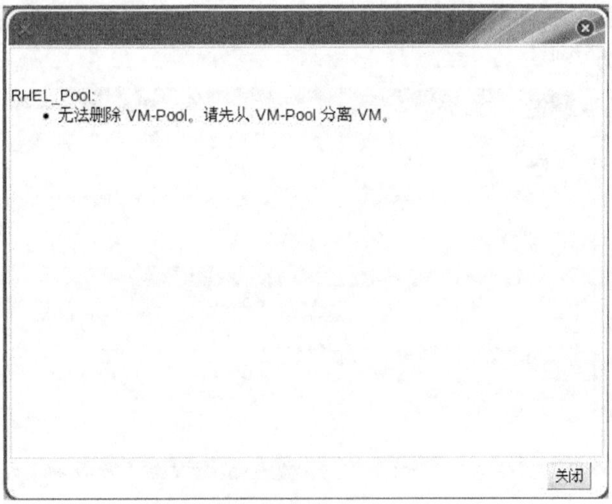

图 6-6-17　删除虚拟机池之三

第 4 步，分离虚拟机池中的虚拟机后，虚拟机变为普通虚拟机，就可以删除了，如图 6-6-18 所示。

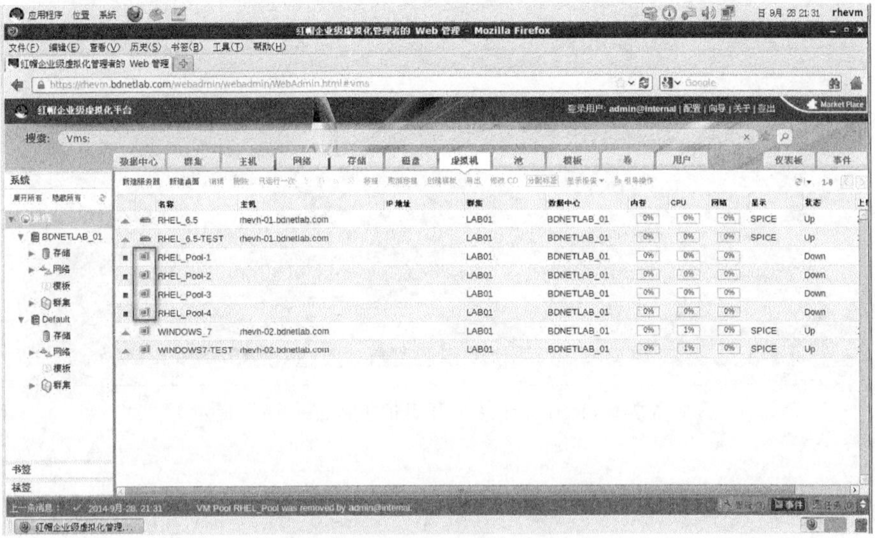

图 6-6-18　删除虚拟机池之四

至此，关于虚拟机池的基本操作全部完成，用户可以根据实际情况选择使用虚拟机池。

6.7　虚拟机其他操作

6.7.1　RHEL 环境无法打开虚拟机控制台

使用 RHEL 环境作为 RHEV 虚拟化架构管理客户端是常用的方式，但使用 RHEL 打开虚拟机的控制台可能会提示未安装 XPI 的错误，如图 6-7-1 所示。

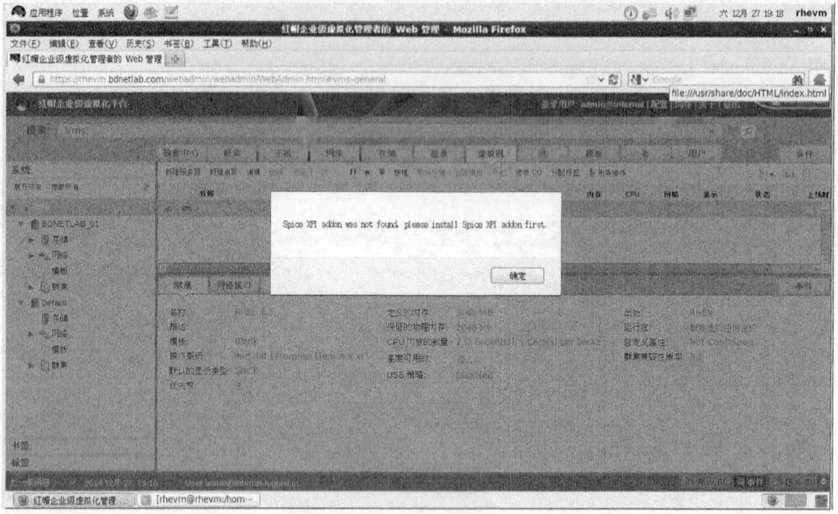

图 6-7-1 RHEL 无法打开虚拟机控制台错误提示

第 1 步，输入命令“su -”切换至 root 用户，输入密码，如图 6-7-2 所示。

图 6-7-2 RHEL 无法打开虚拟机控制台解决方法之一

第 2 步，输入命令“yum install spice-xpi”安装 xpi，如图 6-7-3 所示。

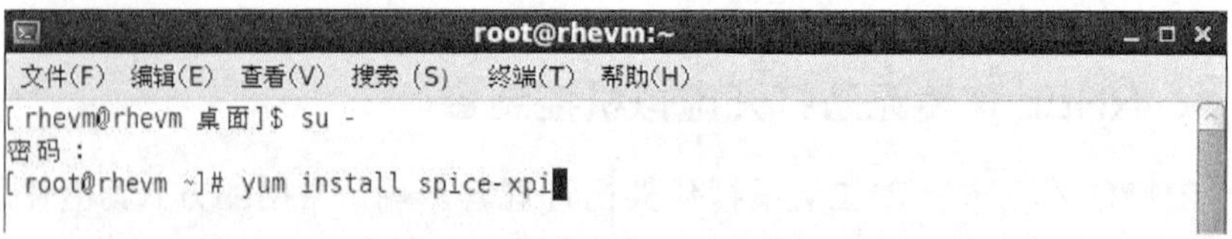

图 6-7-3 RHEL 无法打开虚拟机控制台解决方法之二

第 3 步，系统提示需要安装的 14 个包，约 22MB，输入“y”，如图 6-7-4 所示。

```
root@rhevm:~
文件(F) 编辑(E) 查看(V) 搜索 (S) 终端(T) 帮助(H)
Installing:
 spice-xpi              x86_64      2.7-24.el6               Server        56 k
Installing for dependencies:
 celt051                x86_64      0.5.1.3-0.el6            Server        50 k
 cyrus-sasl-md5         x86_64      2.1.23-13.el6_3.1        Server        47 k
 gnutls-utils           x86_64      2.8.5-10.el6_4.2         Server       100 k
 gtk-vnc                x86_64      0.3.10-3.el6             Server        95 k
 libcacard              x86_64      0.15.0-2.el6             Server        41 k
 libvirt-client         x86_64      0.10.2-29.el6            Server       4.0 M
 log4cpp                x86_64      1.0-13.el6               Server       536 k
 nc                     x86_64      1.84-22.el6              Server        57 k
 spice-glib             x86_64      0.20-11.el6              Server       312 k
 spice-gtk              x86_64      0.20-11.el6              Server        58 k
 usbredir               x86_64      0.5.1-1.el6              Server        40 k
 virt-viewer            x86_64      0.5.6-8.el6              Server       254 k
 yajl                   x86_64      1.0.7-3.el6              Server        27 k

Transaction Summary
================================================================================
Install      14 Package(s)

Total download size: 5.7 M
Installed size: 22 M
Is this ok [y/N]: y
```

图 6-7-4　RHEL 无法打开虚拟机控制台解决方法之三

第 4 步，xpi 安装完成，如图 6-7-5 所示。

```
root@rhevm:~
文件(F) 编辑(E) 查看(V) 搜索 (S) 终端(T) 帮助(H)
  Verifying  : libvirt-client-0.10.2-29.el6.x86_64                       12/14
  Verifying  : spice-xpi-2.7-24.el6.x86_64                               13/14
  Verifying  : cyrus-sasl-md5-2.1.23-13.el6_3.1.x86_64                   14/14

Installed:
  spice-xpi.x86_64 0:2.7-24.el6

Dependency Installed:
  celt051.x86_64 0:0.5.1.3-0.el6
  cyrus-sasl-md5.x86_64 0:2.1.23-13.el6_3.1
  gnutls-utils.x86_64 0:2.8.5-10.el6_4.2
  gtk-vnc.x86_64 0:0.3.10-3.el6
  libcacard.x86_64 0:0.15.0-2.el6
  libvirt-client.x86_64 0:0.10.2-29.el6
  log4cpp.x86_64 0:1.0-13.el6
  nc.x86_64 0:1.84-22.el6
  spice-glib.x86_64 0:0.20-11.el6
  spice-gtk.x86_64 0:0.20-11.el6
  usbredir.x86_64 0:0.5.1-1.el6
  virt-viewer.x86_64 0:0.5.6-8.el6
  yajl.x86_64 0:1.0.7-3.el6

Complete!
[root@rhevm ~]#
```

图 6-7-5　RHEL 无法打开虚拟机控制台解决方法之四

第 5 步，关闭浏览器重新登录，即可打开虚拟机控制台，如图 6-7-6 所示。

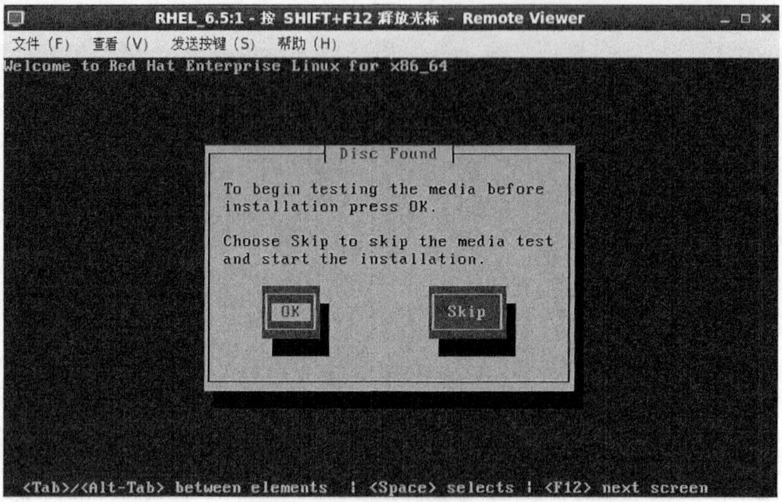

图 6-7-6 RHEL 无法打开虚拟机控制台解决方法之五

6.7.2 RHEV 虚拟化环境删除虚拟机

在生产环境中，可能会由于系统的调整，某些虚拟机不使用了，这种情况下需要删除虚拟机，以节省 RHEV 虚拟化环境的资源。删除虚拟机的操作步骤如下。

第 1 步，删除前确保虚拟机为关闭状态，单击“删除”按钮，如图 6-7-7 所示，开机状态下不能删除虚拟机。

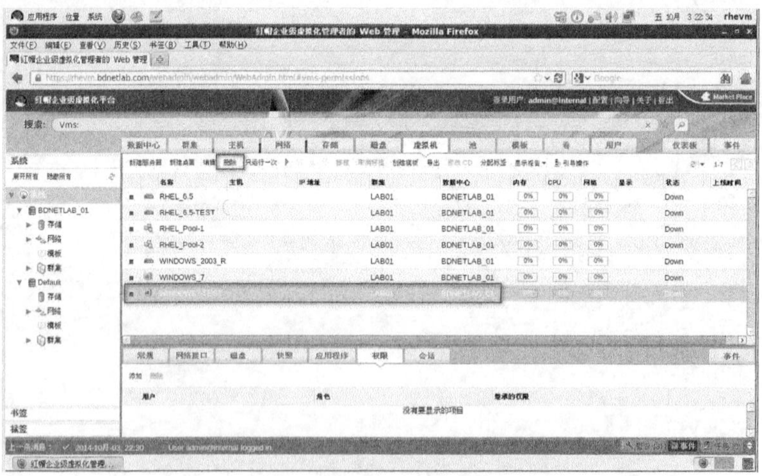

图 6-7-7 RHEV 虚拟化环境删除虚拟机之一

第 2 步，系统打开“删除虚拟机”窗口，询问确定要删除下列虚拟机，并默认勾选“删除磁盘”，如图 6-7-8 所示，单击“确定”按钮。

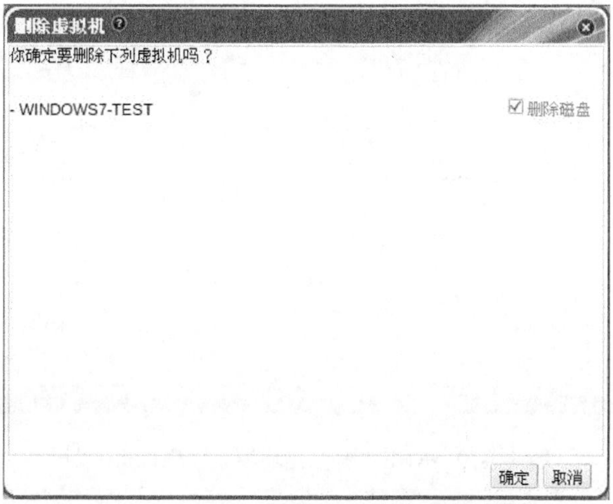

图 6-7-8　RHEV 虚拟化环境删除虚拟机之二

第 3 步，系统删除虚拟机完成，如图 6-7-9 所示。

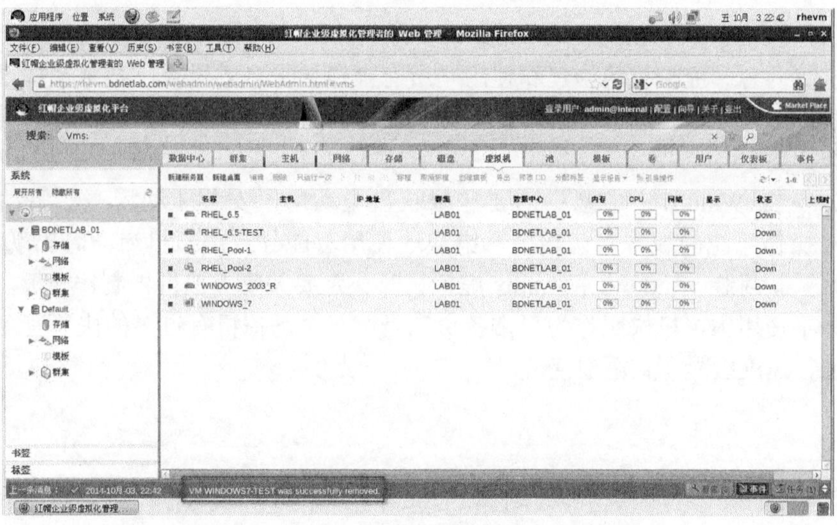

图 6-7-9　RHEV 虚拟化环境删除虚拟机之三

第 4 步，切换到“磁盘”标签，可以看到，WINDOWS7-TEST 虚拟机对应的虚拟磁盘也一并删除，如图 6-7-10 所示。

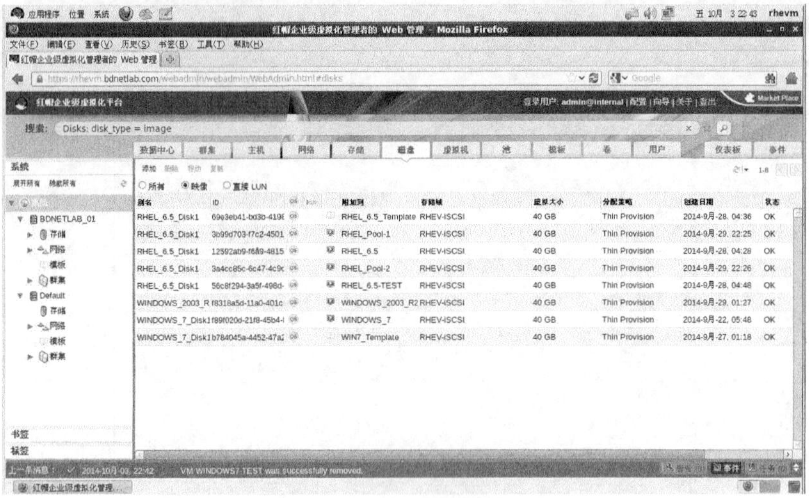

图 6-7-10 RHEV 虚拟化环境删除虚拟机之四

6.8 本 章 小 结

本章介绍创建基于 Linux 和 Windows 的虚拟机、创建快照，以及通过模板快速创建虚拟机等内容。虚拟机的创建和使用是所有虚拟化平台的重点，熟练掌握虚拟机的创建使用是学习虚拟化技术的基础。RHEV 虚拟化架构虚拟机的创建和使用需要注意以下几个方面。

（1）安装 Windows 虚拟机需要挂载软盘驱动用于安装驱动程序，驱动程序与 Windows 操作系统的版本密切相关，错误地使用可能导致虚拟机启动时出现蓝屏。

（2）重新封装 Windows 和 Linux 虚拟机时一定要关闭虚拟机再制作模板。

（3）不使用虚拟机快照作为日常备份工具，一个虚拟机有过多的快照有可能导致虚拟机运行速度缓慢，甚至崩溃。

第 7 章　RHEV 虚拟化架构用户权限管理

通过前面的章节已经成功部署了 RHEV-M 管理平台、RHEV-H 主机并介绍了如何创建使用虚拟机。细心的读者应该可以看到，前面的操作使用的都是 RHEV 虚拟化架构默认的管理员账户。在生产环境中，不会一直使用默认的管理员账户，而是根据生产环境的实际情况创建多个用户账户，分配相应的权限，提高管理效率的同时，又降低了风险。

本节将介绍的 RHEV 虚拟化架构的用户权限如何管理。

本章要点

- RHEV 虚拟化架构目录用户
- RHEV 虚拟化架构用户角色
- 配置用户权限

7.1　RHEV 虚拟化架构目录用户

RHEV 虚拟化架构使用外部目录服务提供的用户验证和用户信息功能。用户账户必须通过外部目录服务器创建，这些用户被称为目录用户。唯一的例外是 admin 用户，它在安装的过程中在内部域中创建。

当一个目录服务器被关联到 RHEV-M 管理平台后，它上面的用户就可以添加到管理门户中，从而使它们成为 RHEV-M 管理平台用户。RHEV-M 管理平台用户根据它们要执行的任务被分配不同的角色和权限。

7.1.1　RHEV 虚拟化支持的目录用户

3.4.3 小节在 RHEV-M 管理平台中加入了活动目录，并使用活动目录账户登录了 RHEV-M 管理平台，说明 RHEV 虚拟化架构支持传统的活动目录。

RHEV 虚拟化架构支持如下目录服务。

（1）Active Directory。

（2）Identity Management（IdM）。

（3）Red Hat Directory Server 9（RHDS 9）。

（4）OpenLD AP。

在 RHEV 虚拟化架构中，可以使用命令“rhevm-manage-domains”将目录用户添加到 RHEV-M 管理平台，特别需要注意的是 DNS 解析的配置，如果不用有效的解析，那么将无法添加目录用户至 RHEV-M 管理平台。

常见的 DNS 解析包括：

（1）目录服务器的反向查找地址的有效指针记录（PTR）。

（2）使用 TCP 端口 389 的 LD AP 的有效服务记录（SRV）。

（3）使用 TCP 端口 88 的 Kerberos 的有效服务记录（SRV）。

（4）使用 UDP 端口 88 的 Kerberos 的有效服务记录（SRV）。

7.1.2 RHEV 虚拟化目录服务注意事项

RHEV-M 管理平台使用 Kerberos 来和目录服务器进行用户认证。RHDS 不原生支持（native support）Kerberos。如需使用 RHDS 作为目录服务器，需要保证目录服务器在一个有效的 Kerberos 域中是一个服务。请参阅相关的目录服务器文档来进行以下操作。

（1）为 RHDS 配置 memberOf 插件来允许使用组成员功能。需要把 memberOf 插件的 memberofgroupattr 属性设置为 uniqueMember。在 Open LDAP 中，memberOf 功能并不称为“插件（plugin）”，它称为“overlay”，在安装后不需要配置它。可以参阅 Red Hat Directory Server 9.0 Plug-in Guide 来获得更多关于配置 memberOf 插件的信息。

（2）在 Kerberos realm 中把目录服务器定义为服务（格式为 ldap/hostname@REALMNAME）需要使用目录服务器的全局域名（FQD N）替换 hostname，使用全局 Kerberos realm 名替换 REALMNAME。Kerberos realm 名必须大写。

（3）在 Kerberos realm 中为目录服务器产生一个 keytab 文件。keytab 文件包括 Kerberosprincipal 及与其相关的加密密钥。这些密钥被目录服务器用来和 Kerberos realm 进行验证。请参阅 Kerberos principle 的相关文档获得更多关于生成 keytab 文件的信息。

（4）在目录服务器上安装 keytab 文件，然后配置 RHDS 来识别 keytab 文件，并接受使用 GSSAPI 进行的 Kerberos 验证。请参阅 Red Hat Directory Server 9.0 Administration Guide 获得更多关于配置 RHD S 来使用外部 keytab 文件的信息。

（5）要测试目录服务器配置，可以使用 kinit 命令验证在 Kerberos realm 中定义的用户。验证成功后，可以运行 ldapsearch 命令在目录服务器上查询。使用-Y GSSAPI

参数指定使用 Kerberos 进行验证。

7.2　RHEV 虚拟化架构用户角色

RHEV 虚拟化架构提供了一组预先配置好的角色，这些角色的权限从具有整个系统级别的管理员权限，到只能访问一个独立虚拟机的最终用户权限。默认情况无法改变或删除系统默认的角色，但可以克隆它们后再修改新的角色，或根据需求创建新的角色。角色被分为以下两类。

（1）管理员角色：可以通过访问管理门户来管理物理资源和虚拟资源。管理员角色没有用户门户的权限。

（2）用户角色：可以通过访问用户门户来管理和访问虚拟机和模板。用户角色没有管理门户的权限。例如，具有一个群集上的管理员角色，可以通过管理门户管理这个群集中的所有虚拟机。但是，不能通过用户门户来访问群集中的任何虚拟机，因为需要用户角色。

7.2.1　基本用户角色

1. UserRole 角色

可以访问虚拟机和虚拟机池。可以登录到用户门户，使用被分配的虚拟机和虚拟机池，查看虚拟机的状态和详细信息。

2. PowerUserRole 角色

可以创建和管理虚拟机和模板。使用配置窗口为用户在整个环境或特定数据中心或群集中分配该角色。例如，如果一个 PowerUserRole 角色在数据中心级上被分配，具有这个角色的用户就可以在这个数据中心上创建虚拟机和模板。

3. UserVmManager 角色

该角色是虚拟机的系统管理员，可以管理虚拟机、创建并使用快照、迁移虚拟机。在用户门户中创建虚拟机的用户会自动具有那台虚拟机的 UserVmManager 角色。

需要注意的是，在 RHEV 3.0 虚拟化架构中中，具有 PowerUserRole 角色的用户只有对分配给他们的虚拟机（或他们所创建的虚拟机）有权限。现在，VmCreator 角色提供了以前 PowerUserRole 角色提供的权利，而 PowerUserRole 现在可以在整个系统的范围内，或特定的数据中心或群集上应用。这样，具有该角色的用户就具有在整个系统中，或特定数据中心或群集上的所有虚拟机和模板的权限。PowerUserRole 角色相当于 VmCreator、DiskCreator 和 TemplateCreator 角色的总和。

7.2.2 高级用户角色

1. UserTemplateBasedVm 角色

UserTemplateBasedVm 角色只有与使用模板相关的权限，可以使用模板创建虚拟机。

2. DiskOperator 角色

DiskOperator 角色是虚拟磁盘用户，可以使用、创建和编辑虚拟磁盘，并可以继承附加该虚拟磁盘的虚拟机的使用权限。

3. VmCreator 角色

VmCreator 角色可以通过用户门户创建虚拟机。该角色不针对某个特定的虚拟机，使用配置窗口在整个环境内为用户分配该角色。另外，也可以为特定的数据中心或群集分配该角色。如果在一个群集范围内分配了该角色，还必须在这个数据中心范围或特定的存储域上分配 DiskCreator 角色。

4. TemplateCreator 角色

TemplateCreator 角色可以在被分配的资源中创建、编辑、管理和删除虚拟机模板。该角色应用于整个环境，而不是某个特定的模板，使用配置窗口来为用户分配该角色。另外，还可以把该角色应用到特定的数据中心、群集或存储域中。

5. DiskCreator 角色

DiskCreator 角色可以在被分配的群集或数据中心中创建、编辑、管理和删除虚拟机磁盘。该角色应用于整个环境，而不是某个特定的磁盘，使用配置窗口来为用户分配该角色。另外，还可以把该角色应用到特定的数据中心、群集或存储域中。

6. TemplateOwner 角色

TemplateOwner 角色可以编辑和删除模板，为模板分配和管理用户权限。创建模板的用户自动分配该角色。没有模板的 TemplateOwner 角色的用户将无法查看或使用该模板。

7. NetworkUser 角色

NetworkUser 网络接口用户角色可以为特定的逻辑网络添加或删除网络接口。

7.2.3 管理员角色

1. SuperUser 角色

SuperUser 角色是 RHEV 虚拟化架构的系统管理员，具有访问所有对象的权限并可以管理所有数据中心的全部对象。

2. ClusterAdmin 角色

ClusterAdmin 角色是群集管理员，具有某个特定群集下的所有资源的管理权限。

3. DataCenterAdmin 角色

DataCenterAdmin 角色是数据中心管理员，具有某个特定数据中心中除了存储以外的所有资源的管理权限。

在生产环境中，需要在目录管理服务器上单独创建一个用户来作为 RHEV 虚拟化架构的管理员，而不要使用目录服务器本身的管理员作为 RHEV 虚拟化架构的管理员。

7.2.4 高级用户角色

1. TemplateAdmin 角色

TemplateAdmin 角色是一个虚拟机模板的管理员，可以创建、删除和配置模板中的存储域和网络，并可以在不同域间移动模板。

2. StorageAdmin 角色

StorageAdmin 角色是存储管理员，可以创建、删除、配置和管理一个被分配的存储域。

3. HostAdmin 角色

HostAdmin 角色是主机管理员，可以附加、删除、配置和管理一个特定的主机。

4. NetworkAdmin 角色

NetworkAdmin 角色是网络管理员，可以配置和管理一个特定数据中心或群集中的网络。一个数据中心或群集的网络管理员同时也继承了该数据中心或群集中的虚拟机上的网络权限。

5. VmPoolAdmin 角色

VmPoolAdmin 角色是一个虚拟机池的系统管理员，可以创建、删除和配置一个虚拟机池；添加和删除池用户；在池中的虚拟机上进行基本的操作。

6. GlusterAdmin Gluster 角色

GlusterAdmin Gluster 角色是存储管理员，可以创建、删除、配置和管理 Gluster 存储域。

7.3 配置用户权限

3.4.3 小节介绍了将 Windows 活动目录的用户加入 RHEV-M 管理平台，并成功使用活动目录中的用户登录了 RHEV-M 管理平台。

（1）使用活动目录创建用户 rhevadmin 登录 RHEV-M 管理台如图 7-3-1 所示。

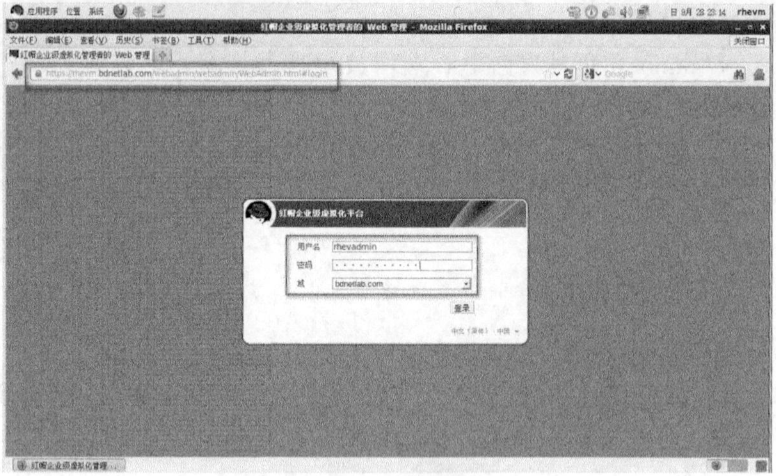

图 7-3-1 使用活动目录用户登录 RHEV-M 管理平台

（2）登录后可以看到 rhevadmin 与 RHEV 虚拟化架构自带的 admin 账户具有相同的 SuperUser 权限，如图 7-3-2 所示。

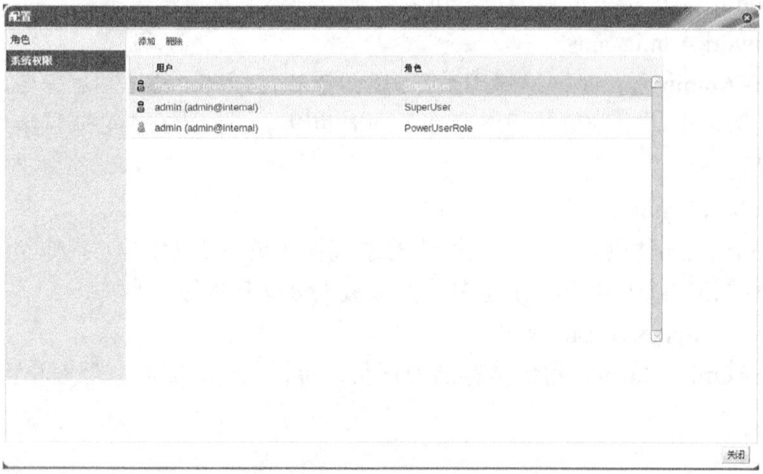

图 7-3-2 RHEV-M 管理平台系统权限

7.3.1 赋予活动目录用户 UserRole 角色

在生产环境中，会为不同的用户赋予不同的权限，以达到有效管理的目的。RHEV 虚拟化架构搭建好后，都会使用普通用户和用户门户进行日常的管理。

本节实战操作将使用普通用户权限，登录并使用用户门户。

第 1 步，在开始赋予普通用户权限前，使用普通用户 bdnetlab-test01 登录 RHEV-M 管理平台的管理员门户，如图 7-3-3 所示。

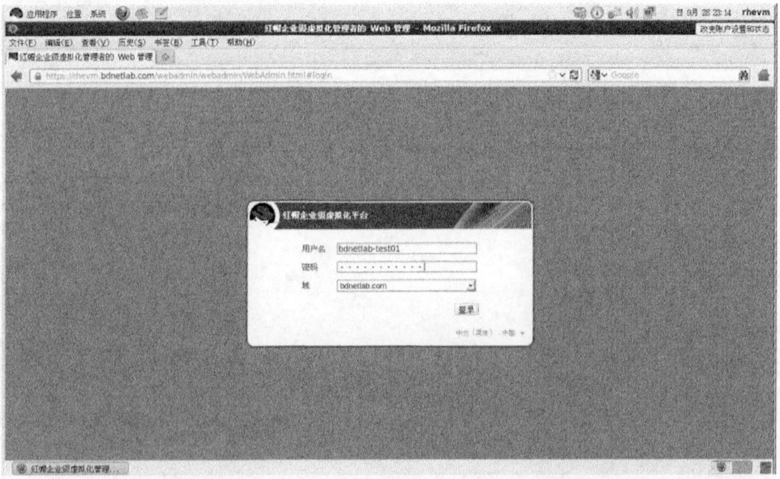

图 7-3-3　赋予活动目录用户 UserRole 角色之一

第 2 步，通过图 7-3-4 可以看到，系统提示错误“没有授权用户执行这个动作。”说明该用户未得到有效的授权，这也是 RHEV 虚拟化架构的安全特性在起作用。

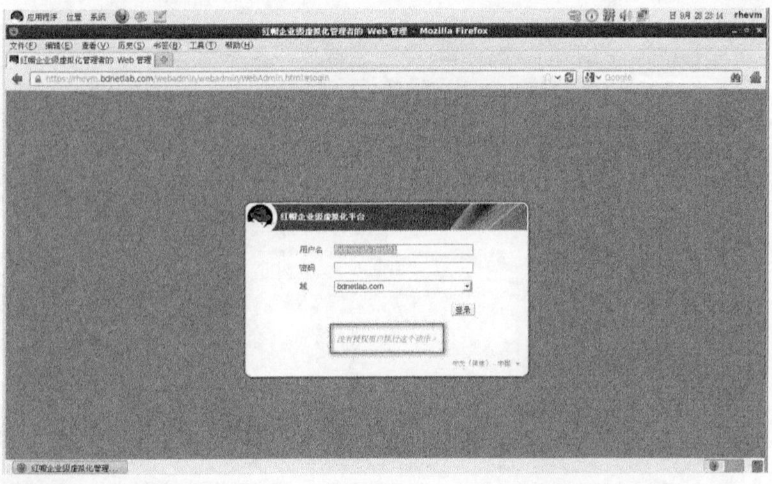

图 7-3-4　赋予活动目录用户 UserRole 角色之二

第 3 步，使用活动目录用户 rhevadmin 登录 RHEV-M 管理平台，单击“配置”，如图 7-3-5 所示。

图 7-3-5　赋予活动目录用户 UserRole 角色之三

第 4 步，系统打开用户权限“配置”窗口，可以看目录系统中所有的“角色”和“系统权限”，如图 7-3-6 所示。

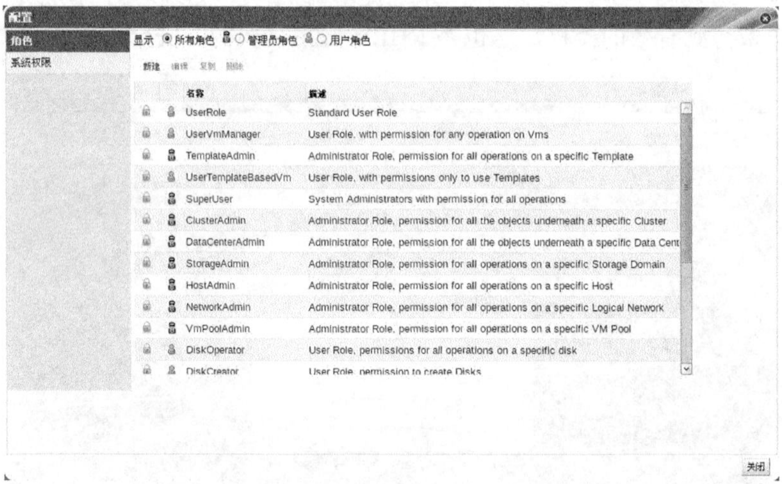

图 7-3-6　赋予活动目录用户 UserRole 角色之四

第 5 步，在“系统权限”中搜索“bdnetlab.com”活动目录中的“bdnetlab-test01”用户，单击“执行”按钮，搜索到该用户后，选择“要分配的角色”，如图 7-3-7 所示。

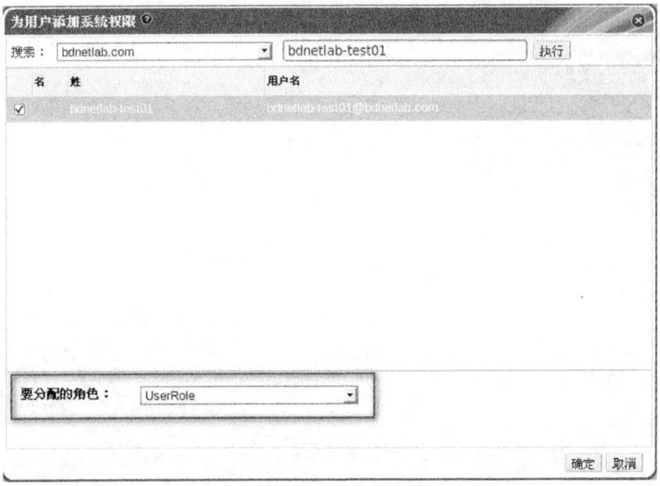

图 7-3-7 赋予活动目录用户 UserRole 角色之五

第 6 步，单击“要分配的角色”下拉列表，可以看到系统默认的所有角色，根据实际情况选择即可，此处选择“UserRole”，如图 7-3-8 所示，单击“确定”按钮。

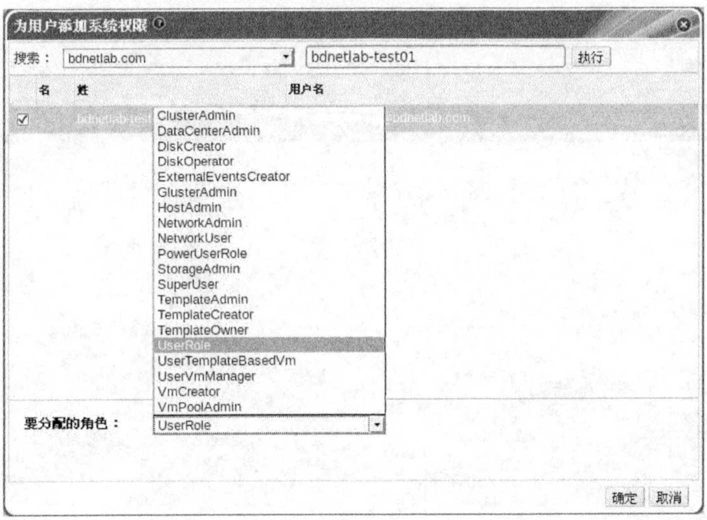

图 7-3-8 赋予活动目录用户 UserRole 角色之六

第 7 步，通过图 7-3-9 可以看到，成功为活动目录中的“bdnetlab-test01”用户赋予“UserRole”角色。

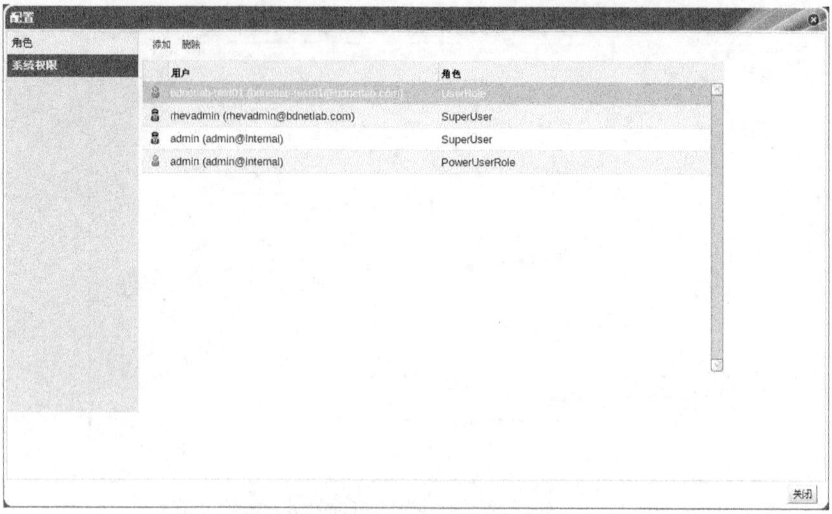

图 7-3-9　赋予活动目录用户 UserRole 角色之七

第 8 步，使用浏览器打开 https://rhevm.bdnetlab.com，选择“User Portal”，如图 7-3-10 所示。

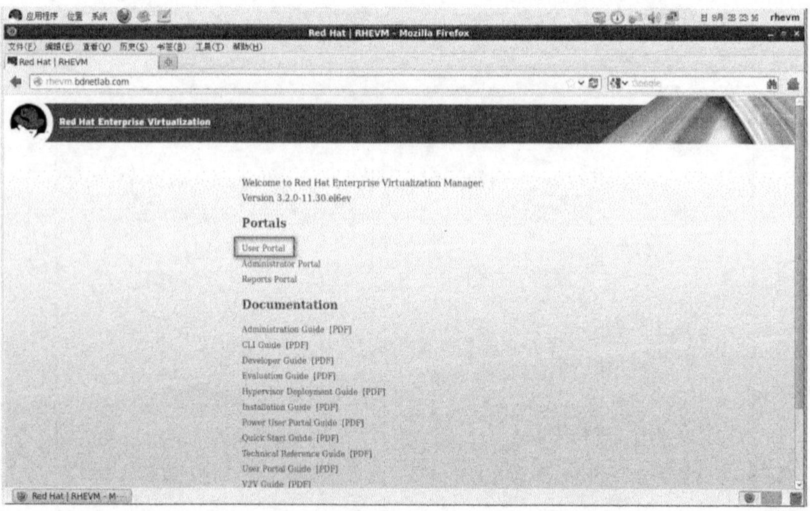

图 7-3-10　赋予活动目录用户 UserRole 角色之八

第 9 步，使用活动目录中的用户“bdnetlab-test01”登录用户门户，如图 7-3-11 所示。

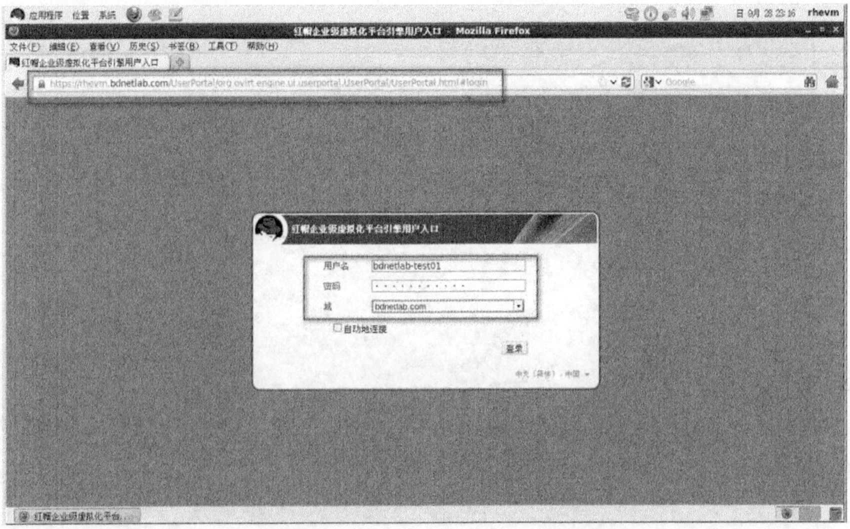

图 7-3-11　赋予活动目录用户 UserRole 角色之九

第 10 步，成功登录用户门户，通过图 7-3-12 可以看到，用户门户可操作的权限很少，主要是对虚拟机的一些基本管理。

图 7-3-12　赋予活动目录用户 UserRole 角色之十

第 11 步，选择某个虚拟机图标，双击可以打开虚拟机控制台，如图 7-3-13 所示。

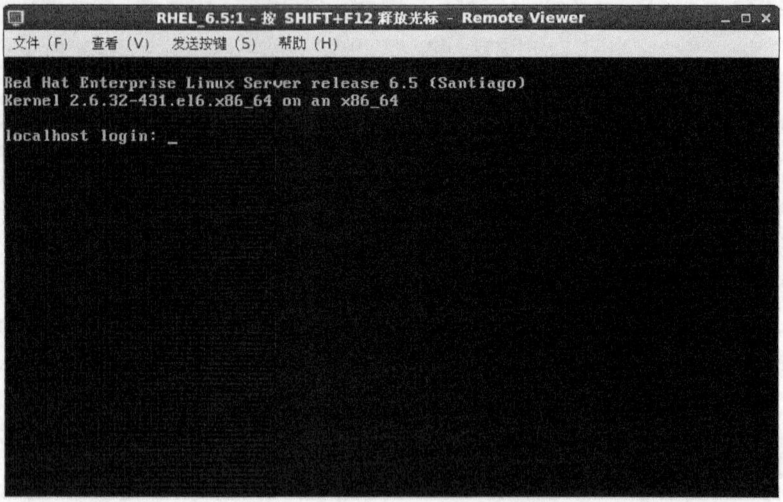

图 7-3-13　赋予活动目录用户 UserRole 角色之十一

第 12 步，在虚拟机控制台中输入命令关闭虚拟机，通过图 7-3-14 可以看到，虚拟机正在关机，说明在用户门户可以进行虚拟机的基本操作。

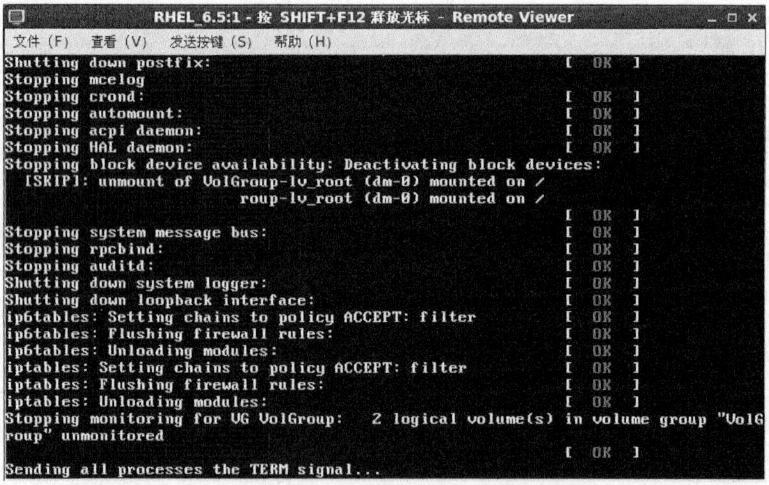

图 7-3-14　赋予活动目录用户 UserRole 角色之十二

第 13 步，退出登录，再次使用活动目录用户 rhevadmin 登录 RHEV-M 管理平台，可以通过“编辑角色”来查看或调整角色权限，图 7-3-15 所示为“UserRole”角色的权限。

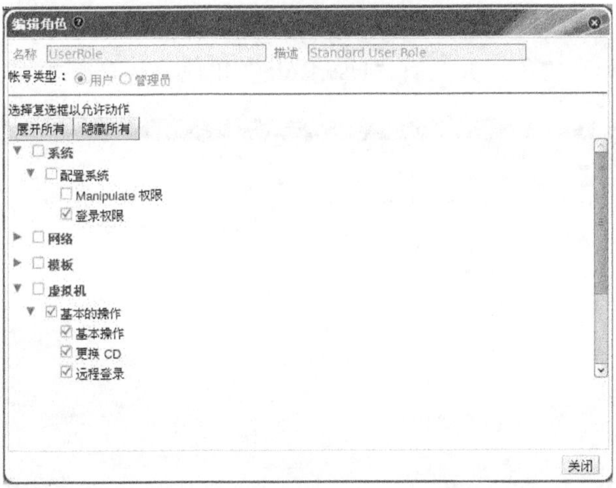

图 7-3-15　赋予活动目录用户 UserRole 角色之十三

7.3.2　赋予活动目录用户 TemplateAdmin 角色

7.3.1 小节成功配置活动目录中的用户账户使用 UserRole 角色，UserRole 角色的权限相对较少，只能进行一些基本的操作。

本节的实战操作将演示赋予活动目录用户 TemplateAdmin 角色的过程。

第 1 步，在"为用户添加系统权限"中搜索"bdnetlab.com"活动目录中的"bdnetlab-test01"用户，单击"执行"按钮，搜索到该用户后在"要分配的角色"下拉列表中选择"TemplateAdmin"角色，如图 7-3-16 所示。

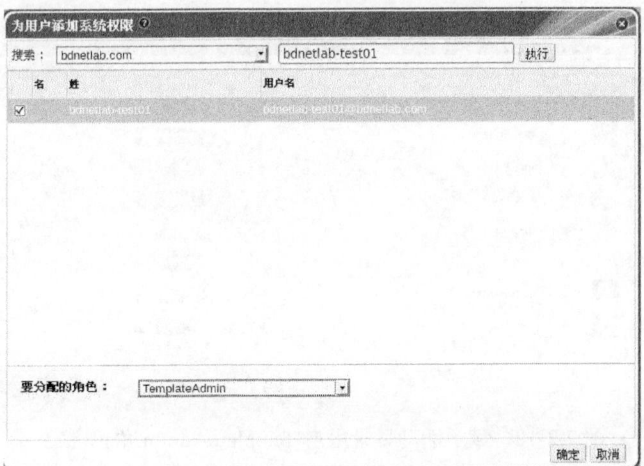

图 7-3-16　赋予活动目录用户 TemplateAdmin 角色之一

第 2 步，通过图 7-3-17 可以看到，成功为活动目录中的用户“bdnetlab-test01”赋予“TemplateAdmin”角色，并具有“UserRole”角色。

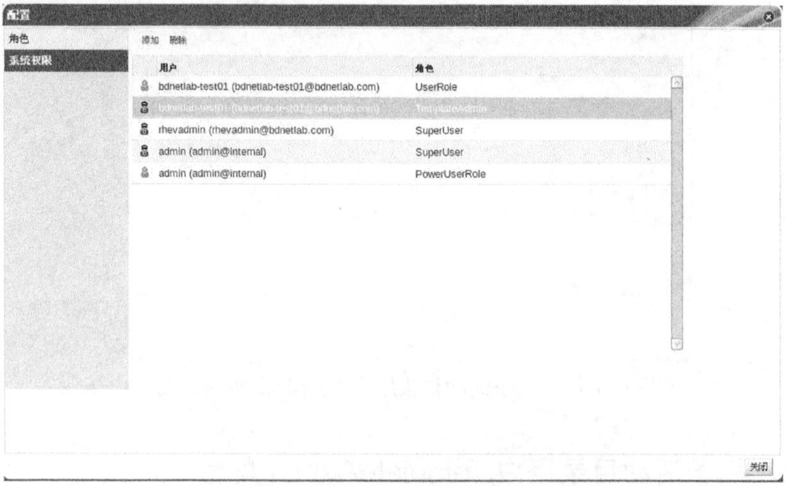

图 7-3-17 赋予活动目录用户 TemplateAdmin 角色之二

第 3 步，使用活动目录中的用户“bdnetlab-test01”登录用户门户，右侧增加了“基本的”和“扩展视图”，如图 7-3-18 所示，说明该用户具有了涉及虚拟机模板操作的权限。

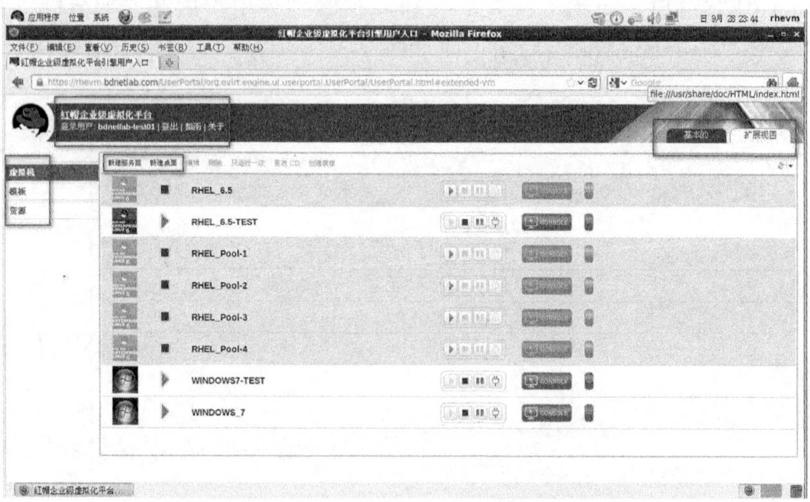

图 7-3-18 赋予活动目录用户 TemplateAdmin 角色之三

第 4 步，选择“模板”，可以看到前面章节创建的虚拟机模板，如图 7-3-19

所示。

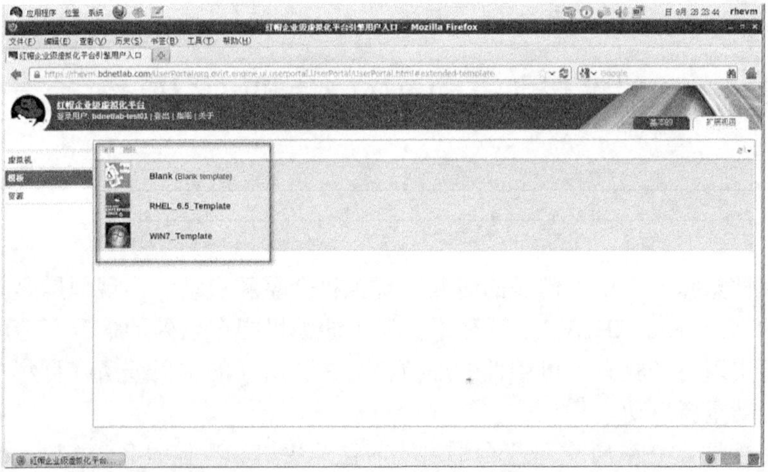

图 7-3-19 赋予活动目录用户 TemplateAdmin 角色之四

至此，赋予用户权限的操作完成，用户可以根据生产环境的实际情况合理分配权限。

7.4 本 章 小 结

本章介绍如何赋予 RHEV 虚拟化架构用户权限，以及活动目录用户如何使用用户门户。在生产环境中需要注意以下几点。

（1）不使用 RHEV 虚拟化架构自带的 admin 进行管理。

（2）根据生产环境的实际情况创建不同的用户账户。

（3）为不同的用户账户赋予相应的角色。

合理地赋予用户权限，能够在一定程度上避免用户权限过大造成误操作。

第 8 章　部署使用 RHEV 虚拟化架构高可用性

高可用性意味着在出现问题的时候，虚拟机会重新启动。出现问题是指除了通过虚拟机上的客户端或 RHEV-M 管理平台发出的关机指令以外的情况下造成虚拟机停机。当问题出现时，具有高可用性的虚拟机会在它所在的主机或所在群集中的另外一台主机上自动重新启动。

高可用性是 RHEV-M 管理平台通过实时监测主机和存储设备，并自动检测硬件故障来实现的。如果主机被发现出现故障，被设置为高可用性的虚拟机将在群集中的另外一个主机上重新启动。

高可用性虚拟机提供服务的中断时间被控制在最小。这是因为在出现问题时，虚拟机会在数秒之内重新启动，而不需要人工参与。高可用性虚拟机会在当前资源使用率最低的主机上重启，或根据用户事先配置的负载平衡和电源管理策略在适当的主机上重启，从而保证资源利用率的平衡。这还可以使整个环境有足够的资源来保证可以随时重新启动虚拟机。

本节的实战操作将配置使用虚拟机的高可用性。

本章要点

- 配置使用虚拟机高可用性
- 在主机间迁移虚拟机

8.1　配置使用虚拟机高可用性

8.1.1　使用高可用性需要考虑的问题

一个高可用性的主机需要一个电源管理设备和配置它的隔离参数。另外，当高可用性虚拟机所在的主机无法工作时，虚拟机需要在群集中的其他主机上重新启动。要保证可以迁移高可用性虚拟机，需要考虑以下问题。

（1）必须配置运行高可用性虚拟机的主机的电源管理。

（2）运行高可用性虚拟机的主机所在的群集必须有其他可用的主机。

（3）迁移的目标主机必须正在运行。

（4）源和目标主机必须都可以访问虚拟机所在的数据域。

（5）源和目标主机必须都可以访问相同的虚拟网络和 VLAN。

（6）目标主机必须有足够的可用 CPU 资源来支持虚拟机的需求。

（7）目标主机必须有足够的可用内存来支持虚拟机的需求。

8.1.2　配置虚拟机的高可用性

RHEV 虚拟化架构中，针对虚拟机的高可用性需要在虚拟机上单独配置。

第 1 步，选择需要配置高可用性的虚拟机，单击“编辑”按钮，如图 8-1-1 所示。

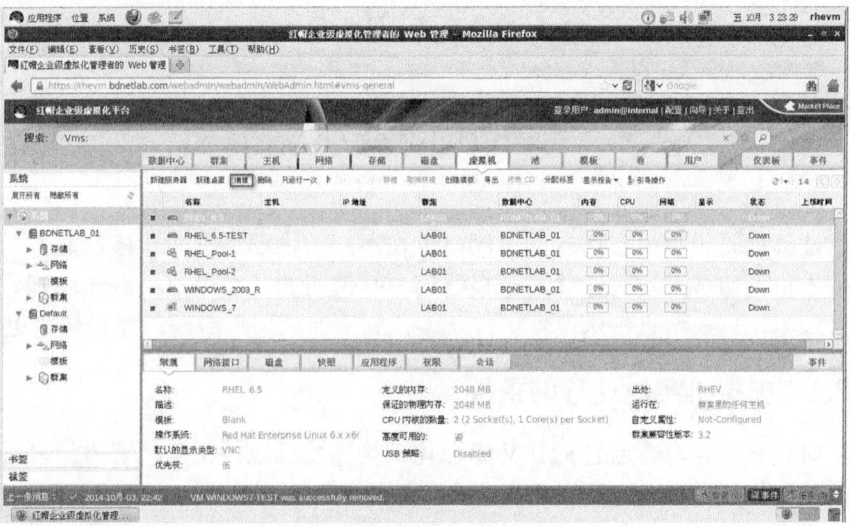

图 8-1-1　配置虚拟机的高可用性之一

第 2 步，系统打开“编辑服务器虚拟机”对话框，选择“高可用性”，勾选“高度可用的”启用虚拟机高可用性，根据实际情况选择“运行/移植队列的优先级”，如图 8-1-2 所示，单击“确定”按钮。

图 8-1-2 参数解释。

当需要迁移虚拟机的时候，会创建一个队列。有高优先级的虚拟机排在队列的前面，从而先被处理。如果群集的可用资源较少，就只有高可用性虚拟机被迁移。

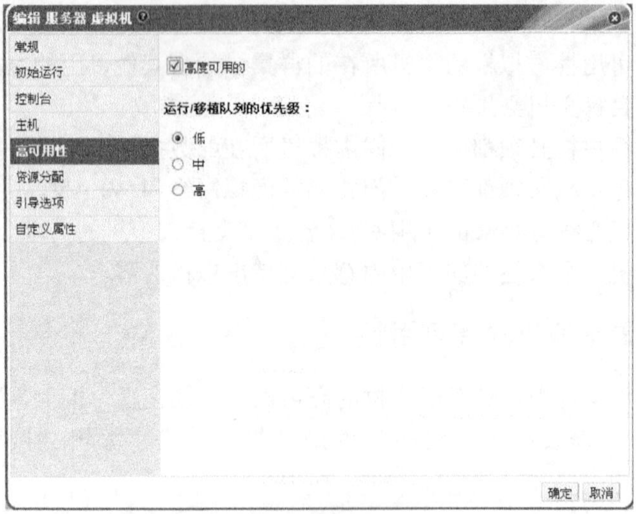

图 8-1-2 配置虚拟机的高可用性之二

8.2 在主机间迁移虚拟机

实时迁移就是虚拟机在运行的时候可以在不同的物理主机间迁移，而不需要停止虚拟机所提供的服务。实时迁移对于最终用户是透明的：在虚拟机被迁移到一台新的主机的过程中，该虚拟机仍然保持运行状态，它上面的用户应用程序仍然可以使用。

8.2.1 虚拟机实时迁移的条件

在实时迁移前，请确定的 RHEV 虚拟化架构环境已经被正确配置为可以进行实时迁移。要使实时迁移成功进行，需要满足以下条件。

（1）源主机和目标主机必须在同一个群集中，并且它们的 CPU 必须兼容。

（2）源主机和目标主机的状态必须都为 Up。

（3）源主机和目标主机必须都可以访问相同的虚拟网络和 VLAN。

（4）源主机和目标主机必须都可以访问虚拟机所在的数据存储域。

（5）目标主机必须有足够的 CPU 资源来支持虚拟机的需求。

（6）目标主机必须有足够的可用内存来支持虚拟机的需求。

（7）要迁移的虚拟机必须没有 cache!=none 这个自定义属性设置。

另外，为了获得最好的性能，存储网络和管理网络应该分开，从而避免出现网络饱和的情况。虚拟机的迁移将会在主机间传输大量数据。

实时迁移是通过管理网络进行的。每个实时迁移使用的网络传输速率被限制为 30 Mbit/s，同时进行的迁移数量也在默认的情况下被限制。虽然有这些限制，但同时进行多个迁移可能会导致管理网络饱和。因此，推荐为存储、显示和虚拟机数据分别创建单独的逻辑网络来降低网络饱和的危险。

8.2.2　虚拟机迁移注意事项

1. 设置虚拟机迁移优先级

RHEV-M 管理平台会把一个主机上的虚拟机迁移请求放入一个队列中。当该队列中有一个迁移请求，而且群集中有可用的主机时，一个迁移事件就会根据群集中的负载均衡策略被触发。每一分钟负载均衡处理都会运行，那些正在处理迁移事件的主机在它们的迁移事件完成前，不会包括在负载均衡处理中。RHEV-M 管理平台允许用户通过为每个虚拟机设置优先级来改变它们在迁移队列中的顺序，具有高优先级的虚拟机会被先迁移。

2. 取消正在进行的虚拟机迁移

一个正在进行的虚拟机迁移所用的时间比预期的要长，而需要对系统进行一些改变。因此，需要取消正在进行的虚拟机迁移。

3. 查看虚拟机自动迁移事件和日志

当一台虚拟机因为设置高可用性而发生自动迁移操作时，自动迁移的详细信息会被记录在事件标签页以及引擎的日志中。这些信息可以用来排除故障。以下是这些信息的一些实例。

Highly Available Virtual_Machine_Name failed. It will be restarted automatically.

Virtual_Machine_Name was restarted on Host Host_Name

该日志文件是 RHEV-M 管理平台上的/var/log/ovirtengine/engine.log:Failed to start Highly Available。

4. 防止虚拟机自动迁移

RHEV-M 管理平台允许禁用虚拟机自动迁移功能。另外，也可以通过设定虚拟机只能在一个特定主机上运行的选项，来禁用手动虚拟机迁移的功能。禁用自动虚拟机迁移并指定虚拟机只能在一个特定的主机上运行对于使用高可用性产品（如 Red Hat HighAvailability 或 Cluster Suite）非常有用。

8.2.3　虚拟机自动迁移

当一个主机被设为维护模式后，RHEV-M 管理平台将自动启动虚拟机实时迁移的操作，它把该主机上运行的所有虚拟机迁移到该群集中的其他主机上。RHEV-M 管理平台会根据群集策略中规定的负载平衡或电源管理级别来自动进行虚拟机的实时迁移。在默认情况下，群集策略没有定义，但是如果需要使用实时迁移的功能，则推荐设置一个适合于具体情况的群集策略。也可以在需要的时候，在特定虚拟机上禁用自动（甚至手动）实时迁移功能。

第 1 步，默认情况下，虚拟机的移植选项为“允许手动和自动移动”，如图 8-2-1 所示。

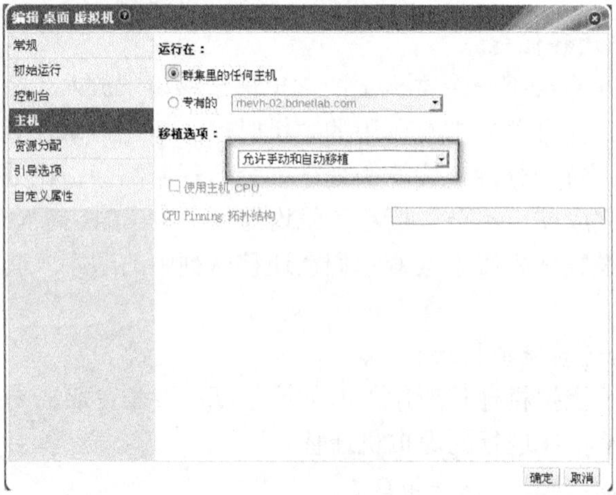

图 8-2-1　虚拟机自动迁移之一

第 2 步，如果生产环境不允许该虚拟机自动迁移，选择下拉列表中的“不允许移植”，如图 8-2-2 所示，单击“确定”按钮。

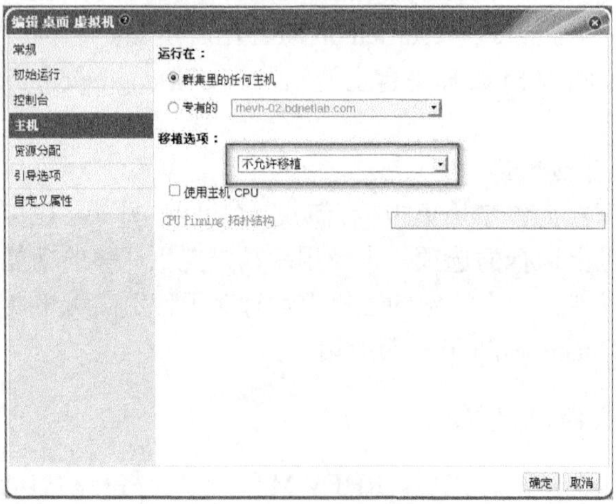

图 8-2-2　虚拟机自动迁移之二

8.2.4　虚拟机手动迁移

在生产环境中，可能由于对服务器进行一些调整或者其他原因，需要手动迁移虚拟机，其具体操作如下。

第 1 步，打开虚拟机电源，虚拟机运行的主机为“rhevh-01.bdnetlab.com”，单击“移植”，如图 8-2-3 所示。

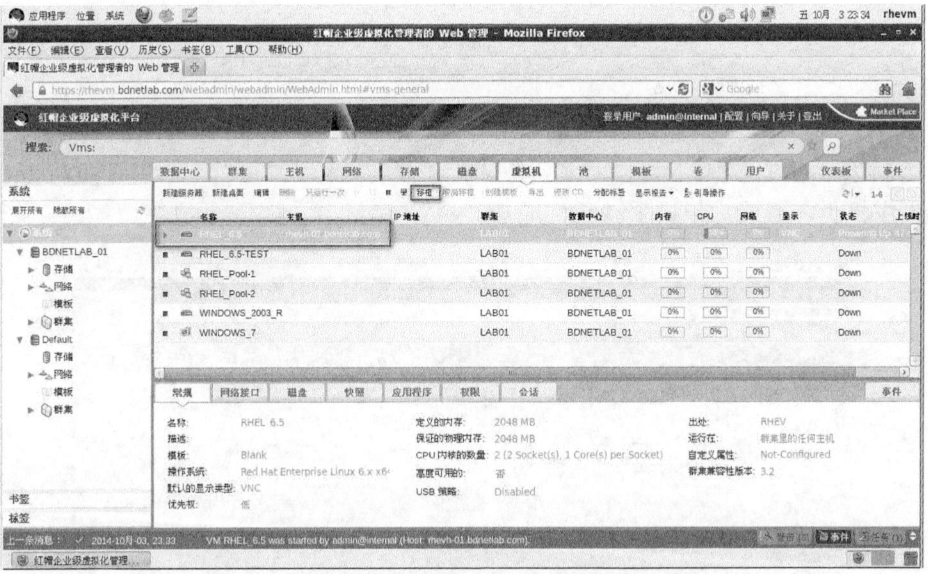

图 8-2-3　虚拟机手动迁移之一

第 2 步，系统打开“移植虚拟机”对话框，默认选中“自动选择主机”，如图 8-2-4 所示。

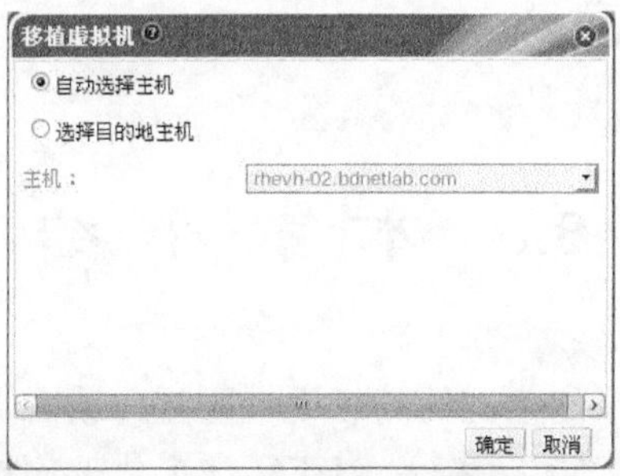

图 8-2-4　虚拟机手动迁移之二

第 3 步，选择“选择目的地主机”，在下拉列表中选择“rhevh-02.bdnetlab.com”，如图 8-2-5 所示，单击“确定”按钮。

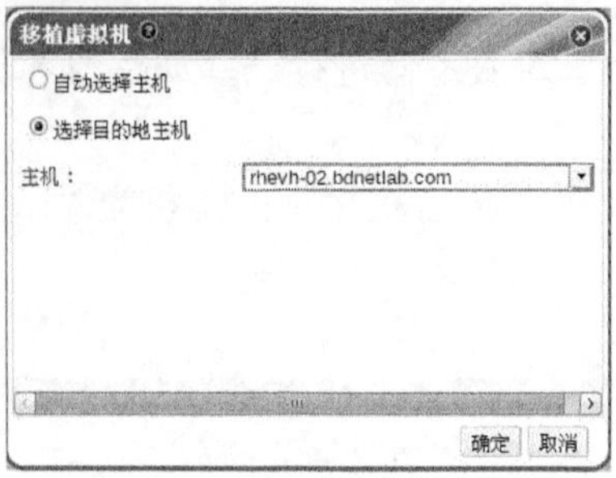

图 8-2-5　虚拟机手动迁移之三

第 4 步，通过图 8-2-6 可以看到，虚拟机 RHEL_6.5 已经运行在“rhevh-02.bdnetlab.com”主机上，说明虚拟机手动迁移成功。

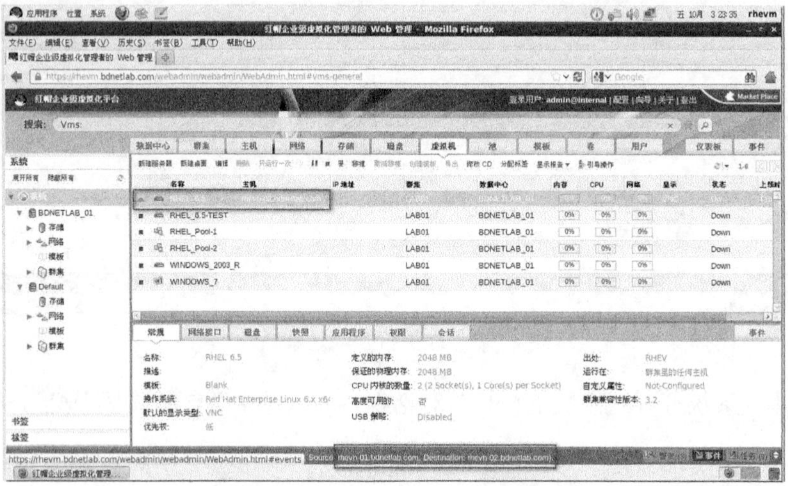

图 8-2-6　虚拟机手动迁移之四

8.3　本 章 小 结

本章介绍了 RHEV 虚拟化架构的高可用性配置，读者可能发现，RHEV 虚拟化架构可以配置的高可用性参数太少，毕竟 RHEV 虚拟化架构推出的时间不长，不少功能还在不断完善中。同时，由于 Linux 内核本身的稳定性，所以红帽也未在这个方面花太多的精力。

第 9 章　备份恢复 RHEV 虚拟化架构

部署好 RHEV 虚拟化架构，虚拟机投入生产环境正常使用后，RHEV-M 管理平台和虚拟机的备份恢复也是相当重要的工作。RHEV-M 管理平台的备份主要是数据库以及配置文件的备份，而 RHEV 虚拟化架构的虚拟机备份实际上就是使用导出域将虚拟机文件导出即可。

本节的实战操作将备份恢复 RHEV-M 管理平台以及虚拟机。

本章要点

- 备份 RHEV-M 管理平台
- 恢复 RHEV-M 管理平台

9.1　备份 RHEV-M 管理平台

对于 RHEV-M 管理平台备份恢复，RHEV 虚拟化架构提供相应的备份方式，其实质就是备份恢复 RHEV-M 管理平台的数据库和配置文件。

9.1.1　备份 RHEV-M 管理平台数据库

RHEV-M 管理平台主要涉及两个数据库：engine 和 ovirt_engine_history。

RHEV-M 报告：rhevmports。

第 1 步，使用 root 登录 RHEV-M 管理平台，打开终端窗口，输入命令“cd /user/share/ovirt-engine/dbscripts”，进入目录，如图 9-1-1 所示。

图 9-1-1　备份 RHEV-M 管理平台数据库之一

第 2 步，输入命令“for DB in engine ovirt_engine_history rhevmreports ; do”同时

备份 3 个数据库，如图 9-1-2 所示。

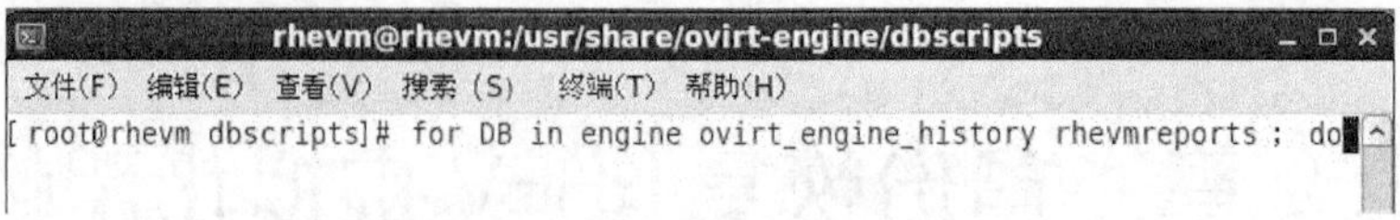

图 9-1-2　备份 RHEV-M 管理平台数据库之二

第 3 步，在>后输入参数“>./backup.sh –d $DB –u postgres”，如图 9-1-3 所示。

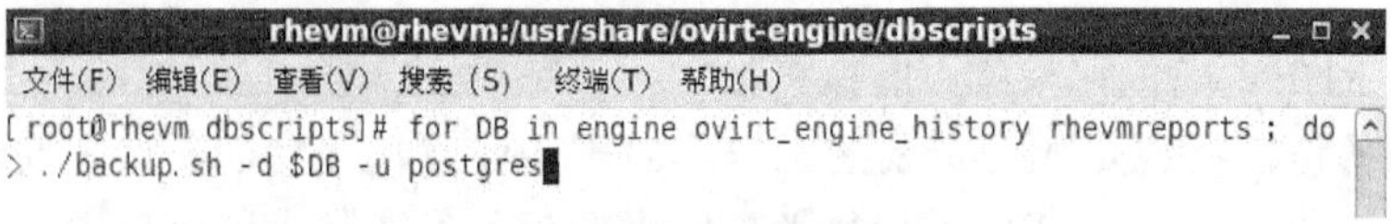

图 9-1-3　备份 RHEV-M 管理平台数据库之三

第 4 步，在>后输入参数“done”，如图 9-1-4 所示。

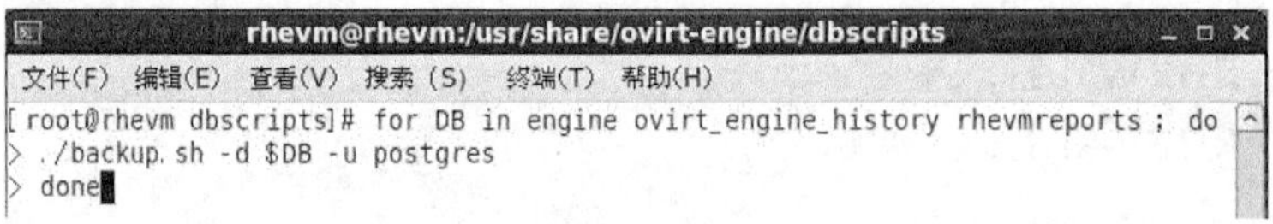

图 9-1-4　备份 RHEV-M 管理平台数据库之四

第 5 步，系统开始备份数据库文件，如图 9-1-5 所示。

图 9-1-5　备份 RHEV-M 管理平台数据库之五

第 6 步，备份数据库完成，如图 9-1-6 所示。

图 9-1-6　备份 RHEV-M 管理平台数据库之六

第 7 步，输入“ll”命令可以看到备份完成的数据库文件，以 sql 为扩展名，如图 9-1-7 所示。

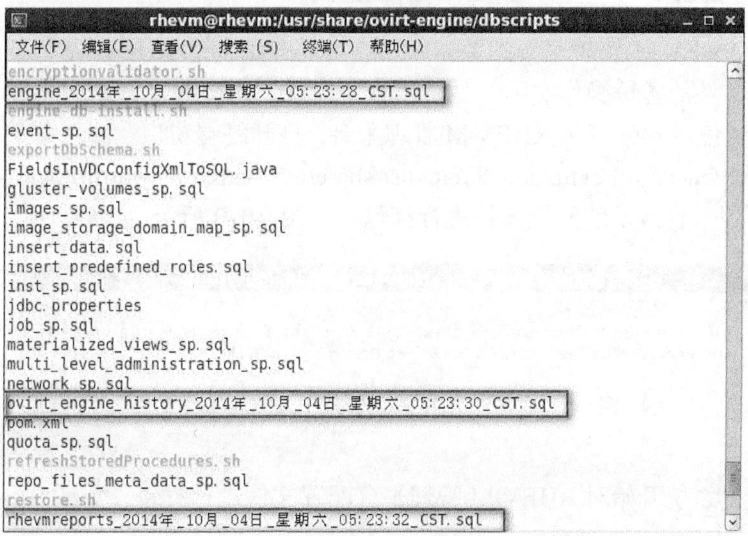

图 9-1-7　备份 RHEV-M 管理平台数据库之七

第 8 步，使用 WinSCP 工具将备份好的数据库文件传到异地，如图 9-1-8 所示。

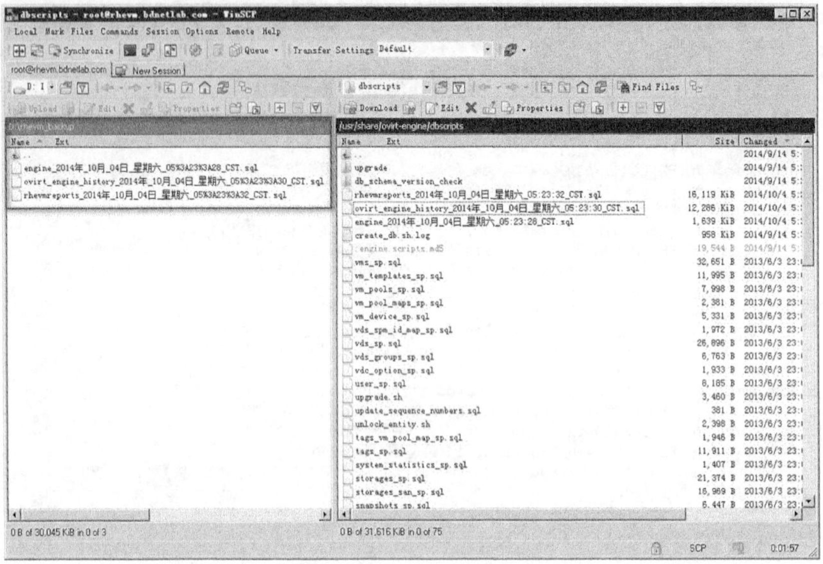

图 9-1-8　备份 RHEV-M 管理平台数据库之八

至此，RHEV-M 管理平台涉及的数据库备份完成。

9.1.2　备份 RHEV-M 管理平台配置文件

备份好 RHEV-M 管理平台的数据库后，可以开始备份 RHEV-M 管理的相关配置文件，配置文件的备份操作实际就是将配置文件打包的过程。

第 1 步，使用 root 登录 RHEV-M 管理平台，打开终端窗口，输入命令“tar --xattrs –cjvf /dev/shm/backup-rhevm.tar.bz2 /etc /usr/share/ovirt-engine* /var/lib/ovirt-engine”，对 RHEV-M 管理平台涉及的配置文件进行打包，如图 9-1-9 所示。

图 9-1-9　备份 RHEV-M 管理平台配置文件之一

第 2 步，系统开始对 RHEV-M 管理平台配置文件进行打包，如图 9-1-10 所示。

图 9-1-10　备份 RHEV-M 管理平台配置文件之二

第 3 步，RHEV-M 管理平台配置文件打包完成，如图 9-1-11 所示。

图 9-1-11　备份 RHEV-M 管理平台配置文件之三

第 4 步，进入“/dev/shm/”目录，输入命令“ll”查看打包生成的文件，通过图 9-1-12 可以看到生成的打包文件“backup-rhevm.tar.bz2”。

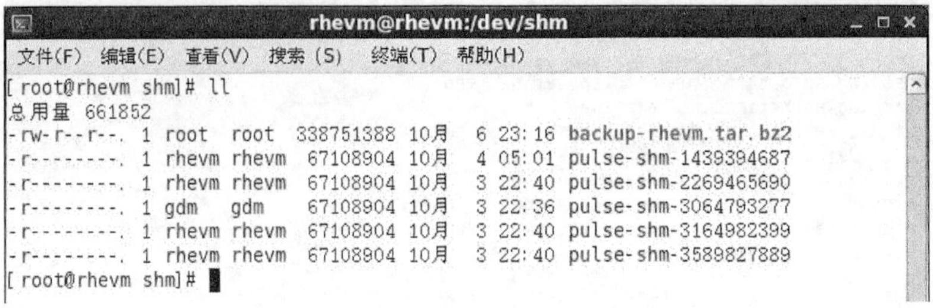

图 9-1-12　备份 RHEV-M 管理平台配置文件之四

至此，RHEV-M 管理平台数据库和配置文件备份完成。

9.2　恢复 RHEV-M 管理平台

RHEV-M 管理平台的恢复实际上就是替换备份的文件的过程，整个过程操作相对简单。

9.2.1　恢复 RHEV-M 管理平台数据库

第 1 步，使用 root 用户登录 RHEV-M 管理平台，打开终端窗口，进入“/usr/share/ovirt-engine/dbscripts”目录，输入命令“service ovirt-engine stop”，停止服务，如图 9-2-1 所示。

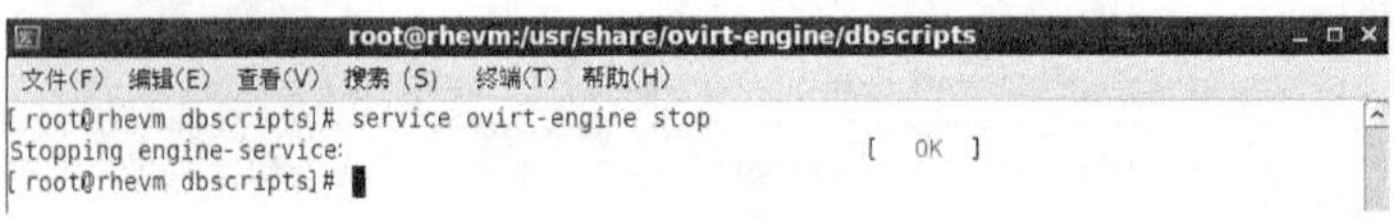

图 9-2-1　恢复 RHEV-M 管理平台数据库之一

第 2 步，输入命令“./restore.sh –d engine –u postgres –f /rhevmbackup/engine.sql -r”开始恢复数据库，如图 9-2-2 所示。

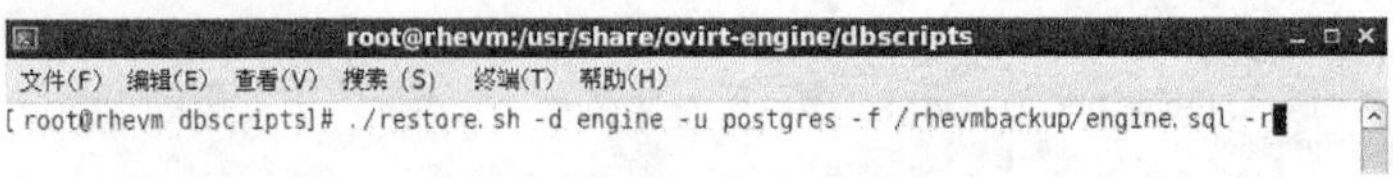

图 9-2-2　恢复 RHEV-M 管理平台数据库之二

第 3 步，系统开始恢复数据库，如图 9-2-3 所示。

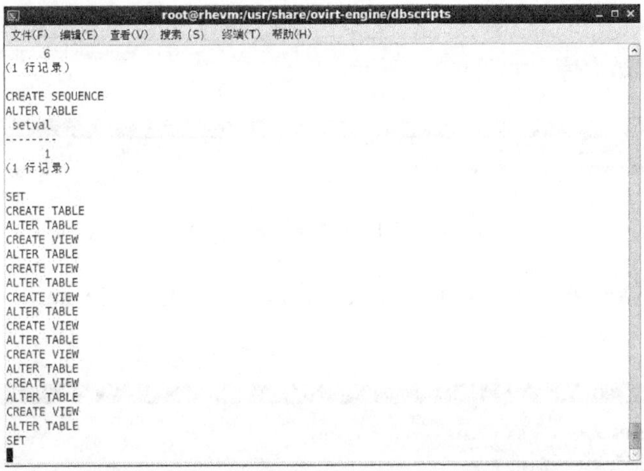

图 9-2-3　恢复 RHEV-M 管理平台数据库之三

第 4 步，“engine.sql”数据库恢复完成，如图 9-2-4 所示。

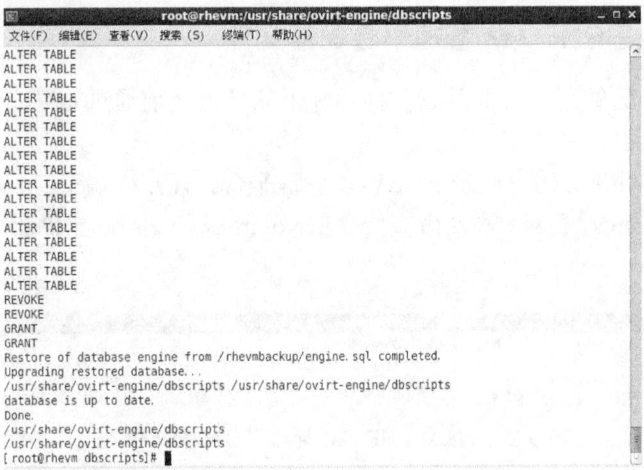

图 9-2-4　恢复 RHEV-M 管理平台数据库之四

第 5 步，RHEV-M 管理平台一共涉及 3 个数据库，还需要恢复其他数据库，输入命令“输入命令“./restore.sh –d engine –u postgres –f /rhevmbackup/ovirt_engine_history.sql -r”恢复 ovirt_engine_history 数据库，如图 9-2-5 所示。

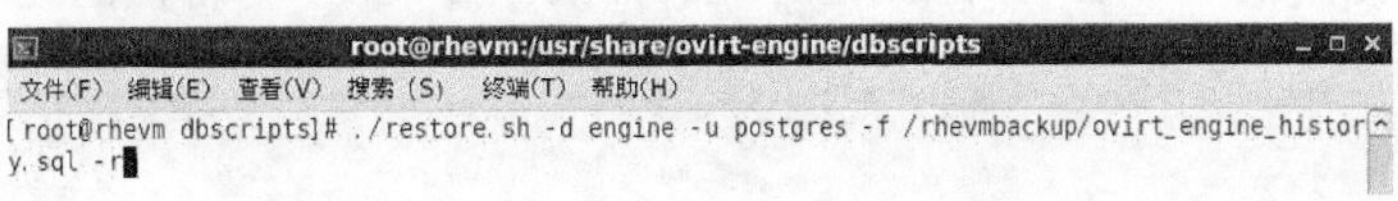

图 9-2-5　恢复 RHEV-M 管理平台数据库之五

第 6 步，输入命令“./restore.sh –d engine –u postgres –f /rhevmbackup/ rhevmreports.sql -r”恢复 rhevmreports 数据库，如图 9-2-6 所示。

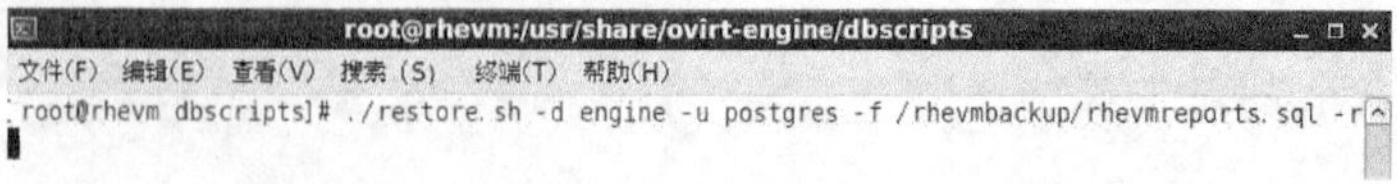

图 9-2-6　恢复 RHEV-M 管理平台数据库之六

第 7 步，数据库恢复完成，输入命令“service ovirt-engine start”重新启动系统服务，如图 9-2-7 所示。

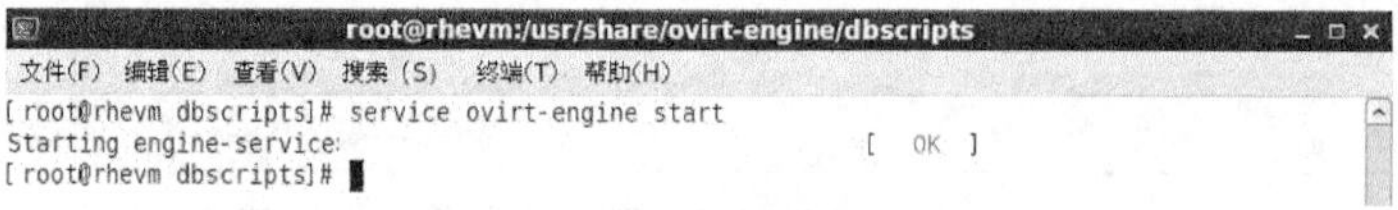

图 9-2-7　恢复 RHEV-M 管理平台数据库之七

至此，RHEV-M 管理平台数据库恢复完成。

9.2.2　恢复 RHEV-M 管理平台配置文件

恢复 RHEV-M 管理平台的配置文件实际上就是将之前通过 tar 打包的文件解压缩，其具体操作如下。

第 1 步，使用 root 用户登录 RHEV-M 管理平台，打开终端窗口，进入“/usr/share/ovirt-engine/dbscripts”目录，输入命令“service ovirt-engine stop”，停止服务，如图 9-2-8 所示。

图 9-2-8　恢复 RHEV-M 管理平台配置文件之一

第 2 步，如果已经安装了 RHEV-M，则需要删除所有以前安装的 RHEV-M，删除方法参考第 3 章的相关内容。

第 3 步，重新安装 RHEV-M，输入和原始安装相同的信息，相关参数参考第 3 章的相关内容。

第 4 步，使用命令“tar –xjvf backup-rhevm.tar.bz2 –C /”将备份的配置文件解压到原位置，如图 9-2-9 所示。

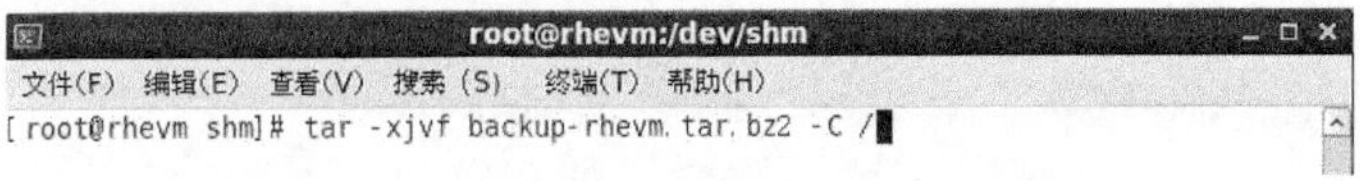

图 9-2-9　恢复 RHEV-M 管理平台配置文件之二

第 5 步，系统开始解压缩文件，如图 9-2-10 所示。

图 9-2-10　恢复 RHEV-M 管理平台配置文件之三

第 6 步，配置文件恢复完成，输入命令"service ovirt-engine start"重新启动系统服务，如图 9-2-11 所示。

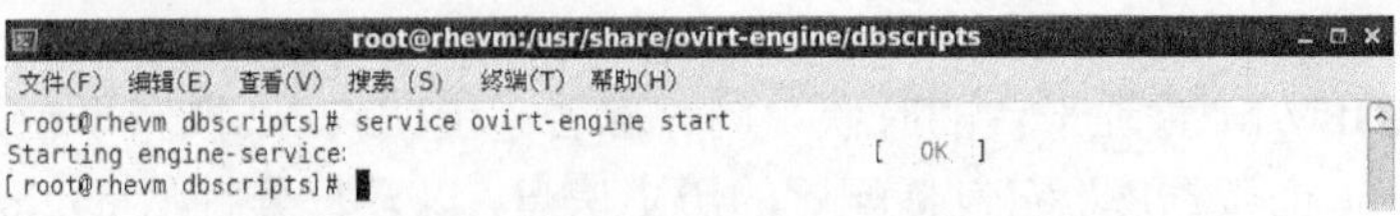

图 9-2-11　恢复 RHEV-M 管理平台配置文件之四

至此，RHEV-M 管理平台配置文件恢复完成。

9.3 本章小结

本章介绍了 RHEV-M 管理平台的备份和恢复，其复杂之处在于需要使用大量的命令进行操作，日常的备份工作相当重要，RHEV-M 管理平台出现故障时，可以使用备份快速进行恢复。

第 10 章　RHEV 虚拟化架构报表服务

RHEV 虚拟化架构包括一个丰富的管理历史数据库，它可以被报表应用程序用来生成数据中心、群集和主机一级的数据报表。它使用开源 Postgres 作为后台数据库，用来存储虚拟环境的状态、配置信息和性能数据。使用 RHEV 虚拟化架构的报表平台，可以提供一些基础的报表服务，可以监控 RHEV 虚拟化架构运行的状况。当然，RHEV 虚拟化架构的报表平台支持二次开发，可以根据企业的实际情况开发更实用的报表服务程序。

本章将介绍 RHEV 虚拟化架构的报表服务。

本章要点

- 报表服务介绍
- 常用报表介绍

10.1　报 表 服 务

在部署 RHEV-M 管理平台的时候，同时部署了 RHEV-M 报表平台，并创建一个名为 ovirt-engine 的数据库。它包括配置的历史信息，以及每分钟从 engine 运行数据库所收集的统计数据。这些数据库中的数据可以帮助用户分析系统的使用情况，为提高系统性能和解决可能的问题提供数据支持。

10.1.1　RHEV 报表服务中的用户

RHEV-M 报表平台不使用目录服务器进行用户验证。默认情况下，使用 rhevm-admin 用户登录报表服务平台。当然，可以添加新的用户来访问报表服务。

报表服务包括以下 3 个用户角色，每一个都有不同级别的权限。

（1）ROLE_ADMINISTRATOR：可以创建/编辑/删除报表、仪表板（dashboard）、特定的报表（adhoc report），并可以管理服务器。

（2）ROLE_USER：可以创建/编辑/删除 adhoc 报表并查看报表和仪表板。

（3）ROLE_ANO NYMOUS：可以登录并查看报表和仪表板。

10.1.2　JasperReports 和 JasperServer

RHEV 虚拟化架构提供了一个定制的 JasperServer，它可以通过网站来访问预先定义的报表和仪表板（dashboard），以及创建 ad hoc 报表。JasperReports 是一个开源的报告工具（reporting tool），可以被继承到基于 Java 的应用程序中。它产生的报告可以在屏幕上显示，也可以被打印，或输出为多种格式的文件（PDF、Excel、CSV、Word、RTF、Flash、ODT 和 ODS）。JasperReports 和 JasperServer 集成在一起，使用 JasperServer 可以通过网站界面来访问 JasperReports 生成的报告。

10.2　常 用 报 表

RHEV-M 报表平台提供了大量的报表供用户使用，普通用户使用起来并不一定方便，报表包含了大量的信息。下面介绍常用的报表。

10.2.1　报表服务基本操作

本节的实战操作将查看在一个指定时间范围内，活跃的虚拟机数量情况，同时以虚拟机操作系统进行分类。

第 1 步，使用 rhevm-admin 登录报表平台，选择“Active Virtual Machines by OS (BR18)”报表，如图 10-2-1 所示。

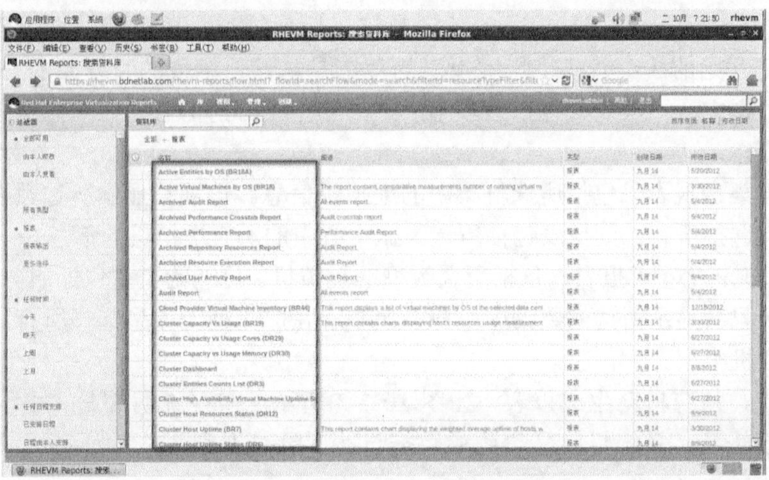

图 10-2-1　报表服务基本操作之一

第 2 步，系统打开“输入控制”窗口，输入相关的参数，如图 10-2-2 所示。

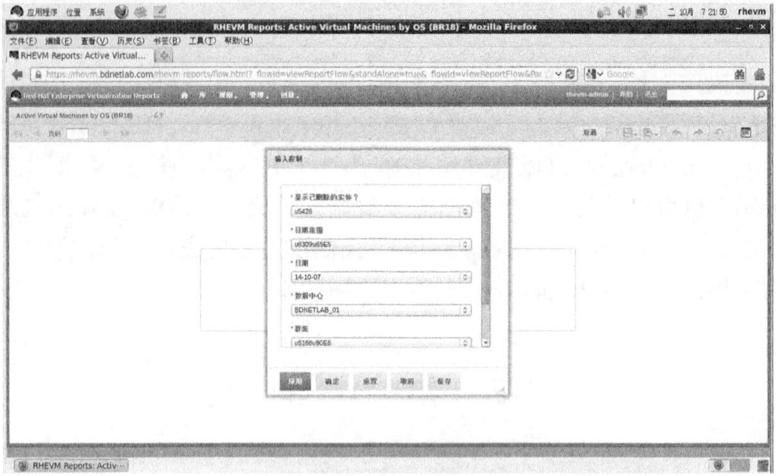

图 10-2-2 报表服务基本操作之二

图 10-2-2 参数解释。

（1）显示已删除的实体：该报表将包括已从环境中删除的项，如已删除的数据中心、群集和主机。

（2）日期范围：指定报表中的日期范围。按日报表包括一天的信息；按月报表包括一个月的信息；按季度报表包括以日期参数中的月开始的 3 个月的信息；按年度报表包括以日期参数中的月开始的一年的信息。

（3）日期：报表将包括从该日期开始的一定时间范围的信息。按日报表的截止范围是该日期值加一天；按月报表的范围是该日期值的月；按季度报表的范围是从该日期值的月开始的 3 个月；按年度报表的范围是从该日期值的月开始的一年。

（4）数据中心：报表只包括该项中所选的数据中心的信息。该项只显示有虚拟机的数据中心。

（5）群集：报表只包括所选群集中的虚拟机信息。该项只显示所选数据中心中的群集。如果选择所有，则报表包括所选数据中心中的所有虚拟机的信息。

（6）虚拟机类型：报表只包括所选类型的虚拟机。可能的类型包括服务器和桌面。该选项列表只会显示所选的数据中心和群集中存在的类型。如果选择所有，则报表包括所有虚拟机类型。

第 3 步，系统自动生成报表，如图 10-2-3 所示。需要说明的是，由于在前面章节做过系统恢复，系统目前采集到的数据过少，没有看到生成的活动虚拟机系统的信息。

在生产环境中，随着时间的推移，报表平台收集的信息会较多。

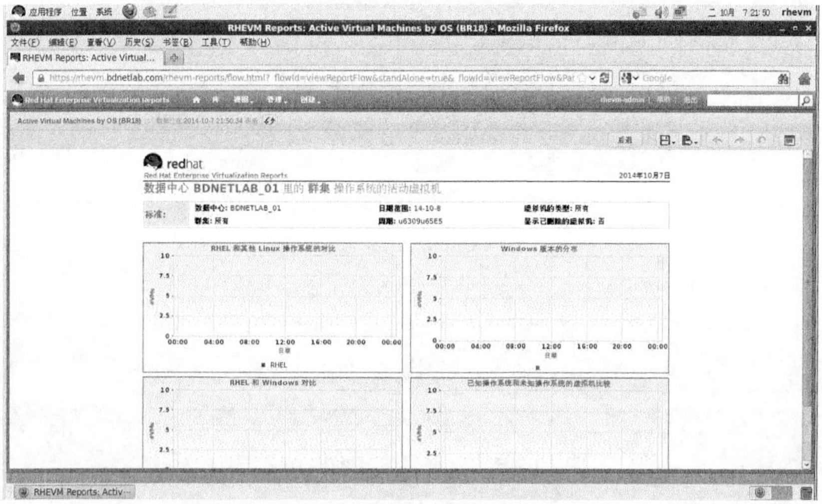

图 10-2-3　报表服务基本操作之三

第 4 步，系统生成的报表可以选择导出为多种格式，如图 10-2-4 所示。

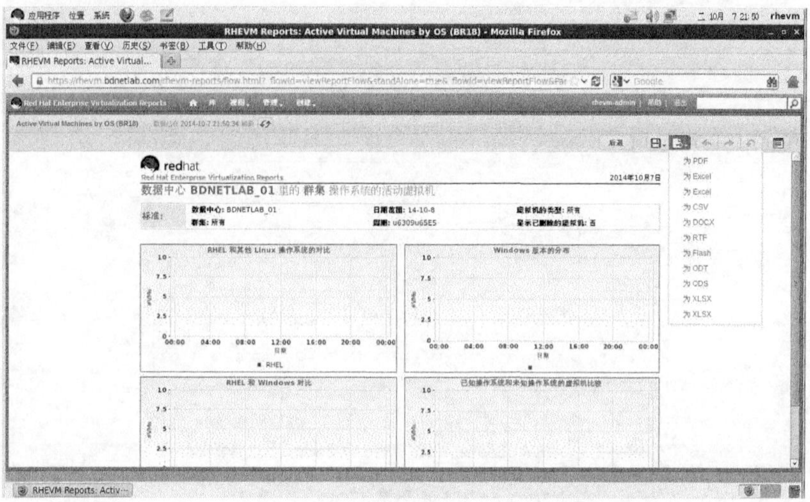

图 10-2-4　报表服务基本操作之四

第 5 步，选择将报表导出为 PDF 格式，单击“保存文件”按钮，如图 10-2-5 所示。

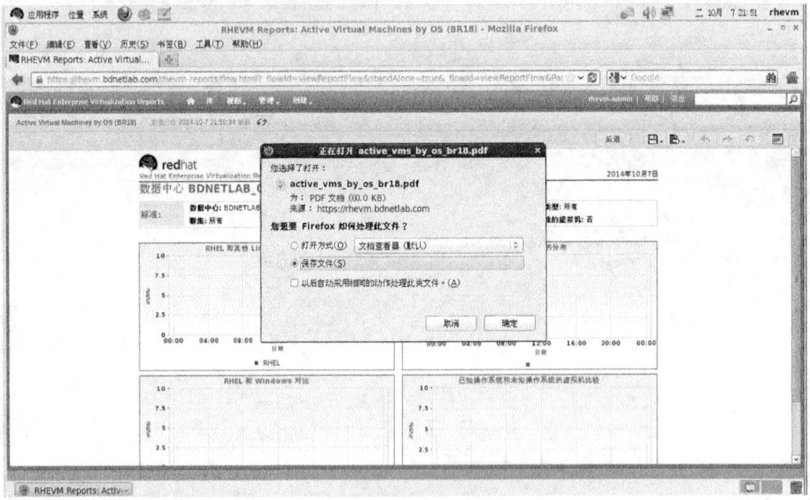

图 10-2-5　报表服务基本操作之五

第 6 步，报表导出 PDF 文件成功，方便管理员作为文档进行归档保存，如图 10-2-6 所示。

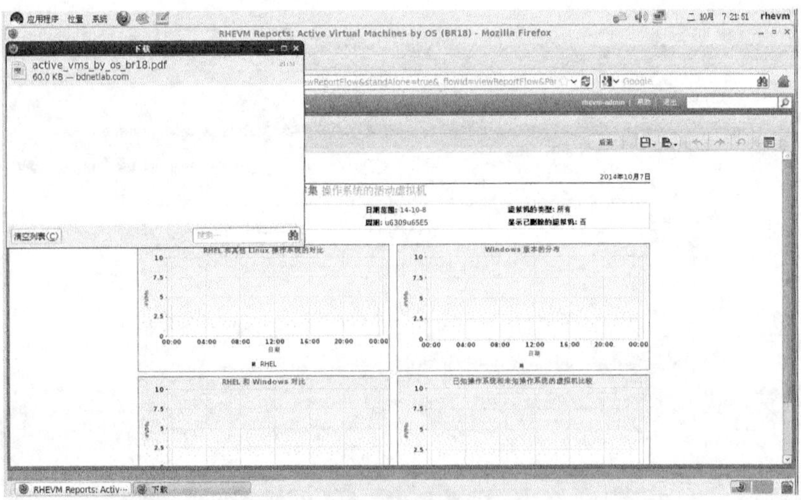

图 10-2-6　报表服务基本操作之六

第 7 步，打开导出的 PDF 文档进行查看，通过图 10-2-7 可以看到，生成的 PDF 文档与直接在系统中看到的报表一致。

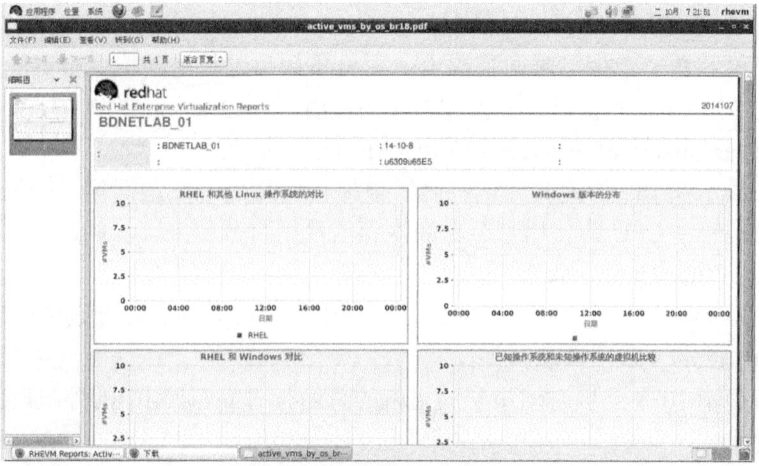

图 10-2-7 报表服务基本操作之七

10.2.2 常用报表介绍

RHEV-M 报表平台可以提供多种报表服务，下面介绍常用的报表及相关参数。

1. Cluster Capacity Vs Usage 报表

该报表显示在一个特定时间段中，系统的计算能力和使用情况之间的关系。其中系统计算能力以 CPU 内核和物理内存为代表，而使用情况以 CPU 和虚拟机内存为代表。

2. Host Operat ing Syste m Break Down 报表

该报表显示在一个特定时间范围内，运行每个操作系统的主机数量。

3. Summary of Host Usage Resources 报表

该报表显示在一个指定时间范围内的平均主机资源（CPU 和内存）使用情况的散点图。

4. Hosts Inventory 报表

该报表显示在选择的数据中心和群集中的所有主机列表。

5. Storage Domain Size Over Time 报表

该报表包括了在指定时间范围内，一个存储域中的总可用空间和已经被使用的空间的数据线性图。

6. Cluster Host Uptime 报表

该报表显示在一个特定时间段中，一个群集中的主机的带有权重的平均运行时间。该报表还包括一个显示每个主机的计划中的总停机时间和非计划中的总停机时间的表格。

7. Cluster Quality of Services - Hosts 报表

该报表显示在一个指定时间范围内，主机负载超过设定阈值（threshold）的总时间。负载是通过 CPU 的使用百分比和内存的使用百分比来表示的。

8. Cluster Quality of Services - Virtual Machines 报表

该报表显示在一个指定时间范围内，虚拟机负载超过设定阈值（threshold）的总时间。负载是通过 CPU 的使用百分比和内存的使用百分比来表示的。

9. Single Host Uptime 报表

该报表显示一个主机的总运行时间、计划中的停机时间和非计划中的停机时间。

10. Downtime Hosts 报表

该报表显示 10 个停机时间最长的主机的总运行时间、计划中的停机时间和非计划中的停机时间。

11. High Availability Virtual Servers Uptime 报表

该报表显示在一个特定时间段中，一个群集中的高可用性虚拟服务器的带有权重的平均运行时间，还包括一个显示每个虚拟服务器的总运行时间和非计划中的共停机时间的表。

12. Five Least Utilized Hosts（Over Time）报表

该报表显示在一个特定时间范围内，系统负载（以 CPU 和内存的使用情况衡量）最低的 5 台主机的带有权重的每日高峰负载的平均值。

13. Five Least Utilized Virtual Machines（Over Time）报表

该报表显示在一个特定时间范围内，系统负载（以 CPU 和内存的使用情况衡量）最低的 5 台虚拟机的带有权重的每日高峰负载的平均值。

14. Five Most Utilized Hosts（Over Time）报表

该报表显示在一个特定时间范围内，系统负载（以 CPU 和内存的使用情况衡量）最高的 5 台主机的带有权重的每日高峰负载的平均值。

15. Five Most Utilized Virtual Machines（Over Time）报表

该报表显示在一个特定时间范围内，系统负载（以 CPU 和内存的使用情况衡量）最高的 5 台虚拟机的带有权重的每日高峰负载的平均值。

16. Multiple Hosts Resource Usage（Over Time）报表

该报表显示在一个特定时间范围内，多个主机（最多可选 5 个主机）的高峰系统负载（以 CPU 和内存的使用情况衡量）。

17. Multiple Virtual Manchines Resource Usage（Over Time）报表

该报表显示在一个特定时间范围内，多个虚拟机（最多可以选 5 个虚拟机）的高峰系统负载（以 CPU 和内存的使用情况衡量）。

18. Single Host Resource Usage（Days of Week）报表

该报表显示在一个指定时间范围内，一个主机的各种资源使用情况的数据，并按照一周七天对它们进行分组。这些数据包括 CPU 的使用情况、内存使用情况、活跃的虚拟机数量以及网络的使用情况。

19. Single Host Resource Usage（Hour of Day）报表

该报表显示在一个指定时间范围内，一个主机的各种资源使用情况的数据，并按照一天 24 小时（0-23）对它们进行分组。这些数据包括 CPU 的使用情况、内存使用情况、活跃的虚拟机数量以及网络的使用情况。

20. Single Virtual Machine Resources（Days of Week）报表

该报表显示在一个指定时间范围内，一个虚拟机的各种资源使用情况的数据，并按照一周 7 天对它们进行分组。这些数据包括 CPU 的使用情况、内存使用情况、活跃的虚拟机数量以及网络的使用情况。

21. Single Virtual Machine Resources（Hour of Day）报表

该报表显示在一个指定时间范围内，一个虚拟机的各种资源使用情况的数据，并按照一天 24 小时（0-23）对它们进行分组。这些数据包括 CPU 的使用情况、内存使用情况、活跃的虚拟机数量以及网络的使用情况。

22. Single Virtual Machine Resources（Over Time）报表

该报表显示在一个指定时间范围内，一个虚拟机的各种资源使用情况的数据。这些数据包括 CPU 的使用情况、内存使用情况、活跃的虚拟机数量以及网络的使用情况。

10.3　本章小结

本章对 RHEV 虚拟化架构的报表服务作了简要介绍，通过一些基础的操作，可以了解 RHEV 虚拟化架构的运行状况。对于中小企业来说，系统自带的基础报表服务能够基本满足其对报表的需要。对于对报表有特殊要求的企业，RHEV 虚拟化架构的报表平台支持二次开发，可以根据企业的实际情况开发更实用的报表服务程序。

第 11 章　单机部署使用 KVM 虚拟化

前面的章节介绍了 RHEV 虚拟化架构，这个架构是一个完整的虚拟化解决方案，但在企业的生产环境中，物理服务器可能已经安装了 Linux，由于各种原因，物理服务器的资源使用情况不高，要提高物理服务器的使用率，可以考虑在单台物理服务器上部署 KVM 虚拟化。

本章将介绍基于 RHEL 系统 KVM 以及其他 Linux 系统 KVM 的部署和使用。

本章要点

- 单机 KVM 的安装
- 虚拟机的安装配置

11.1　KVM 的安装

KVM 是开源的系统虚拟化模块，Linux 2.6.20 之后集成在 Linux 的各个主要发行版本中，大多数 Linux 系统只要安装组件即可使用。

11.1.1　RHEL 系统 KVM 的安装

在第 2 章实战环境搭建中已经介绍过 RHEL 系统的安装过程，如果需要使用 KVM 虚拟化，需要增加一些参数的选择，当然也可以在安装完成后添加。

本节的实战操作介绍 RHEL 系统安装 KVM 的要点。

第 1 步，在安装 RHEL 系统过程中选择“虚拟化主机”，然后选择“现在自定义（C）”，单击“下一步（N）”按钮，如图 11-1-1 所示。

第 2 步，进入“虚拟化”组件的选择，根据实际情况勾选虚拟化相关的组件，如图 11-1-2 所示，单击“下一步（N）”按钮。

需要注意的是，如果第 1 步操作和第 2 步操作均未选择“桌面”组件，则安装结束后 RHEL 系统是命令行模式。

图 11-1-1　RHEL 系统 KVM 的安装之一

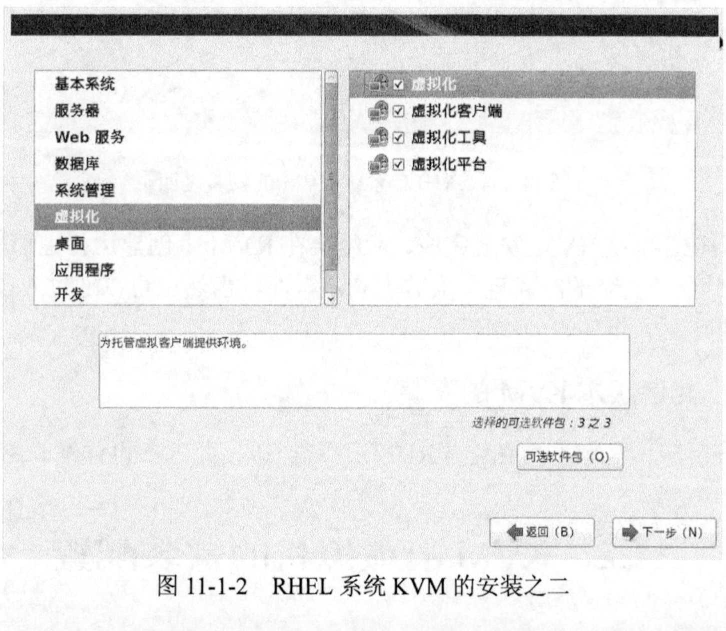

图 11-1-2　RHEL 系统 KVM 的安装之二

第 3 步，RHEL 系统安装结束后，使用 root 登录系统，打开终端管理器，输入命令“virt-manager”，打开“虚拟系统管理器”，如图 11-1-3 所示。

图 11-1-3 RHEL 系统 KVM 的安装之三

第 4 步，系统打开“虚拟系统管理器”，这是单机使用 KVM 的管理平台，相对 RHEV 虚拟化架构来说，功能要单一很多，如图 11-1-4 所示。

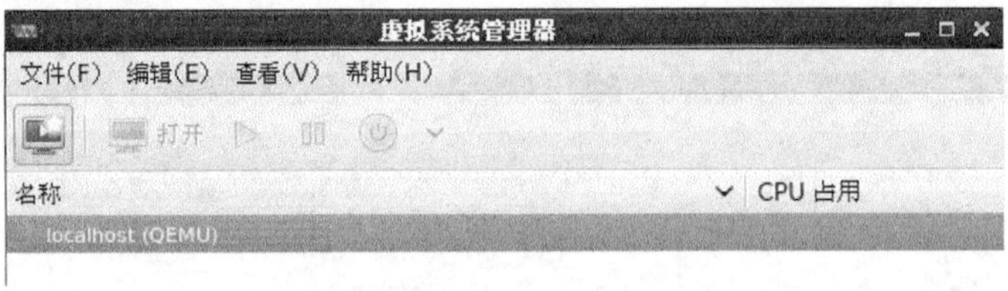

图 11-1-4 RHEL 系统 KVM 的安装之四

至此，RHEL 系统 KVM 安装完成，后续会在 KVM 上创建运行虚拟机。11.1.1 小节介绍 RHEL 全新安装的时候直接安装 KVM 组件，当然也可以通过 YUM 命令或其他方式来安装 KVM 组件。

11.1.2 其他版本 KVM 的安装

其他 Linux 版本 KVM 的安装与 RHEL 系统类似，此处不再详细介绍。

11.2 KVM 上虚拟机的安装配置

在 Linux 系统上安装完 KVM 后，后续的工作就是虚拟机的安装配置，主流的 KVM 系统支持基于 Linux 和 Windows 的虚拟机。

11.2.1　安装基于 RHEL 的虚拟机

本节的实战操作将在 RHEL 系统的物理服务器上安装一台 RHEL 的虚拟机。

第 1 步，打开“虚拟系统管理器”，单击“新建虚拟机”按钮，如图 11-2-1 所示。

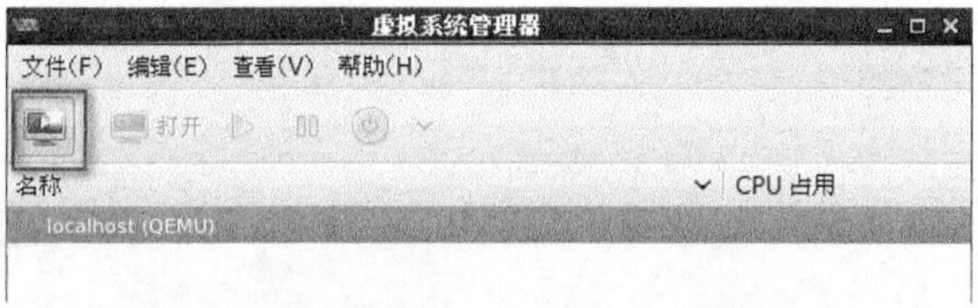

图 11-2-1　安装基于 RHEL 的虚拟机之一

第 2 步，系统打开“新建虚拟机”对话框，输入虚拟机的名称“rhel”，虚拟机需要指定安装操作系统的源，可以选择的安装源很多，可以根据实际情况选择，本节选择的是“本地安装介质（ISO 映像或光驱）”，如图 11-2-2 所示。

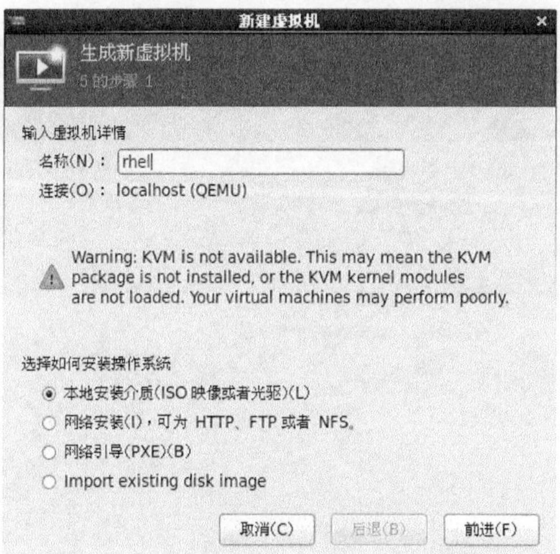

图 11-2-2　安装基于 RHEL 的虚拟机之二

第 3 步，指定“使用 ISO 映像”的路径，选择操作系统类型，单击“前进（F）”按钮，如图 11-2-3 所示。

第 4 步，设置虚拟机内存以及 CPU，根据实际情况设置，单击“前进（F）”按钮，如图 11-2-4 所示。

图 11-2-3 安装基于 RHEL 的虚拟机之三

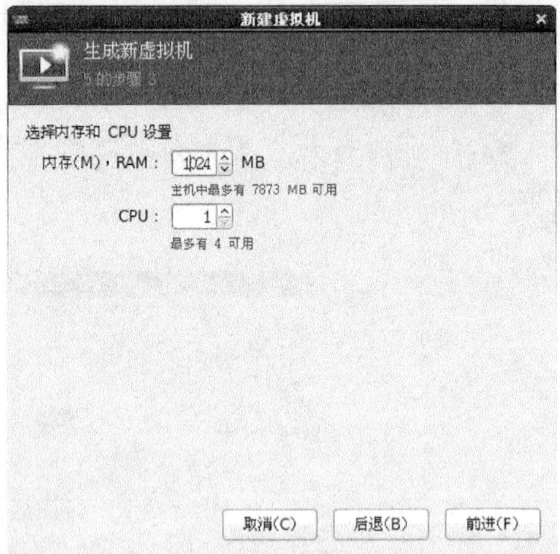

图 11-2-4 安装基于 RHEL 的虚拟机之四

第 5 步，设置虚拟机使用的硬盘大小，根据实际情况设置，单击“前进（F）”按钮，如图 11-2-5 所示。

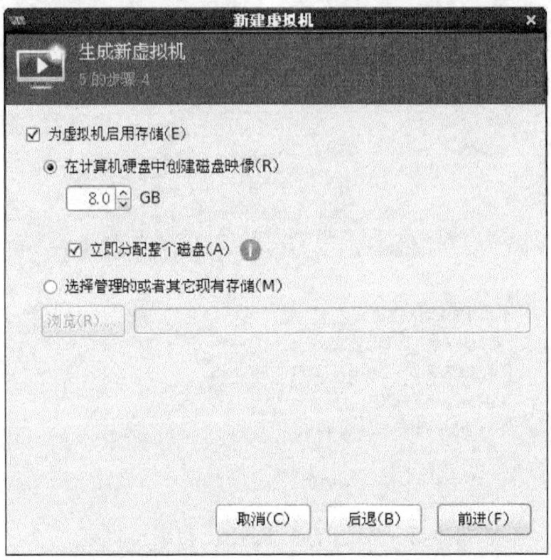

图 11-2-5 安装基于 RHEL 的虚拟机之五

第 6 步，虚拟机网络的一些选项，根据实际情况设置，单击“前进（F）”按钮，如图 11-2-6 所示。

图 11-2-6　安装基于 RHEL 的虚拟机之六

第 7 步，设置完成后启动虚拟机，进入安装界面，如图 11-2-7 所示。

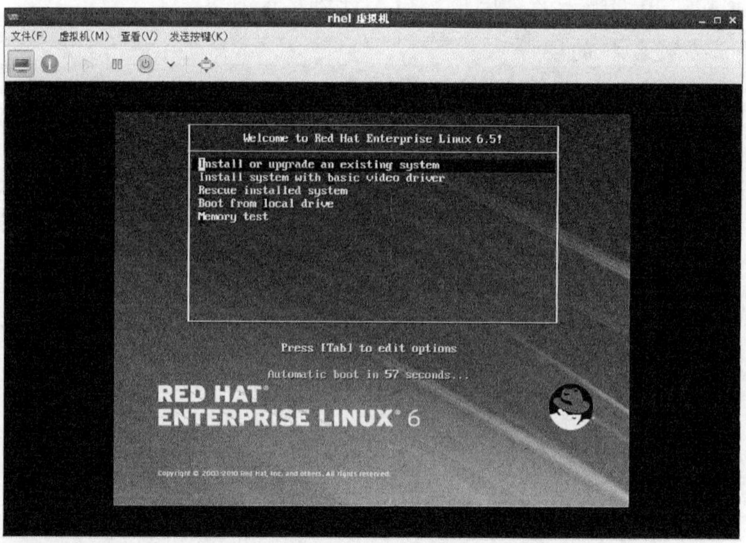

图 11-2-7　安装基于 RHEL 的虚拟机之七

第 8 步，等待一段时间即可完成安装，通过图 11-2-8 可以看到“虚拟系统管理器”和“rhel 虚拟机”的运行状况。

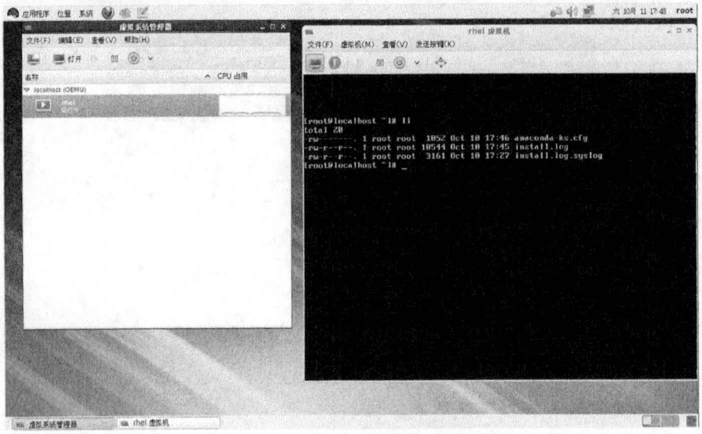

图 11-2-8　安装基于 RHEL 的虚拟机之八

至此，基于 RHEL 虚拟机的安装完成，可以在虚拟机上根据企业的实际情况运行其他服务。

11.2.2　基于 KVM 虚拟机的基本操作

单机使用的 KVM 与 RHEV 虚拟化架构相比较，其功能比较单一，其主要的功能就是运行虚拟机，根据版本的不同也提供一些额外的功能。

1. 查看添加虚拟机的硬件

第 1 步，在虚拟机上单击“显示虚拟硬件详情”按钮，打开虚拟机硬件信息窗口，可以看到当前虚拟机所有虚拟硬件的信息，如图 11-2-9 所示。

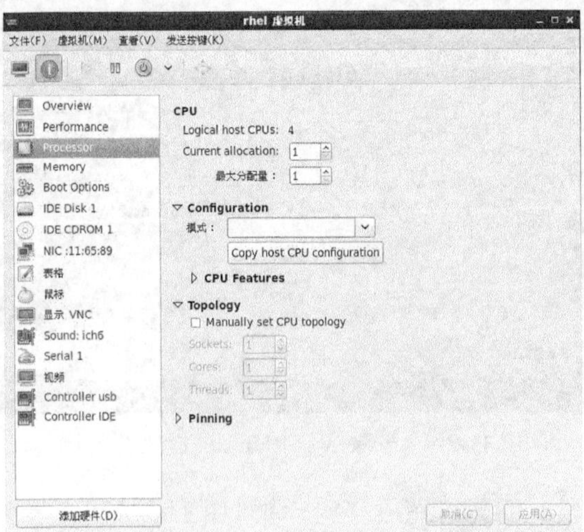

图 11-2-9　KVM 虚拟机的基本操作之一

第 2 步，单击“添加硬件”按钮，可以根据实际情况添加 RHEL 系统支持的硬件，如图 11-2-10 所示。

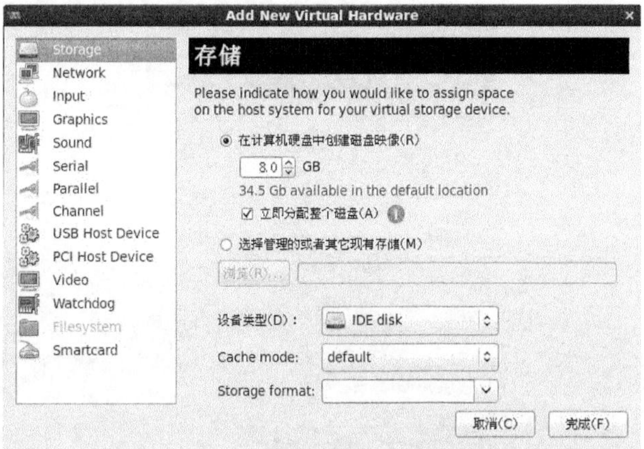

图 11-2-10　KVM 虚拟机的基本操作之二

2. 克隆虚拟机

虽然单机的KVM支持的功能有限，但基本的克隆功能还是具备的，再来看看KVM下的克隆功能如何实现。

第 1 步，选择需要克隆的虚拟机，单击“虚拟机”菜单上的“克隆（c）”，如图 11-2-11 所示。

图 11-2-11　KVM 虚拟机的基本操作之三

第 2 步，系统打开“克隆虚拟机”对话框，可选择参数较少，使用默认值即可，单击“克隆（L）”按钮，如图 11-2-12 所示。

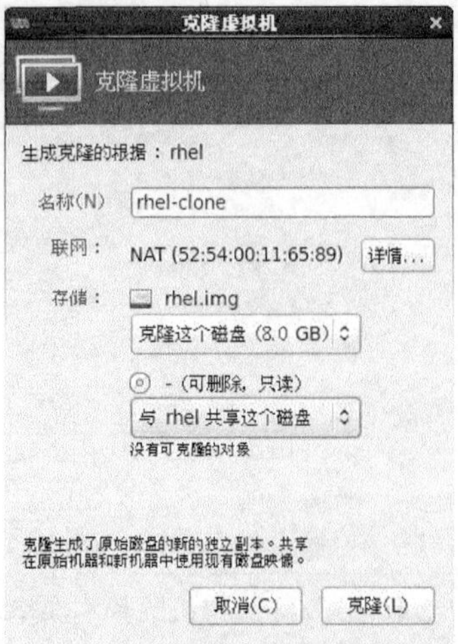

图 11-2-12　KVM 虚拟机的基本操作之四

第 3 步，系统开始克隆，如图 11-2-13 所示。

第 4 步，克隆完成，通过图 11-2-14 可以看到，新克隆的虚拟机名为“rhel-clone”。

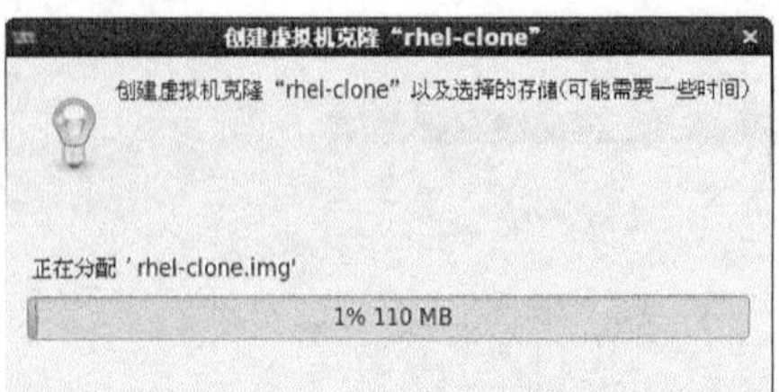

图 11-2-13　KVM 虚拟机的基本操作之五

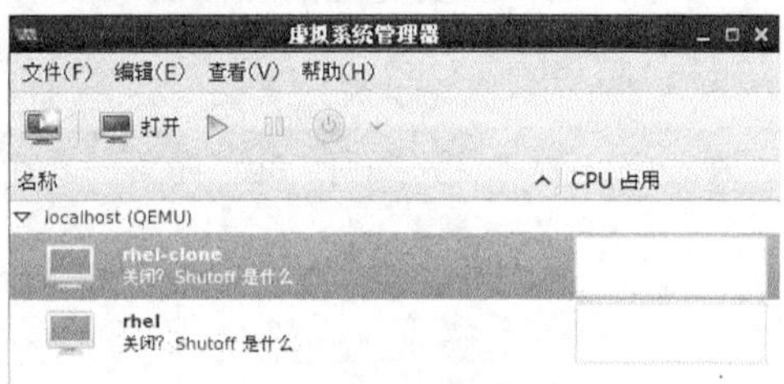

图 11-2-14　KVM 虚拟机的基本操作之六

第 5 步，打开两台虚拟机的电源，通过图 11-2-15 可以看到，两台虚拟机均正常运行。

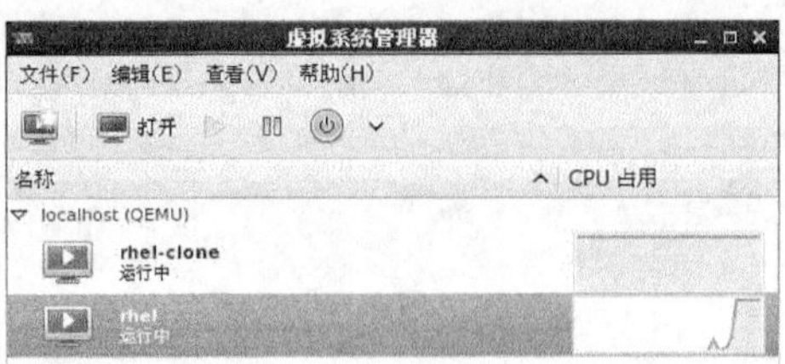

图 11-2-15　KVM 虚拟机的基本操作之七

3. 远程管理 KVM

RHEL 系统支持远程管理 KVM，允许在另外一台 RHEL 主机上管理 KVM 上的虚拟机。

第 1 步，登录另外一台 RHEL 系统，打开“虚拟系统管理器”，单击“文件”菜单下的“Add Connection”，如图 11-2-16 所示。

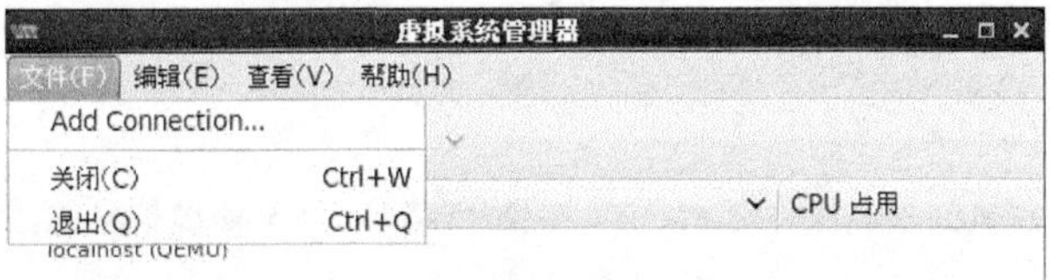

图 11-2-16　KVM 虚拟机的基本操作之八

第 2 步，在“添加连接”对话框中输入需要连接的运行 KVM 的 RHEL 主机 IP 地址，单击“连接（N）”按钮，如图 11-2-17 所示。

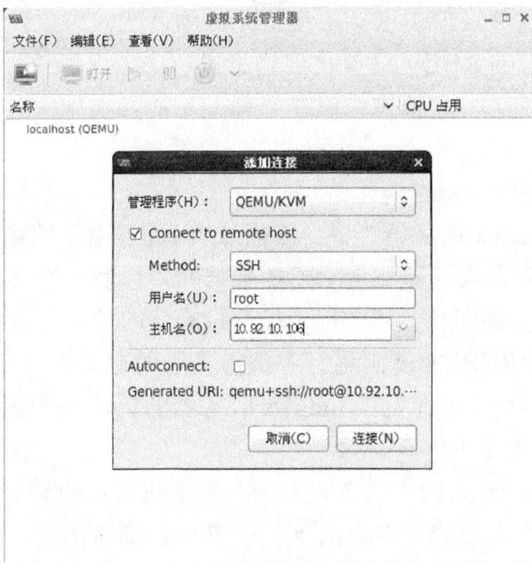

图 11-2-17　KVM 虚拟机的基本操作之九

第 3 步，系统要求输入远程 RHEL 主机的 root 用户密码，输入后单击“OK”按钮，如图 11-2-18 所示。

第 4 步，连接成功，通过新的 RHEL 系统可以看到之前安装运行的两台虚拟机，如图 11-2-19 所示。

图 11-2-18 KVM 虚拟机的基本操作之十

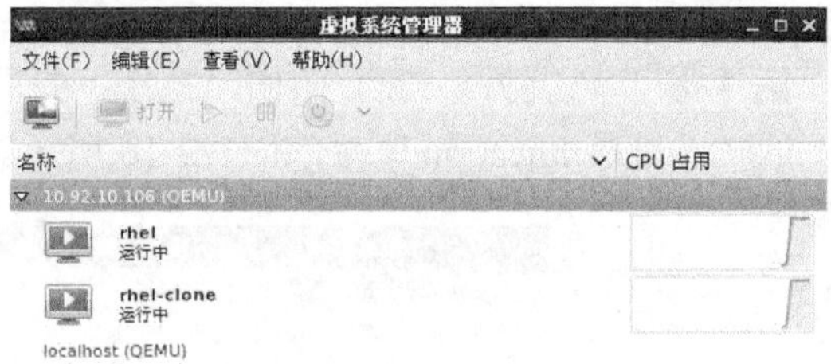

图 11-2-19 KVM 虚拟机的基本操作之十一

11.3 本章小结

本章简单介绍单机部署使用 KVM 虚拟化，读者应该可以发现，单机的 KVM 虚拟化的功能相对于完整的 RHEV 虚拟化架构来说，缺少太多的管理功能。那么，红帽的这两个方案都提供 KVM 虚拟化，但在管理、功能与实施中有重大区别，企业应该根据实际情况选择。

1. RHEL 为小型环境打造

RHEL 是通用的 Linux 服务器产品，依赖 KVM 虚拟化。它由 Linux 内核与大量包组成，包括 Apache Web 服务器与 MySQL 数据库，以及一些 KVM 管理工具。使用 RHEL 6 可以安装并管理少量虚拟机，但不能交付最佳的性能与最优的 KVM 管理平台。当然，在小型环境中，RHEL 6 能满足开源虚拟化的所有要求。如果想虚拟运行 Linux 的服务器，或者虚拟运行 Linux 与 Windows 服务器的话，该购买方法最合适。

2. RHEV 适合大型企业与云环境

如果虚拟化是企业 IT 架构中的关键部分，就不仅仅需要管理一些虚拟机了。对于企业级 KVM 虚拟化，需要的是轻松的 KVM 管理、高可用性、最佳性能与其他高级功能。RHEV 虚拟化架构是集中的 KVM 管理平台，能同时管理物理与虚拟资源。

附录A　RHCVA 认证体系

红帽认证虚拟化管理员（Red Hat Certified Virtualization Administrator，RHCVA）是针对虚拟化的专家级认证，Red Hat 专门准备了一门 EX318 的考试。

RHCVA 展现出以下知识技能：安装红帽企业虚拟化管理器创建数据中心、集群、池、模板和配置红帽企业虚拟化系统管理程序，以支持客户机和连接到红帽企业虚拟化管理平台，执行基本的管理任务。

A.1　红帽认证虚拟化管理员课程

1. RHCVA 学习目标

RHCVA 课程的目的在于培养 Red Hat Enterprise Virtualization 专业的技术人员，因此在课程结束后有能力将 Red Hat Enterprise Virtualization 部署于大中型企业，甚至是 Data Center 之中，并享有 Red Hat Enterprise Virtualization 所带来的各种好处与便利。

2. 建议具备条件

（1）具备 TCP/IP 网络通信协议的基本观念。

（2）具备 RH033 及 RH131 课程所具备技术能力或同等的 Linux 技术能力。

3. 适合对象

（1）希望快速且完整了解 Red Hat Enterprise Virtualization 的技术员。

（2）公司拥有大量实体服务器的系统管理人员。

（3）希望减少 IT 成本支出的企业系统管理人员。

（4）大中型数据中心的系统管理人员。

（5）希望提高服务器可用度的企业系统管理人员。

（6）希望达成节能减碳的企业或政府机关。

（7）有意部署云端运算的企业系统管理人员。

A.2 红帽认证虚拟化管理员考试

1. EX318 考试

获取 RHCVA 认证要通过 EX318 考试。

2. 认证计划要求

RHCVA 考试由持续 3 小时的一个部分组成。

认证考试是基于实际操作的，也就是说，考生必须在真实的系统上执行任务，而不是回答有关如何执行这些任务的问题。这项考试的实操特性使实际经验成为备考的关键点。

RHCVA 认证的有效期限为自获得认证起的 3 个自然年度。

考试地点：可以直接去各城市红帽授权考试中心参加考试，由北京 RHCE 考试总部派遣考官到各地考试分点参与主考，考试时间为一天。

附录 B　社区版 oVirt

oVirt 是 RedHat 虚拟化管理平台 RHEV 的开源版本。该项目起源于 Qumranet，该公司在 2008 年被红帽收购之后，其原有的虚拟化管理软件被从 C#改写为 Java，并在 2011 年开源为 oVirt 项目。2011 年 11 月初，红帽在思科公司举办了第一次 oVirt 研讨会（oVirt Workshop），与 IBM、英特尔、思科、Canonical、NetApp 与 SUSE 一同宣布 oVirt 社区的成立。

利用 oVirt 管理 KVM 虚拟机和网络，企业可以快速搭建起一个私有云环境。从这一点看来，oVirt 的定位和另一个知名云计算项目 OpenStack 的定位是有些类似的。不过有意思的是，oVirt 实际上是红帽的企业级虚拟化解决方案 RHEV 的上游项目，而这些支持 oVirt 项目的厂商们，也同时是 OpenStack 项目的参与者。

B.1　oVirt 的组成

oVirt 由两部分组成，客户端 ovirt-node 类似于 RHEV 虚拟化架构的 RHEVH 主机，由 fedaro 16 订制而成。也可以在 Linux 系统上安装 vdsm 服务而得到一个 oVirt 客户端。管理端 overt-engine 类似于 RHEV 虚拟化架构的 RHEV-M 管理平台，都是基于 Web 页面的。

B.2　oVirt 的功能特性

（1）对宿主机节点的管理，支持基于数据中心、集群的管理，比较有特色的一个功能是可以管理 ilo idarc 等硬件管理卡。

（2）对虚拟机的管理，可以完成虚拟机的创建、快照、删除、基于模板的克隆等常见操作。

（3）迁移，在线及离线迁移虚拟机。

（4）高可用，当一台宿主机宕机，在另外一台宿主机上自动开启虚拟机。

（5）宿主机、虚拟机性能查看及统计。

（6）支持 nfs、iscsi、fc 等存储方式。

（7）支持多端口的网口绑定。

（8）提供一个命令行，可以完成图形界面的大部分功能。

（9）活动目录集成。

（10）提供 python api 接口，可以 API 编程。

（11）没有授权限制。

oVirt 的详细介绍可以访问英文官方网站（http://www.ovirt.org）以及中文网站（http://ovirt-china.org/mediawiki/index.php）。